Ulrike Röttger · Joachim Preusse · Jana Schmitt

Grundlagen der Public Relations

Ulrike Röttger · Joachim Preusse
Jana Schmitt

Grundlagen der Public Relations

Eine kommunikations-
wissenschaftliche Einführung

VS VERLAG

Bibliografische Information der Deutschen Nationalbibliothek
Die Deutsche Nationalbibliothek verzeichnet diese Publikation in der
Deutschen Nationalbibliografie; detaillierte bibliografische Daten sind im Internet über
http://dnb.d-nb.de abrufbar.

1. Auflage 2011

Alle Rechte vorbehalten
© VS Verlag für Sozialwissenschaften | Springer Fachmedien Wiesbaden GmbH 2011

Lektorat: Barbara Emig-Roller | Eva Brechtel-Wahl

VS Verlag für Sozialwissenschaften ist eine Marke von Springer Fachmedien.
Springer Fachmedien ist Teil der Fachverlagsgruppe Springer Science+Business Media.
www.vs-verlag.de

Umschlaggestaltung: KünkelLopka Medienentwicklung, Heidelberg
Druck und buchbinderische Verarbeitung: Ten Brink, Meppel
Gedruckt auf säurefreiem und chlorfrei gebleichtem Papier
Printed in the Netherlands

ISBN 978-3-531-16470-0

Inhaltsverzeichnis

Abbildungsverzeichnis

Tabellenverzeichnis

Vorwort

Öffentlichkeit ist in modernen Gesellschaften das Produkt der Kommunikation von Organisationen aus unterschiedlichen gesellschaftlichen Handlungsfeldern. Neben Redaktionen und Medienorganisationen tragen unterschiedlichste nicht-publizistische Organisationen wie Unternehmen, Vereine, Verbände und Parteien, aber auch staatliche oder religiöse Institutionen mit ihrer Kommunikation zur Herstellung von Öffentlichkeit bei. Dies geschieht mit teils ganz unterschiedlichen Zielen und mittels verschiedenster Wege: Unternehmen beispielsweise werben nicht nur für ihre Produkte, sondern versuchen auch, ihre Themen und Problemperspektiven in der Medienberichterstattung unter zu bringen. Ministerien führen zum Beispiel Kampagnen durch, die uns von einem gesünderen Lebensstil überzeugen sollen, Parteien kommunizieren mit ihren Wählern in Weblogs und Universitäten präsentieren sich bei Facebook, um dort eine Plattform für den Austausch mit ihren Zielgruppen anzubieten.

Organisationen sind jedoch nicht nur aktive Kommunikatoren, sie sind zugleich auch Gegenstand der öffentlichen Beobachtung und (kritischen) Thematisierung: Beispiel ist etwa die Explosion der Ölplattform „Deepwater Horizon" des Mineralölkonzerns BP im Frühjahr 2010 und die seitens der Öffentlichkeit als mangelhaft wahrgenommene Kommunikation des Konzerns im Kontext des Unglücks. Organisationen stehen in der Mediengesellschaft unter öffentlicher Dauerbeobachtung. Insbesondere mittels Public Relations (PR) versuchen sie daher, die Art und Weise, wie sie öffentlich beobachtet werden und wie über sie selbst und die für sie relevanten Themen öffentlich berichtet wird, im Organisationssinn zu beeinflussen. Public Relations als besondere Form der strategischen Kommunikation von Organisationen hat entsprechend in den vergangenen Jahren quantitativ und qualitativ erheblich an Bedeutung gewonnen. Dies gilt für die Berufspraxis wie für die Forschung gleichermaßen. Zugleich zeigen sich bis heute noch einige Unklarheiten und Unschärfen hinsichtlich der genauen Bestimmung und Bezeichnung des Phänomens: Begrifflichkeiten zur Beschreibung von Public Relations sind so zahlreich wie Sand am Meer. In der Literatur und in der Praxis existieren unterschiedliche Ansichten darüber, was genau unter Public Relations zu verstehen ist und welche Funktionen und Leistungen PR erfüllt.

Die Heterogenität und Vielgestaltigkeit der Beschreibungen und theoretischen Ansätze gehen Hand in Hand mit der Entwicklung von Public Relations aus praktischem Handeln in unterschiedlichen gesellschaftlichen Bereichen und Organisationen, mit unterschiedlichen Zielen, Aufgaben und Zuständigkeiten.

Ziel dieses Lehrbuchs ist es, einen breiten Überblick über den „State of the Art" insbesondere der deutschsprachigen PR-Forschung zu liefern. Das Lehrbuch verortet Public Relations als (kommunikations-)wissenschaftlichen Lehr- und Forschungsbereich. Ziel ist es, die Leserinnen und Leser mit den zentralen Grundbegriffen, Theorien und Modellen der PR sowie dem aktuellen Stand der wissenschaftlichen Reflexion vertraut zu machen und ihnen darüber hinaus eine Einstiegshilfe für eine eigenständige vertiefte Beschäftigung mit einzelnen Themen und Fragestellungen der PR-Forschung zu bieten. Damit richtet sich das Lehrbuch in erster Linie an Studierende der Kommunikationswissenschaft sowie weiterer Disziplinen, die sich in Lehrveranstaltungen mit dem Forschungsgegenstand Public Relations auseinandersetzen. Im universitären Einsatzbereich soll es als Überblickswerk über theoretische und berufliche Grundlagen der PR dienen. Im Lehrbuch werden daher unterschiedliche, sich teils auch widersprechende Perspektiven, Modelle und Ansätze zu relevanten Aspekten der PR vorgestellt und kritisch diskutiert. Ausgehend von der theoretischen Auseinandersetzung mit unterschiedlichen disziplinären Perspektiven, theoretischen Ansätzen und Modellen werden zudem einzelne Tätigkeitsfelder, Arbeitsbereiche und Instrumente sowie die Konzeption strategischer PR näher beleuchtet.

Im ersten Kapitel werden die im Rahmen der PR-Forschung zentralen begrifflichen Grundlagen gelegt, eine Verortung der PR-Forschung innerhalb der Sozialwissenschaften vorgenommen, grundlegende theoretische Zugänge zum Untersuchungsgegenstand ausgeführt sowie die Geschichte der PR nachverfolgt. Kapitel 2 führt in aktuelle Rahmenbedingungen ein, unter denen Organisationen PR betreiben, und nimmt Öffentlichkeit als Rahmenbedingung und Zielgröße von PR in den Fokus. Hierzu werden zentrale theoretische Konzepte sowie anwendungsbezogene Segmentierungsmodelle von Öffentlichkeit vorgestellt und ihre Relevanz für die PR-Forschung und -Praxis erläutert. Im dritten Kapitel wird PR als Organisationsfunktion betrachtet, das heißt, die organisationalen Bedingungen ebenso wie die Funktionen und Leistungen der PR für Organisationen herausgestellt. Dabei werden zunächst ausgewählte organisationsbezogene PR-Ansätze vorgestellt, bevor ein neuer Ansatz, der PR als beobachtungsbasierte Reflexionsinstanz versteht, dargelegt wird.

In Kapitel 4 werden mit den Begriffen Vertrauen und Glaubwürdigkeit, Image, Reputation sowie Dialog zentrale Bezugsgrößen von PR theoretisch aufgearbeitet und ihre Implikationen für die PR-Praxis ausgeführt. Kapitel 5 fokussiert die praktische Ausgestaltung von PR, indem die Konzeption strategischer PR nachvollzogen und zentrale Aufgabenfelder der PR, abgegrenzt nach ihrer primären Orientierung an Zielgruppen, Themen und Instrumenten, vorgestellt werden. Kapitel 6 befasst sich abschließend mit theoretischen und empirischen Ansätzen der PR-Berufsfeldforschung. Neben der Aufarbeitung theoretischer Professionalisierungsansätze, anhand derer der Frage nachgegangen wird, ob PR als Profession anzusehen ist, werden in diesem Kapitel spezifische Merkmale des Berufsfeldes PR und erforderliche Qualifikationsanforderungen in der PR beleuchtet sowie für die Berufspraxis relevante ethische Fragestellungen aufgegriffen.

Zur Didaktik des Lehrbuchs

Die einzelnen Kapitel und Unterkapitel sollen einen kompakten Überblick über das jeweilige Themenfeld bieten. Jedes Kapitel beginnt mit einer kurzen Einleitung, die in die jeweilige Problemstellung einführt. Verweise auf andere Abschnitte im Lehrbuch werden im Fließtext mit einem Pfeil (→) gekennzeichnet. Die in den Kapiteln zitierte Literatur wird jeweils am Ende der Kapitel aufgeführt. Ein Stichwortverzeichnis verweist auf relevante Begrifflichkeiten und die zentralen Textstellen, an denen auf die Stichworte Bezug genommen wird. Der Text wird darüber hinaus mit folgenden Symbolen erschlossen:

Wichtige Begriffe und Definitionen

werden in einem Kasten gerahmt.

Auszüge aus Schlüsseltexten oder Fallbeispiele

dienen der Veranschaulichung komplexer Sachverhalte oder vertiefen zentrale Aspekte des Themas.

Kapitelzusammenfassung

- Zum Abschluss einen Kapitels werden die wichtigsten Punkte zusammengefasst.

Weiterführende Literatur

Zentrale, weiterführende Literatur wird jeweils am Ende von Kapiteln aufgeführt.

Münster, im Mai 2011

Ulrike Röttger   Joachim Preusse   Jana Schmitt

1 Public Relations als Forschungsgegenstand

In diesem Kapitel werden zunächst die für eine kommunikationswissenschaftliche Beschäftigung mit Public Relations wichtigen begrifflichen und konzeptionellen Grundlagen gelegt. Anschließend werden basale theoretische Zugänge zum Erkenntnisgegenstand Public Relations vorgestellt und die Geschichte des Berufsfeldes skizziert.

1.1 Begriffliche Grundlagen

Public Relations (PR) – im deutschen Sprachraum synonym als Öffentlichkeitsarbeit bezeichnet – stellt keine eigenständige Wissenschaft dar, sondern ist ein Praxisfeld, das wissenschaftlich erforscht wird. Als Forschungsgegenstand weist Public Relations einen multidisziplinären Charakter auf: Zahlreiche unterschiedliche wissenschaftliche Disziplinen – neben der Kommunikationswissenschaft insbesondere die Betriebswirtschaftslehre, die Soziologie, Psychologie und die Politikwissenschaft – beschäftigen sich mit Public Relations bzw. mit Teilaspekten der PR. Dabei unterscheiden sich die eingenommenen Perspektiven und Fragestellungen, die verwendeten Methoden und Begrifflichkeiten – nicht nur im Vergleich der verschiedenen Fächer, sondern auch innerhalb der kommunikationswissenschaftlichen Forschung – zum Teil erheblich voneinander.

Der ausgeprägte multidisziplinäre Charakter der PR-Forschung erweist sich dabei als Chance, aber auch als Risiko für die PR-Theoriebildung. Die Berliner Kommunikationswissenschaftlerin Juliana Raupp stellt auf Basis einer inhaltsanalytischen Auswertung PR-spezifischer Dissertationen, die zwischen 1995 und 2000 an deutschen Universitäten eingereicht wurden, fest:

> „Public Relations und Öffentlichkeitsarbeit werden als interdisziplinärer Forschungsgegenstand auf der Grundlage verschiedener Theorien, aus unterschiedlichen Erkenntnisinteressen und mit verschiedenen Methoden bearbeitet. Ein dominantes Forschungsparadigma ist nicht erkennbar; die Pluralität an Zugriffen und die mangelnde Kohärenz an theoretischen Ansätzen verhindert eine Kumulation des PR-Wissens." (Raupp 2006: 33f.)

Die große Perspektivenvielfalt innerhalb des Forschungsbereichs führt teilweise zu einer fast babylonischen Sprachverwirrung, bei der identische Begriffe nicht das gleiche bezeichnen müssen. Sie erschwert zudem die Vergleichbarkeit oder auch Integration unterschiedlicher Modelle und theoreti-

scher Ansätze ganz erheblich. Die Vielzahl der verwendeten Begriffe – u.a.
Organisationskommunikation, Unternehmenskommunikation, Public Relations, Kommunikationsmanagement – ist verwirrend. Erhebliche begriffliche
Unklarheiten zeigen sich auch beim Blick in die Praxis: Konsensualisierte
Berufs- und Funktionsbezeichnungen finden sich erst in Ansätzen. Dies ist
auch darauf zurückzuführen, dass in der Praxis die Grenzen zwischen PR und
benachbarten Berufsfeldern, insbesondere der Werbung, dem Marketing und
dem Journalismus, fließend sind.

1.1.1 Systematisierung von PR-Definitionen

Eine konsentierte Definition dessen, was PR ist, liegt bislang nicht vor:
„Public Relations has struggled with an identity crisis and has failed to adopt
an accepted definition of what it is nor agreed to what it does"
(L'Etang/Pieczka 2006: 90). Die große Anzahl existierender PR-Definitionen
macht deutlich, dass der Erkenntnisgegenstand Public Relations und die mit
ihm verbundenen Funktionen bislang nicht eindeutig geklärt sind. Sucht man
nach Gründen für diese unbefriedigende Situation, so lassen sich eine Reihe
von Erklärungen finden. Neben dem bereits angesprochenen interdisziplinären Charakter der PR ist insbesondere die dynamische Entwicklung
des relativ jungen Praxis- und Forschungsfeldes zu nennen. Problematisch
erscheint zudem der Umstand, dass ein Großteil der vorliegenden Definitionen der Berufspraxis entstammt, d.h. von einzelnen Berufspraktikern bzw.
Berufsverbänden formuliert wurde. Damit einher geht häufig eine stark normative Prägung des PR-Verständnisses, die die entsprechenden Definitionen
für die Wissenschaft unbrauchbar macht.

   Eine erste Systematisierung von PR-Definitionen nahm 1976 der amerikanische Kommunikationswissenschaftler Rex Harlow vor, der zum damaligen Zeitpunkt 472 Definitionen recherchierte und auf dieser Grundlage eine
weitere Meta-Definition von PR lieferte:

> „Public relations is the distinctive management function which helps establish and
> maintain mutual lines of communication, understanding, acceptance and cooperation
> between an organization and its publics; involves the management of problems or is-
> sues; helps management to keep informed on and responsive to public opinion; de-
> fines and emphasizes the responsibility of management to serve the public interest;
> helps management keep abreast of an effectively utilize change, serving as an early

warning system to help anticipate trends; and uses research and sound and ethical communication techniques as its principal tools." (Harlow 1976: 36)

Harlows Definition liefert eine brauchbare Beschreibung zentraler Merkmale und Funktionen der Public Relations, weist jedoch auch Schwächen auf: So ist zum einen die Vielzahl der verwendeten ungeklärten Begriffe problematisch, zum anderen verstößt die Definition gegen die Grundregel des möglichst sparsamen Umgangs mit erklärenden Begriffen. Schließlich rekurriert Harlow vor allem auf die organisationsinternen Funktionen von PR und vernachlässigt ihre externe Dimension.

Ausgangsperspektive: Alltags-, Praxis- und Praktikerdefinitionen

Versucht man sich den zahlreichen Definitionen von PR systematisch zu nähern, so können diese zunächst anhand ihrer jeweiligen Ausgangsperspektive in Alltagsdefinitionen, Praxis- bzw. Praktikerdefinitionen sowie wissenschaftliche Definitionen unterschieden werden (vgl. Merten 2008: 45f.).

Alltagsdefinitionen stammen von Laien ohne besondere Kenntnisse der PR. Sie beschreiben auf der Basis von Alltagserfahrungen und eigenen Anschauungen „was und wie PR ist". „PR ist Manipulation" könnte eine mögliche Alltagsdefinition der PR lauten. Sie werden oft zufällig gebildet und sind nicht selten von Vorurteilen, persönlichen Interessen und Halbwissen geprägt. Sie halten daher einer systematischen Überprüfung nicht stand und sind weder für die Wissenschaft noch für die Praxis erkenntnisstiftend.

Typisch für Praktikerdefinitionen ist demgegenüber, dass sie in Auseinandersetzung mit dem Berufsalltag und persönlichen Erfahrungen einzelner Praktiker entstehen und in der Regel how-to-do-Anleitungen bieten. Die Einseitigkeit der Perspektive ist aus wissenschaftlicher Sicht auch ihr zentrales Problem: Praktikerdefinitionen basieren auf nicht oder nur sehr begrenzt auf verallgemeinerbaren individuellen Erfahrungen, ihre Aussagen sind wissenschaftlich nicht überprüfbar. Sie tragen damit aus wissenschaftlicher Perspektive zu keinem direkten Erkenntnisgewinn bei. So wird insbesondere bei den zahlreichen Praktikerdefinitionen, die in der Zeit nach dem Zweiten Weltkrieg in Deutschland entstanden sind (→ 1.3), eine starke historische und soziale Kontextabhängigkeit deutlich. Im Zentrum stand vor allem das Bemühen, PR gegenüber Formen der Propaganda abzugrenzen und das eigene Tun als demokratietheoretisch wünschenswert zu legitimieren. Der intensive Rekurs auf Vokabeln wie Vertrauen, Konsens und Dialog ist Ausdruck dieses Bestrebens.

Beispiele für Praktiker- und Praxisdefinitionen der PR

„Tu Gutes und rede darüber." (Zedtwitz-Arnim 1961: 21)

„Public Relations sind […] das planmäßige und unermüdliche Bemühen, gegenseitiges Verstehen und Vertrauen zwischen einem Auftraggeber und der Öffentlichkeit aufzubauen und zu pflegen." (Oeckl 1964: 31)

„Public Relations ist die Unterrichtung der Öffentlichkeit (oder ihrer Teile) über sich selbst, mit dem Ziel, um Vertrauen zu werben." (Hundhausen 1951: 53)

„Öffentlichkeitsarbeit/Public Relations vermittelt Standpunkte und ermöglicht Orientierung, um den politischen, den wirtschaftlichen und den sozialen Handlungsraum von Personen oder Organisationen im Prozess öffentlicher Meinungsbildung zu schaffen und zu sichern. Öffentlichkeitsarbeit/Public Relations plant und steuert dazu Kommunikationsprozesse für Personen und Organisationen mit deren Bezugsgruppen in der Öffentlichkeit. [...] Öffentlichkeitsarbeit/Public Relations ist Auftragskommunikation. In der pluralistischen Gesellschaft akzeptiert sie Interessengegensätze. Sie vertritt die Interessen ihrer Auftraggeber im Dialog informativ und wahrheitsgemäß, offen und kompetent. Sie soll Öffentlichkeit herstellen, die Urteilsfähigkeit von Dialoggruppen schärfen, Vertrauen aufbauen und stärken und faire Konfliktkommunikation sichern. Sie vermittelt beiderseits Einsicht und bewirkt Verhaltenskorrekturen. Sie dient damit dem demokratischen Kräftespiel." (DPRG 2011)

Auch die vorliegenden Definitionen der Berufsverbände wie der Deutschen Public Relations Gesellschaft (DPRG) sind aus wissenschaftlicher Perspektive kaum geeignet, allgemeingültige Aussagen über Public Relations zu treffen. Sie zielen in erster Linie nicht darauf ab, die faktische Berufsrealität abzubilden, sondern es werden Sollvorstellungen eines Berufsstandes und standesethische sowie positionsbezogene Ansprüche formuliert: Hier zeigt sich, wie der Berufsstand von der Gesellschaft wahrgenommen werden möchte. Eine starke normative Aufladung sowie ein idealisierender Charakter sind daher typisch für PR-Definitionen der Berufsverbände.

Ausgangsperspektive: Wissenschaftliche Definitionen

Demgegenüber ist es Ziel (sozial-)wissenschaftlicher Definitionen allgemeingültig zu sein und überprüfbare, intersubjektiv nachvollziehbare Aussagen zu formulieren. Dies setzt voraus, dass Einvernehmen und Klarheit über die Bedeutung der in der jeweiligen wissenschaftlichen Definition verwendeten Begriffe herrscht.

Beispiele für wissenschaftliche Definitionen

„Public Relations is the management of communication between an organization and its publics." (Grunig/Hunt 1984: 6)

„Public relations is a communication function of management through which organizations adapt to, alter, or maintain their environment for the purpose of achieving organizational goals." (Long/Hazleton 1987: 6)

„Public Relations sind das Differenzmanagement zwischen Fakt und Fiktion durch Kommunikation über Kommunikation in zeitlicher, sachlicher und sozialer Perspektive." (Merten 2008: 57)

Neben der Ausgangsperspektive lassen sich PR-Definitionen zudem anhand ihrer Zielperspektive (Beschreibungsebene) unterscheiden (vgl. Bentele 1998; Fröhlich 2008: 107f.). So ist es sowohl aus Berufsfeld- als auch wissenschaftlicher Perspektive möglich, PR primär auf der individuellen Handlungsebene zu beschreiben oder aus organiationsbezogener Perspektive mit Blick auf ihre Funktionen und Aufgaben für Organisationen zu definieren. Schließlich kann PR zudem hinsichtlich ihrer Funktionen in der und für die

Gesellschaft beschrieben werden. Bei den vorliegenden organisationsbezogenen PR-Definitionen zeigen sich insbesondere Unterschiede zwischen
kommunikationswissenschaftlichen Definitionen, die PR allgemein als Management der Kommunikationsprozesse einer Organisation mit ihrem gesellschaftspolitischen Umfeld beschreiben, und betriebswirtschaftlich geprägten
Definitionen, die PR häufig als ein untergeordnetes Instrument im Marke-
ting-Mix beschreiben bzw. als Instrument der Kommunikationspolitik von
Unternehmen (siehe Tab. 1).

Tabelle 1: Systematisierung von PR-Definitionen: Beispiele für unter-
             schiedliche Ausgangs- und Zielperspektiven (in Anlehnung an
             Bentele 1998: 29)

Ziel- perspektive Ausgangs- perspektive	Handlungs- perspektive	Organisations- perspektive	Gesellschafts- perspektive
Berufsfeld- perspektive	Betonen v.a. positive Bezüge des PR-Handelns: z.B. Information, Beziehungspflege, Dialog ...	PR als Management-funktion u. -aufgabe und als Erfolgsfaktor unternehmerischen Handelns	-
Wissen schaftliche Perspektive	Führen Leistungskataloge auf: z.B. Information, Kommunikation, Persuasion, Vertrauenserwerb ...	Kommunikationswissenschaft: PR als Management von Kommunikationsprozessen BWL: PR als Instrument der Kommunikationspolitik von Unternehmen	PR als publizistisches Teilsystem; PR als Typ öffentlicher Kommunikation ...

PR aus Sicht der Kommunikationswissenschaft und Betriebswirtschaftslehre

Public Relations stellt aus Sicht der Betriebswirtschaftslehre eine Unterfunk-
tion des Marketing dar und ist ein absatzförderndes Instrument neben anderen, wie z.B. Mediawerbung, Verkaufsförderung, Sponsoring und Direct
Marketing. PR wird der Charakter einer Sozialtechnologie, eines Instruments

der Kommunikationspolitik zum Aufbau positiver Produkt- und Unternehmensimages zugewiesen. Demgegenüber wird Public Relations und ihr Zuständigkeitsbereich in der Kommunikationswissenschaft breiter definiert: Sie wird hier zum einen im Hinblick auf ihren gesellschaftlichen Stellenwert und ihre Funktionen für die Gesellschaft definiert (vgl. insbes. Ronneberger/Rühl 1992). In diesem Zusammenhang wird PR als Bestandteil des publizistischen Systems und als ein spezifischer Typ öffentlicher Kommunikation skizziert. Zum anderen wird PR in kommunikationswissenschaftlichen Ansätzen als Kommunikationsfunktion von Organisationen betrachtet (vgl. u.a. Röttger 2010), deren zentrale Funktion in der Legitimation der Organisationsinteressen und des Organisationshandelns gegenüber allen – also auch nicht-marktverbundenen – Bezugsgruppen, liegt (→ 3.3.1). Öffentlichkeit, öffentliche Beziehungen und öffentliche Kommunikation stellen in diesem Zusammenhang Schlüsselbegriffe der Public Relations dar: Die Sicherung und auch Vergrößerung der Freiheitsgrade organisationaler Entscheidungen, die wiederum Voraussetzung für langfristigen Organisationserfolg sind, ist in modernen, ausdifferenzierten Medien- und Informationsgesellschaften immer stärker von öffentlichen Aushandlungs- und Meinungsbildungsprozessen abhängig: „Ein Unternehmen besteht solange, wie es im Markt Geld mit Gewinn umsetzt und dies von der Öffentlichkeit hingenommen bzw. gewünscht wird." (Becker 1998: 187) Für Unternehmen ist es daher von existenzieller Bedeutung, die – divergierenden – Rationalitäten von Markt und Öffentlichkeit zu erkennen und Wege zu finden, mit dieser Divergenz umzugehen.

Die Schaffung und Absicherung von Legitimität durch PR basiert in erster Linie auf der Durchführung von Beobachtungs- und Interaktionsprozessen zwischen der PR-treibenden Organisation und deren Umwelten. PR will die Kommunikationsbeziehungen zwischen der Organisation und Personen(gruppen) oder Organisationen in der Organisationsumwelt fördern und stabilisieren. Dies geschieht auf der Basis von Beobachtungen und durch gezielte Kommunikationsangebote: PR will sowohl organisationsintern als auch -extern wirksame Wahrnehmungsmuster prägen und bietet Deutungsmuster z.B. in Form von Images oder Marken an. Dabei ist sie als Auftragskommunikation primär den Werten, Normen und der Logik ihrer Organisation verpflichtet; Beobachtung und Steuerung erfolgen entsprechend aus organisationaler Perspektive, d.h., sie sind intentional, strategisch, persuasiv und

interessengeleitet. Um langfristig stabile Beziehungen zu relevanten Bezugsgruppen aufbauen zu können, muss sie sich aber zudem an den Werten, Normen und Logiken der Bezugsgruppen orientieren und Anpassungsleistungen
sowohl auf Seiten der Organisation als auch der Bezugsgruppen in der Umwelt initiieren.

Kommunikationswissenschaftliche PR-Ansätze berücksichtigen damit
stärker als betriebswirtschaftliche Ansätze die öffentlichen und gesellschaftspolitischen Rahmenbedingungen des Organisationshandelns, zugleich wird
von ihnen jedoch der Beitrag der (Unternehmens-)Kommunikation zum Un-
ternehmenswert in der Regel wenig berücksichtigt. Aber nicht nur mit Blick
auf die jeweiligen primären Referenzpunkte – Markt versus Öffentlichkeit –
unterscheiden sich die Perspektiven von BWL und Kommunikationswissenschaft auf Public Relations: Hervorzuheben ist zudem der komplexere und
differenziertere Kommunikationsbegriff der Kommunikationswissenschaft.
In zahlreichen betriebswirtschaftlichen Ansätzen findet sich bis heute ein un-
terkomplexes Verständnis von Kommunikation im Sinne eines Input-Output-
Modells (vgl. exemplarisch für die Marketing-Literatur Kotler/Bliemel
1999). Kommunikation wird hier in erster Linie unter der Perspektive der intendierten Wirkungen thematisiert. Fragen des gegenseitigen Verstehens und
des gleichen Meinens, der Akzeptanz oder der nicht-intendierten Wirkung
von Kommunikation werden in betriebswirtschaftlichen Überlegungen in der
Regel nicht oder nur am Rande berücksichtigt.

Unterschiedliche Kommunikationsverständnisse und -begriffe führen
ebenso wie ein unterschiedliches Theorieverständnis zu erheblichen Verstän-
digungsproblemen zwischen kommunikationswissenschaftlichen und betriebswirtschaftlichen Fachvertretern. Dies hat unter anderem zur Folge, dass
bis heute wenige integrative Theorieangebote vorliegen, die kommunikationswissenschaftliche und betriebswirtschaftliche Überlegungen zur PR sinnvoll miteinander verbinden (siehe z.B. Zerfaß 2010).

1.1.2 Systematisierung zentraler Begriffe im Kontext der Kommunikation in und von Organisationen

Die Vielfalt und Heterogenität der wissenschaftlichen Perspektiven auf PR führt zu einer uneinheitlichen und teils sogar widersprüchlichen Verwendung von Begriffen. Dies betrifft sowohl das Verständnis einzelner Begriffe als auch das von Begriffskonstellationen, d.h. der Frage der Über- und Unterordnungsverhältnisse einzelner Bezeichnungen: Im Folgenden wird daher der Versuch unternommen, eine konsistente und schlüssige Begriffsarchitektur zu entwickeln.

Weitgehend Einigkeit besteht darüber, dass *Organisationskommunikation* als weitreichendster und übergeordneter Begriff im Kontext von PR und Unternehmenskommunikation anzusehen ist. Organisationskommunikation umfasst alle Formen der Kommunikation in und von Organisationen (vgl. Herger 2004; Theis-Berglmair 2003). Werbespots, Direktmarketing, Medienmitteilungen, Kommunikation zwischen Vorgesetzten und Mitarbeitern, niedergeschriebene Anweisungen und Regeln bis hin zu internem Klatsch und Tratsch – Organisationskommunikation schließt formale und informale, strategische und spontane, schriftliche und mündliche, medienvermittelte und interpersonale Kommunikation ebenso ein, wie auch interne und externe Kommunikation, Marketingkommunikation und PR. Seltener wird auch die Kommunikation über Organisationen als Teilbereich der Organisationskommunikation verstanden (z.B. Weder 2010: 11).

Das weite und umfassende Verständnis von Organisationskommunikation signalisiert, dass Organisationen als soziale Gebilde existentiell auf Kommunikation und deren koordinierende und integrierende Funktionen angewiesen sind. Am deutlichsten hat der Soziologe Niklas Luhmann (2000) die Bedeutung von Kommunikation für Organisationen herausgearbeitet. Demnach besteht die operative Basis von Organisationen vor allem aus der kontinuierlichen Aneinanderreihung der Kommunikation von Entscheidungen.

Kommunikation unterstützt und ermöglicht Entscheidungsprozesse und ist unerlässlich für die Koordination der Arbeitsabläufe und einen funktionierenden, effektiven Austausch zwischen Organisationsmitgliedern und -einheiten. Kommunikation hilft, Konflikte zu lösen und eine gemeinsame kulturelle Basis aller Organisationsmitglieder zu entwickeln. Damit schafft Kommunikation die Grundlagen organisationaler Handlungsfähigkeit. Zudem stehen Organisationen in vielfältigen kommunikativen Austauschbeziehungen mit ihrer Umwelt, die – in unterschiedlichem Ausmaß – bedeutsam für die Erreichung der Organisationsziele sind.

Von der Organisationskommunikation ist die *Unternehmenskommunikation* zu unterscheiden. Unternehmenskommunikation ist nicht – wie der Begriff vielleicht nahe legen könnte, Organisationskommunikation im Kontext von ökonomischen Organisationen. Vielmehr wird unter Unternehmenskommunikation die strategisch geplante Kommunikation von gewinnorientierten Organisationen (Unternehmen) verstanden: Unternehmenskommunikation ist somit der Oberbegriff für strategisch geplante interne Kommunikation, Public Relations und Marktkommunikation von Unternehmen. Pendants der Unternehmenskommunikation sind z.B. mit Blick auf staatliche Institutionen und Verbände die Behörden- und die Verbandskommunikation.

Der Betriebswirtschaftler Manfred Bruhn definiert Unternehmenskommunikation als „Gesamtheit sämtlicher Kommunikationsinstrumente und -maßnahmen eines Unternehmens, die eingesetzt werden, um das Unternehmen und seine Leistungen den relevanten internen und externen Zielgruppen der Kommunikation darzustellen und/oder mit diesen in Interaktion zu treten" (Bruhn 2009: 436). Eine weiter gehende und vom allgemeinen Begriffsverständnis abweichende Definition der Unternehmenskommunikation findet sich bei Zerfaß, der auch nicht-gemanagte Formen der Kommunikation als Teil der Unternehmenskommunikation begreift:

> „Wir schlagen deshalb vor, alle kommunikativen Handlungen von Organisationsmitgliedern, mit denen ein Beitrag zur Aufgabendefinition und -erfüllung in gewinnorientierten Wirtschaftseinheiten geleistet wird, als Unternehmenskommunikation zu bezeichnen. Dies betrifft zum einen die Steuerung des Realgüterprozesses im Organisationsfeld (interne Unternehmenskommunikation) und zum anderen die Gestaltung marktlicher und gesellschaftspolitischer Beziehungen (externe Unternehmenskommunikation)." (Zerfaß 2010: 287)

Auch zum Verhältnis von PR, Unternehmens- und Organisationskommunikation finden sich in der Literatur divergierende Begriffsarchitekturen. So schreibt beispielsweise die Kommunikationswissenschaftlerin Claudia Mast: „Public Relations (PR) [fungiert] als Oberbegriff für das gesamte Beziehungsmanagement im Rahmen der Organisationskommunikation mit ihren jeweiligen Anspruchsgruppen. Sofern es sich bei der betreffenden Organisation um ein Unternehmen handelt, wird der Begriff Organisationskommunikation zur ‚Unternehmenskommunikation'" (Mast 2002: 7). Diese Auffas-

sung steht im Widerspruch zu dem bereits skizzierten allgemeinen Begriffsverständnis, das Unternehmenskommunikation als gemanagte Kommunikation und Organisationskommunikation als Gesamtheit der gemanagten und
nicht gemanagten Kommunikation versteht.

Im Folgenden wird *Public Relations* als gemanagte Kommunikation
nach innen und außen verstanden, die das Ziel verfolgt, organisationale Interessen zu vertreten und Organisationen gesellschaftlich zu legitimieren. PR
wird hierbei als Teilbereich der Organisationskommunikation bzw. der Unternehmenskommunikation angesehen, mittels derer die Kommunikationsbeziehungen zwischen Organisation und Umwelt hergestellt, gestaltet und auf
Dauer gestellt werden sollen. Dabei spielen sowohl interne wie externe Stakeholder, d.h. Personen oder Gruppen, die das Organisationshandeln beeinflussen können oder von diesem tangiert werden (→ 2.2.4), eine Rolle. Die
externe PR-Kommunikation richtet sich insbesondere an das gesellschaftspolitische Umfeld der Organisation.

Ebenfalls ein Teilbereich der Unternehmenskommunikation bzw. der
geplanten Kommunikation von Organisationen ist die *interne Kommunikation*. Ihre Aufgabe ist es, „mittels klar definierter, regelmäßig oder nach Bedarf eingesetzter und kontrollierter Medien die Vermittlung von Informationen sowie die Führung des Dialogs zwischen der Unternehmensleitung und
den Mitarbeiterinnen und Mitarbeitern" (Meier 2002: 17) sicherzustellen.

Uneinheitlich und weitgehend diffus ist die Verwendung des Begriffs
Kommunikationsmanagement in der Literatur. Zum Teil wird es mit PR
gleich gesetzt, teils wird PR als ein Teil des Kommunikationsmanagements
beschrieben. Im Folgenden wird Kommunikationsmanagement als Prozess
der Planung, Organisation und Kontrolle der Unternehmenskommunikation
bzw. der Kommunikation von Organisationen verstanden (vgl. Zerfaß 2010:
412). Der Begriff des Kommunikationsmanagements betont im Sinne eines
funktionalen Managementverständnisses die Einbindung von PR und anderen Kommunikationsfunktionen wie Marketing und Werbung in organisationale Steuerungsprozesse, die bei der Leistungserstellung und -sicherung in
arbeitsteiligen Organisationen erbracht werden müssen.

In jüngster Zeit lässt sich insbesondere in der Praxis, aber auch in der
Wissenschaft die Tendenz beobachten, dass der Begriff des Kommunikationsmanagements den PR-Begriff ablöst. Die Gründe dafür dürften vielfältig

sein. Bedeutsam ist, dass es sich bei Kommunikationsmanagement anders als bei Public Relations um einen weitgehend neutralen Begriff handelt. Der PR-Begriff ist im deutschsprachigen Raum seit seiner Einführung in den 1930er Jahren mit negativen Assoziationen – Manipulation, Täuschung, Vereinnahmung der Öffentlichkeit – belegt. Hervorzuheben ist darüber hinaus, dass der Terminus Kommunikationsmanagement bereits die berufspolitisch gewünschte Anschlussfähigkeit an und Einbindung in das allgemeine (Organisations-)Management markiert.

Bezogen auf das akademische Feld zeigt sich, dass die Verwendung des Kommunikationsmanagementbegriffs häufig mit einer sehr engen und oftmals einseitigen Orientierung auf betriebswirtschaftliche Fragestellungen erfolgt und ein stark instrumentelles Verständnis der Kommunikationsarbeit vorherrscht. PR oder auch Kommunikationsmanagement sind dann in erster Linie ein kommunikatives Instrument um spezifische Organisationsinteressen zu realisieren. Dies führt in der Tendenz zu einer Kommunikationsmanagement-Forschung, die primär an Interessen der organisationalen Absender ausgerichtet ist. Kommunikationseffekte, die nicht im Interesse des Auftraggebers sind bzw. die für diesen keine Relevanz haben, bleiben in dieser Perspektive weitgehend außen vor. Im Folgenden wird der Begriff Public Relations präferiert, um die kommunikationswissenschaftliche Perspektive auf die strategische Kommunikation in und von Organisationen zu verdeutlichen, die nicht allein die Frage verfolgt, inwiefern Kommunikationsarbeit die Zielerreichung von Organisationen optimieren kann, sondern zudem auch deren gesellschaftliche Effekte berücksichtigt.

**Zentrale Begriffe im Kontext
der Kommunikation in und von Organisationen**

Organisationskommunikation umfasst alle Formen der Kommunikation in und von Organisationen.

Unternehmenskommunikation ist die strategisch geplante Kommunikation von gewinnorientierten Organisationen (Unternehmen): Sie umfasst strategisch geplante interne Kommunikation, Marktkommunikation und Public Relations.

Die zentrale Funktion von *Public Relations* als organisationale Kommunikationsfunktion liegt in der Legitimation der Organisation und ihrer Interessen. Mittels PR sollen die Kommunikationsbeziehungen zwischen Organisation und Umwelt hergestellt, gestaltet und auf Dauer gestellt werden. Dabei spielen sowohl interne wie externe Stakeholder eine Rolle. Die externe PR-Kommunikation richtet sich dabei insbesondere an das gesellschaftspolitische Umfeld.

Kommunikationsmanagement umfasst den Prozess der Planung, Organisation und Kontrolle der Kommunikation von Organisationen und beschreibt die Einbindung von PR und anderen Kommunikationsfunktionen in organisationale Steuerungsprozesse, die bei der Leistungserstellung und -sicherung in arbeitsteiligen Organisationen erbracht werden müssen.

1.1.3 Abgrenzung der PR
von anderen Formen der öffentlichen Kommunikation

Die Schwierigkeiten, PR eindeutig und umfassend zu definieren, gehen Hand in Hand mit den fließenden Grenzen der PR zu anderen Formen der öffentlichen Kommunikation und zu benachbarten Berufsfeldern. Insbesondere zum Journalismus und zur Werbung bzw. Marketingkommunikation sind in der Praxis teils fließende Übergänge erkennbar, die eine eindeutige Unterscheidung erschweren.

Der folgenden Abgrenzung der PR von anderen Formen der öffentlichen Kommunikation liegt eine organisationsbezogene Perspektive auf Public Relations zu Grunde: PR wird nicht nur als eine Form öffentlicher Kommunikation und als persuasive Kommunikation verstanden, sondern darüber hinaus als Kommunikationsfunktion von Organisationen: PR erfüllt im organisationalen Kontext die Funktion der Steuerung von Beobachtungs- und Interaktionsprozessen zwischen der Auftrag gebenden Organisation und ihren Umwelten mit dem Ziel der Legitimation, d.h. der weitreichenden Akzeptanz von Organisationsinteressen und -handeln (vgl. Jarren/Röttger 2009) (→ 3.3.1).

Abgrenzung von PR und Werbung/Marketingkommunikation

Zur Abgrenzung von Werbung, die hier als ein Teilbereich des Marketing betrachtet wird, werden in der Literatur insbesondere inhaltliche und funktionale Abgrenzungskriterien angeführt (siehe Tab. 2):

Tabelle 2: Idealtypische Abgrenzung von PR und Werbung/Marketing-kommunikation (vgl. Laube 1986: 9f.; Merten 1999: 261)

	(Strategische) PR	Werbung/ Marketingkommunikation
Primärer Zweck	Image, Reputation, Legitimation	Absatzsteigerung
Zeithorizont	mittel-/langfristig	kurzfristig
Zielgruppen	Teilöffentlichkeiten/ Bezugsgruppen	potenzielle Käufer/marktverbundene Zielgruppen
Differenzierung	Identifikationsmöglichkeiten der Zielgruppe	Positioniert Absender in Abgrenzung zum Wettbewerb
Kommunikationsobjekt	Gesamtorganisation	Produkte/Dienstleistungen
Zugang zum Mediensystem	Nachrichtenwerte; zielt auf Fremddarstellung	Gekaufter Anzeigenraum; Selbstdarstellung

Betont wird in erster Linie der unterschiedliche Zugang zum Mediensystem: Während Werbung für Anzeigenraum zahlt, versucht PR durch Informationsangebote mit Nachrichtenwert, die sich an den Journalismus richten, Teil der journalistischen Berichterstattung zu werden. Werbung kann daher ihre Form der Selbstdarstellung mit Blick auf Timing, Platzierung und Botschaftsgestaltung sehr weitreichend steuern. Demgegenüber ist die durch PR intendierte Fremddarstellung im Rahmen journalistischer Berichterstattung nur in geringem Umfang durch die PR selbst zu kontrollieren. Zugleich ist diese Form der Fremddarstellung jedoch im Vergleich zur werblichen Selbstdarstellung mit erheblich höheren Glaubwürdigkeitswerten versehen. Die Gültigkeit des Unterscheidungskriteriums „bezahlte Kommunikation" setzt dabei ethisch korrektes Verhalten aller Beteiligten voraus. Der Blick in die Praxis zeigt jedoch, dass auch im Bereich der PR Medienveröffentlichungen immer häufiger im Zusammenhang mit „Druckkostenzuschüssen" oder geschalteten Anzeigen stehen.

Als zentraler Unterschied zwischen Werbung/Marketingkommunikation und PR wird zudem der dominante Marktbezug der Werbung herausgestellt. So zielt Werbung idealtypisch auf eine kurzfristige Steigerung des Absatzes von einzelnen Produkten bzw. Dienstleistungen und adressiert dazu insbesondere potenzielle und aktuelle Käufer. Demgegenüber richtet sich PR auch und insbesondere an nicht-marktverbundene Zielgruppen (wie z.B. Politiker, Journalisten, Vertreter von Nichtregierungsorganisationen, Standortbevölkerung) mit dem Ziel mittel- und langfristig die Reputation des Auftraggebers zu stärken und die Organisationsinteressen und das Organisationshandeln zu legitimieren. Aber auch hier zeigt sich, dass diese Unterscheidung idealtypisch ist und in der Praxis zahlreiche Mischformen vorkommen – man denke nur an die stark absatz- und marktbezogene Produkt-PR und mittel- bis langfristig angelegte Formen der Image-Werbung. Deutlich wird auch, dass die Unterscheidung von Werbung/Marketingkommunikation und PR vor dem Hintergrund einer dynamischen und schnell voranschreitenden Entwicklung neuer Medien und Kommunikationsformen zunehmend schwierig wird.

Abgrenzung von PR und Journalismus

Die Abgrenzung zwischen Journalismus und PR erfolgt in der Regel über die Differenz von Fremd- und Selbstdarstellung: Während Journalismus die Aufgabe der Fremddarstellung kollektiv relevanter Informationen zukommt, zielt PR auf eine möglichst vorteilhafte Selbstdarstellung und eine Beeinflussung der Öffentlichkeit oder von Teilen der Öffentlichkeit im Sinne der eigenen, partikularen Interessen (siehe Tab. 3).

Tabelle 3: Idealtypische Funktionen von Journalismus und PR im Vergleich

Journalismus	Public Relations
Fremddarstellung von kollektiv relevanten Informationen	Selbstdarstellung partikularer Interessen, Auftragskommunikation
Gesellschaftliche Informations- und Kontrollfunktion, „Vierte Gewalt"	Beeinflussung von Öffentlichkeit im Sinne von Eigeninteressen

PR kann damit als eine Form der Auftragskommunikation angesehen werden. Demgegenüber stehen die gesellschaftlichen Informations-, Kritik- und Kontrollfunktionen des Journalismus, denen eine herausgehobene Bedeutung für das Funktionieren demokratischer Gesellschaften zugesprochen wird. Entsprechend genießt der Journalismus in Deutschland bestimmte Privilegien, die in der Verfassung der Bundesrepublik Deutschland (Art. 5 GG) zum Ausdruck kommen:

 Artikel 5 GG

(1) Jeder hat das Recht, seine Meinung in Wort, Schrift und Bild frei zu äußern und zu verbreiten und sich aus allgemein zugänglichen Quellen ungehindert zu unterrichten. Die Pressefreiheit und die Freiheit der Berichterstattung durch Rundfunk und Film werden gewährleistet. Eine Zensur findet nicht statt.
(2) Diese Rechte finden ihre Schranken in den Vorschriften der allgemeinen Gesetze, den gesetzlichen Bestimmungen zum Schutze der Jugend und in dem Recht der persönlichen Ehre.
(3) Kunst und Wissenschaft, Forschung und Lehre sind frei. Die Freiheit der Lehre entbindet nicht von der Treue zur Verfassung.

In einer funktionalen Deutung kann Pressefreiheit nach Art. 5 GG als Mittel zur Verwirklichung des demokratischen und sozialen Rechtsstaates interpretiert werden. Entscheidend ist das Funktionieren des Meinungsmarktes (vgl. Branahl 1979). Die funktionale Deutung entspricht der Forderung nach einer konkurrierenden Willensbildung. Angesichts aktueller Entwicklungen des Pressewesens ist hierbei besonders zu berücksichtigen, dass nach der funktionalen Auslegung eine Einschränkung des Meinungsmarktes durch Verringerung der Konkurrenz die normativen Grundlagen des Systems berühren (vgl. Weischenberg 2004: 130).

Der Münsteraner Kommunikationswissenschaftler Klaus Merten (2008) unterscheidet Journalismus, Public Relations und Werbung im Hinblick auf ihren jeweiligen Wahrheitsanspruch.

Abbildung 1:   Schnittmengenmodell von Journalismus, Public Relations
                 und Werbung (Merten 2008: 52)

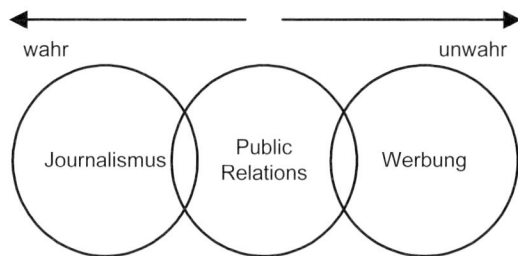

Während für den Journalismus die Objektivität und Wahrheit seiner Inhalte zentral ist, formuliert die Werbung für sich keinerlei Wahrheitsansprüche. Die Werbung agiert unbedingt parteilich, blendet systematisch alles, was die Attraktivität des Beworbenen schmälert aus und produziert konsequent positive Botschaften. Bezogen auf die Pole wahr und unwahr bewegt sich PR nach Merten zwischen dem Journalismus und der Werbung (siehe Abb. 1): Er sieht die Leistungen der PR gerade darin, dass sie sowohl mit Wahrheiten wie auch Unwahrheiten hantieren kann. Es ist Aufgabe der PR, Sachverhalte im Sinne des Auftraggebers und seiner Ziele situativ angepasst – das heißt auch: nicht immer vollkommen wahrheitsgetreu – zu kommunizieren. Dabei sind der PR durchaus Grenzen gesetzt, denn sie ist mit Blick auf ihre Zielerreichung darauf angewiesen, dass „das Differenzmanagement zwischen Fakt und Fiktion durch Kommunikation über Kommunikation" (Merten 2008: 55) aus Sicht der Rezipienten grundsätzlich glaubwürdig ist:

> „Public Relations sind darauf angewiesen, Wirklichkeiten (Sachverhalte) fallbezogen so oder auch anders, also: kontingent darzustellen. Ihre Aufgabe liegt nicht in der strikt wahrheitsbezogenen Darstellung von Sachverhalten, sondern in deren situational bedingter Anpassung. PR-Manager müssen dabei diese Elastizitäten bis zu deren Grenzen nutzen, um die geplante Wirkung ihrer Kommunikation bei den

jeweiligen Zielgruppen zu erreichen, ohne ihre Glaubwürdigkeit zu verlieren." (ebd.: 52)

 Weiterführende Literatur

Fröhlich, Romy (2008): Die Problematik der PR-Definition(en). In: Günter Bentele/Romy Fröhlich/Peter Szyszka (Hg.): Handbuch der Public Relations. 2. kor. u. erw. Aufl. Wiesbaden: 95-109

1.2 PR als Gegenstand sozialwissenschaftlicher Forschung

Public Relations als Forschungsgegenstand wurde seitens der deutschsprachigen Kommunikationswissenschaft erst spät entdeckt: Erste Ansätze der kommunikationswissenschaftlichen PR-Forschung finden sich zwar bereits in den 1970er Jahren, eine systematische und intensive Erforschung der PR lässt sich jedoch erst seit Ende der 1980er Jahre beobachten. Und so verwundert es nicht, dass der Kommunikationswissenschaftler Ulrich Saxer 1992 feststellte: „Die Verwissenschaftlichung des Gegenstands Public Relations hat insgesamt erst eine bescheidene Qualität erreicht" (Saxer 1992: 75). Seitdem ist allerdings hinsichtlich der Forschung und Theorieentwicklung gerade auch im deutschsprachigen Raum eine sehr positive Tendenz erkennbar. Zahlreiche Einführungswerke und Publikationen sind erschienen, die neue Perspektiven der PR-Forschung aufzeigen und zu einer quantitativen und qualitativen Ausweitung des Forschungsfeldes beitragen. Gleichzeitig lässt sich eine aufstrebende Entwicklung an der Zunahme spezifischer Professuren für PR-Forschung und damit einer stärkeren Verankerung von PR als Lehr- und Forschungsgegenstand an Hochschulen in Deutschland festmachen.

PR stellt sich heute als multidisziplinäres Forschungsfeld dar, zu dem unterschiedliche wissenschaftliche Disziplinen wie die Kommunikationswissenschaft, Betriebswirtschaftslehre oder Organisationssoziologie einen Beitrag leisten. Vor dem Hintergrund, dass überwiegend kommunikationswissenschaftliche Theorien und Methoden angewendet werden, besteht heute aber weitgehende Einigkeit, PR als Forschungsfeld innerhalb der Kommunikationswissenschaft zu verorten. Die Kommunikationswissenschaft lässt sich ihrerseits in die Reihe der empirisch orientierten Sozialwissenschaften einordnen. Grundlegend gilt es festzuhalten, dass wissenschaftliche PR-Forschung nicht als Dienstleistung für die Praxis zu verstehen ist, sondern primär das Ziel verfolgt, Aussagesysteme zu entwickeln und weiterzubearbeiten, die im Ergebnis die Ableitung allgemeiner Theorien zur PR ermöglichen.

Systematisierungsmöglichkeiten von (PR-)Theorien

Analog zu der bereits bei der Systematisierung von PR-Definitionen eingeführten Unterscheidung in Alltagsdefinitionen, Praxis- bzw. Praktikerdefinitionen sowie wissenschaftliche Definitionen, können zunächst sehr grob Alltags- (Laien-), Praktiker- und wissenschaftliche Theorien unterschieden werden (vgl. Rühl 2009). Alltagstheorien entstehen in der direkten Erfahrung von Menschen mit PR, z.B. als Leser einer Kundenzeitschrift. Expertentheorien werden von PR-Praktikern gebildet, die auf ihre individuellen beruflichen Erfahrungen zurückgreifen und diese generalisieren. Arbeitstheoretische Aussagen von Praktikern sind damit oft zufällig und nicht wissenschaftlich-methodisch getestet. Davon unterscheiden sich die Ansprüche, die an Theorien im Kontext der empirisch-analytischen Sozialwissenschaften gestellt werden: Sie sollen konsistent, logisch widerspruchsfrei und empirisch überprüfbar sein:

> „Eine Theorie ist im Rahmen der empirischen Wissenschaft ein System von miteinander verknüpften und widerspruchsfreien Aussagen über einen Ausschnitt der Realität. Aus ihr lassen sich empirisch überprüfbare Vermutungen (Hypothesen) ableiten." (Jarren/Wessler 2002: 24)

Rühl versteht Theorien als „problemorientierte Versuche der Wissenschaft, ein hypothetisch-testfähiges, dergestalt generalisierbares Wissen zu rekonstruieren" (Rühl 1992a: 97). Zentrale Funktionen von (PR-)Theorien sind (vgl. Merten 1999: 31ff.):

- *Deskriptive Funktion* (Ordnungsfunktion): PR-Theorien sollen Handlungsrahmen von PR systematisch beschreiben und analysieren; sie sollen die soziale Wirklichkeit von Kommunikation ordnen.
- *Erklärende Funktion*: PR-Theorien sollen die Existenz der PR und deren historische Entwicklung erklären/begründen.

- *Entdeckungsfunktion*: PR-Theorien sollen helfen, neue Zusammenhänge über Kommunikation zu entdecken.
- *Prognostische Funktion*: PR-Theorien erlauben Vorhersagen über zukünftige Entwicklungslinien der PR; sie sollen Vorhersagen über kommunikatives Geschehen erlauben.
- *Heuristische Funktion*: PR-Theorien wirken forschungsleitend und können Theoriebildung anregen.

In Anlehnung an Robert K. Merton können Theorien gemessen am Kriterium der Reichweite bzw. des Abstraktionsniveaus in Theorien mittlerer und globaler Reichweite unterschieden werden. Als Theorie globaler Reichweite kann beispielsweise die Systemtheorie angesehen werden. Merton versteht Theorien mittlerer Reichweite als „theories that lie between the minor but necessary working hypotheses that evolve in abundance during day-to-day research and the all-inclusive systematic efforts to develop unified theory that will explain all the observed uniformities of social behavior, social organization and social change" (Merton 1968: 39). Theorien mittlerer Reichweite umfassen empirisch überprüfbare Aussagen über einen notwendigerweise eng umrissenen Ausschnitt der Realität und sind in der Kommunikationswissenschaft weit verbreitet:

> „Die meisten der verwendeten theoretischen Ansätze [in der Kommunikationswissenschaft, d.V.] stellen Hypothesensysteme über relativ eng begrenzte Teilbereiche der öffentlichen Kommunikation dar – sog. Theorien mittlerer Reichweite" (Jarren/Bonfadelli 2001: 13).

Zum Verhältnis von (PR-)Forschung und Praxis

Welchen Nutzen Theorien bzw. wissenschaftliche Erkenntnisse und Modelle für die Praxis haben, ist immer wieder Gegenstand teils engagiert geführter Debatten zwischen Vertretern der PR-Praxis und der PR-Forschung. Seitens der Praxis wird oftmals kritisiert, dass die Leistungen der Wissenschaft viel zu abstrakt und wirklichkeitsfern seien und zudem den Entwicklungen in der Praxis hinterherhinken würden: „Das ist doch alles graue Theorie und hat mit der Praxis nichts zu tun" lautet dann das Urteil. Demgegenüber sind auf Seiten der Wissenschaft immer wieder Hierarchisierungstendenzen erkennbar: aufgrund ihrer außen stehenden Beobachterperspektive glauben manche Wissenschaftler über genauere Einsichten zu verfügen als Vertreter der Praxis. Letztlich streiten sich also beide Seiten darum, wer den besseren, unverstellten, unmittelbaren Zugang zur Wirklichkeit der PR hat.

Innerhalb der PR-Forschung ist eine unterschiedlich enge Bezugnahme auf die Praxis feststellen. Mit Signitzer (1988) lassen sich idealtypisch die drei Forschungsbereiche Grundlagenforschung, angewandte Forschung und selbstreflexive Forschung unterscheiden. Grundlagenforschung, die meist im universitären Rahmen stattfindet, widmet sich der Entwicklung allgemeiner und spezieller Theorien. Demgegenüber steht im Mittelpunkt angewandter Forschung weniger die allgemeine Erweiterung des Wissens über PR, als die Beantwortung konkreter, praxisrelevanter Fragestellungen. Angewandte Forschung wird in der Regel privat finanziert, d.h. von PR-treibenden Organisationen, die z.B. ihre eigene Arbeit evaluieren wollen. Schließlich zielt die Berufsfeldforschung bzw. reflexive Forschung auf eine systematische Beschreibung der PR einzelner Organisationen, Branchen bzw. Tätigkeitsfelder sowie von Einstellungen und Tätigkeiten von PR-Berufsinhabern ab.

Dass sich Wissenschaft und Praxis oft verständnislos gegenüber stehen, ist insbesondere darauf zurück zu führen, dass beide nach unterschiedlichen Handlungslogiken operieren und daher Antworten auf unterschiedliche Fragen suchen (siehe Tab. 4): Während es das vorrangige Ziel der Wissenschaft ist, Phänomene möglichst genau zu beschreiben und zu erklären, stehen im Mittelpunkt der Praxis vor allem Fragen, die sich auf konkrete Handlungsprobleme und deren Lösung beziehen: „Was muss ich tun, um ein bestimmtes Problem zu lösen bzw. Ziel zu erreichen?" Die Antworten der Wissenschaft sind keine direkten Antworten auf Fragen der Praxis (vgl. Jarren/Wessler 2002: 20ff.). Dies bedeutet allerdings nicht, dass Wissenschaft und wissenschaftliche Theorien für die Praxis überflüssig und bedeutungslos sind. Denn das entsprechende analytische Hintergrundwissen und abstrakte, auf unterschiedliche Phänomene anwendbare Begriffe können der Praxis helfen, z.B. neue Problemlagen schneller oder besser analysieren zu können und darauf aufbauend Lösungen zu entwickeln. So hilft das Wissen über die grundsätzlichen Wirkungsweisen von Schockelementen oder Angstappellen bei der Planung von Gesundheitskampagnen.

Tabelle 4: Fragen von Wissenschaft und Praxis (Jarren/Wessler 2002)

Fragetypus	Ziel	Vorrangiger Handlungsbereich
„Ist es wirklich so?" „Wie ist es genau?"	Beschreibung	Wissenschaft
„Warum ist es so?"	Erklärung	Wissenschaft
„Was ist davon zu halten, dass...?"	Bewertung	Praxis
„Was kann ich tun, um ...?"	Handlung	Praxis

US-amerikanischer Einfluss auf die deutschsprachige PR-Forschung

Public Relations als kommunikationswissenschaftlicher Lehr- und Forschungsgegenstand ist durch einen starken Einfluss US-amerikanischer PR-Forschung geprägt. Insbesondere sind hier James E. Grunig und Todd Hunt mit den vier Modellen der PR sowie der Ansatz exzellenter PR (vgl. Dozier et al. 1992; Grunig et al. 2002; Grunig/Hunt 1984) zu nennen. Empirische Fallstudien nehmen in der US-amerikanischen PR-Forschung eine zentrale, nicht nur illustrative Rolle ein. Häufig handelt es sich dabei um deskriptive Darstellungen, die nicht ausreichend theoretisch hergeleitet oder systematisch überprüft wurden und durch eine starke normative Überformung geprägt sind. Problematisch erscheint bei einer starken Orientierung an der US-amerikanischen PR-Forschung und deren Anwendung auf PR-Fragestellungen im deutschsprachigen Raum zudem, dass kulturelle und gesellschaftliche Unterschiede und deren Folgen für PR in der Regel unberücksichtigt bleiben.

Folgen der späten Institutionalisierung der deutschsprachigen kommunikationswissenschaftlichen PR-Forschung zeigen sich auch heute noch im Hinblick auf den Stand der theoretischen und empirischen Forschung (vgl. u.a. Jarren/Röttger 2008):

▪ Der (deutschsprachigen) PR-Forschung mangelt es bislang an Grundlagenforschung und theoretisch-wissenschaftlichen Basisarbeiten; meta-

orientierte Forschung, z.B. zur Geschichte der PR existiert nur bruchstückhaft.

- Bislang liegen nur wenige allgemeine organisations- und gesellschaftsorientierte PR-Theorien vor, deren Erklärungskraft sich nicht nur auf
spezielle Einzelaspekte der PR beschränkt.
- Es fehlt der Anschluss von PR-Theorien an allgemeine Öffentlichkeits-
und Gesellschaftstheorien.

Ähnlich wie in anderen sozialwissenschaftlichen Disziplinen ist in der PR-
Forschung ein Theorienpluralismus auszumachen, d.h. es existiert keine do-
minierende theoretische Perspektive auf PR. Vielmehr bewegt sich die PR-
Theoriebildung im Spannungsfeld zwischen gesellschafts- und organisationsbezogenen Ansätzen einerseits sowie system- und handlungstheoretischen
Ansätzen andererseits. PR-Forschung beruht heute wie bereits erwähnt in
erster Linie auf Theorien mittlerer Reichweite.

Hinsichtlich der PR-Theorieentwicklung ist jedoch eine positive Tendenz festzustellen. So sind in den vergangenen Jahren zahlreiche theorieori-
entierte Aufsätze und Bücher publiziert worden, die neue, viel versprechende
Perspektiven aufzeigen. Gleichzeitig ist auch hierzulande die Tendenz erkennbar, in erster Linie praxistaugliche Forschung zu leisten. Dies verdeutlicht beispielhaft das Thema „Messbarkeit von Kommunikation" (→ 5.2.2.3),
das zurzeit in vielen Unternehmen und PR-Agenturen intensiv diskutiert
wird. Der Gegenstandsbereich ist ohne Frage bedeutsam und die bisherigen
Impulse zur Modellbildung verdienen es, seitens der kommunikationswissenschaftlichen PR-Forschung intensiver bearbeitet zu werden. Allerdings
zeigen sich auch Grenzen einer stark anwendungsorientierten PR-Forschung:
Die Mehrzahl der Beiträge zum Kommunikations-Controlling beschränkt
sich auf eine praxisorientierte Weiterentwicklung einzelner Ansätze auf der
technischen Ebene und vernachlässigt dabei, die grundlegenden Annahmen
über die Wirkung und Messbarkeit von PR-Leistungen kritisch zu hinterfragen. Das Beispiel verdeutlicht: Neben der Grundlagenforschung gilt es insbesondere, das kritische Reflexionspotenzial anwendungsorientierter Forschung zu stärken. Alles andere führt auf Dauer zu Einschränkungen der
Glaubwürdigkeit sowie der Leistungsfähigkeit der PR-Forschung.

Wie erwähnt wird der vorliegende PR-Theoriebestand in der Literatur häufig in gesellschaftsorientierte Ansätze einerseits und organisationsbezogene Ansätze andererseits differenziert, wobei diese Unterscheidung nicht immer ganz eindeutige Zuordnungen liefert. Gesellschaftsorientierte Ansätze stellen die Funktionen von PR in und für demokratische Gesellschaften in den Mittelpunkt, während organisationsbezogene Ansätze die Funktionen der PR in und für Organisationen und die Bedingungen von PR im organisationalen Kontext betrachten.

Gesellschaftsbezogene PR-Ansätze

Die Anfänge der deutschsprachigen PR-Theoriebildung sind durch eine vergleichsweise starke gesellschaftsbezogene Ausrichtung geprägt. Im Zentrum entsprechender Ansätze steht insbesondere die Frage nach der Bedeutung der PR „für Dasein und Funktionsweisen von Gesellschaften" (Signitzer 2007: 144). Dem organisationspolitischen Handlungsbedarf, der zur Ausbildung von PR führt, schenken diese Ansätze demgegenüber kaum Beachtung. Bedeutsame Vertreter einer gesellschaftsorientierten Perspektive auf PR sind Franz Ronneberger und Manfred Rühl. Sie haben im Jahr 1992 einen der ersten umfassenden PR-Theorieentwürfe im deutschsprachigen Raum vorgelegt. Ronneberger und Rühl verstehen Public Relations als Teilsystem des gesellschaftlichen Funktionssystems öffentliche Kommunikation. Zu den gesellschaftsorientierten PR-Ansätzen kann zudem das Konzept der Verständigungsorientierten Öffentlichkeitsarbeit von Roland Burkart gerechnet werden, das in → 4.4 vorgestellt wird.

Nach Ronneberger und Rühl (1992) ist PR ein sich selbsterzeugendes, selbstorganisierendes, selbsterhaltendes und selbstreferentielles System. Die Autoren kombinieren ihre systemtheoretischen Überlegungen mit einer ausgeprägten pluralismustheoretischen Orientierung. So formuliert Ronneberger (1991: 15): „PR versteht sich als eine Funktion der öffentlichen Interessendarstellung. [...] Aus der Sicht der demokratisch verfassten politischen Systeme erscheint die PR-Funktion als konstitutiver Faktor, d.h. ohne PR würden solche Systeme nicht 'funktionieren'."

Das soziale System PR stellt eine bestimmte Form der öffentlichen Kommunikation dar, die sich analytisch auf drei Ebenen – der Makro-, Meso- und Mikro-Ebene – beobachten lässt. Jede dieser Strukturdimensionen beschreibt eine spezifische Beziehungsmöglichkeit der PR zur Umwelt. Die Makro-Ebene umfasst das Verhältnis der PR zur Gesamtgesellschaft. Die gesamtgesellschaftliche Funktion der PR liegt in der „Herstellung und Bereitstellung durchsetzungsfähiger Themen" (Ronneberger/Rühl 1992: 297) beziehungsweise der „Durchsetzung von Themen durch Organisationen auf Märkten mit der Wirkungsabsicht, öffentliches Interesse (Gemeinwohl) und öffentliches Vertrauen zu stärken" (ebd.: 283).

 Funktion der PR nach Ronneberger und Rühl

„Die Funktion, derentwegen Public Relations/Öffentlichkeitsarbeit gesellschaftlich ausdifferenziert ist, liegt in autonom entwickelten Entscheidungsstandards zur Herstellung und Bereitstellung durchsetzungsfähiger Themen (effective topics oder effective issues), die – mehr oder weniger – mit anderen Themen in der öffentlichen Kommunikation um Annahme und Verarbeitung konkurrieren. Die besondere gesellschaftliche Wirkungsabsicht von Public Relations ist es, durch Anschlusshandeln, genauer: Anschlusskommunikation und Anschlussinteraktion öffentliche Interessen (Gemeinwohl) und das soziale Vertrauen der Öffentlichkeit zu stärken – zumindest das Auseinanderdriften von Partikularinteressen zu steuern und das Entstehen von Misstrauen zu verhindern" (Ronneberger/Rühl 1992: 252).

PR-Leistungen umfassen auf der Meso-Ebene das Verhältnis der PR zu anderen gesellschaftlichen Funktionssystemen. Ronneberger und Rühl beschreiben dies als ein Modell der Leistungen und Gegenleistungen auf Märkten. Die Gegenleistungen, die PR-Leistungen entgegengebracht werden, sind weniger in monetären Größenordnungen auszumachen, sondern bestehen in erster Linie in sozialen und psychischen Ressourcen, also zum Beispiel Aufmerksamkeit, Interesse oder Zeit. PR ist überall dort auszumachen, wo „in anderen gesellschaftlichen Funktionssystemen (aber auch innerhalb des PR-Systems selbst) durchsetzungsfähige Themen zur Förderung des öffentlichen Interesses (Gemeinwohl) und zur Stützung des sozialen Vertrauens in der Öffentlichkeit benötigt werden" (ebd.: 259). PR-Leistungen werden explizit nicht als Punkt-zu-Punkt-Kommunikation zwischen organisatorischen Anbietern und persönlichen Abnehmern konzipiert; vielmehr zielt PR auf weitreichende Anschlusskommunikation und wählt zu diesem Zweck den Weg über massenmedial vermittelte Öffentlichkeit.

Schließlich handelt es sich bei inner- und interorganisatorischen Wechselbeziehungen auf der Mikro-Ebene um Aufgaben der PR (ebd.: 250ff.). In den Mittelpunkt rücken hier die Beziehungen der PR zu Organisationen und psychischen Systemen (z.B. PR-Funktionsträger). Zur Erfüllung ihrer Aufgaben hat PR journalistische Symbolmedien und -techniken aufgegriffen und zunehmend auch eigene Symbolmedien ausgebildet. Diese differenzieren sich in extraorganisatorische (z.B. Pressemitteilungen, Kampagnen), interorganisatorische (z.B. Branchenpublikationen) und intraorganisatorische Symbolmedien (z.B. Mitarbeiterschulungen, Evaluierung der PR-Programme).

Als erster umfassender und theoretisch gehaltvoller Ansatz zur PR-Theoriebildung hat der Beitrag von Ronneberger und Rühl im deutschsprachigen PR-Theoriediskurs lange Zeit einen herausgehobenen Stellenwert eingenommen. Der Theorieentwurf ist jedoch auch sehr kritisch diskutiert worden. Kritik bezieht sich dabei vor allem auf die von den Autoren formulierte primäre Funktion der PR, die offen lässt, wie das PR-Teilsystem plausibel vom System Journalismus abgegrenzt werden kann.

 Funktion des PR-Systems nach Ronneberger/Rühl 1992

„Herstellung und Bereitstellung durchsetzungsfähiger Themen" (Ronneberger/Rühl 1992: 297)

Funktion des Journalismus nach Rühl 1992

„[…] organisatorische Herstellung und Bereitstellung durchsetzungsfähiger thematisierter Mitteilungen zur öffentlichen Kommunikation" (Rühl 1992b: 129)

Insgesamt können Ronneberger und Rühl den eigenständigen Systemcharakter der PR nicht hinreichend plausibel herausarbeiten. Die funktionale Abhängigkeit der PR von anderen Systemen (Politik, Wirtschaft etc.) legt vielmehr nahe, dass PR kein eigenständiger Systemcharakter zugewiesen werden kann und die Entscheidungsprogramme der PR in Abhängigkeit von ihren jeweiligen Funktionssystemen ausgebildet werden. So bestimmt Public Relations ihre Ziele und Zwecke nicht autonom, sondern nur in Abhängigkeit von anderen Systemen. Lediglich im operativen Bereich, also zum Beispiel bei

der Wahl seiner Mittel, verfügt die PR über ein gewisses Maß an Handlungsfreiheit.

> „Innerhalb einer systemtheoretischen Perspektive ist es deshalb (vorläufig) plau-
> sibler, Öffentlichkeitsarbeit als operative Ausprägung von Systemen (wie Politik
> oder Wirtschaft) zu betrachten." (Löffelholz 1997: 188)

Vor diesem Hintergrund erscheint es zudem fraglich, ob es tatsächlich die
primäre gesellschaftliche Wirkungsabsicht der Public Relations ist, „öffentliches Interesse (Gemeinwohl) (...) zu stärken" (Ronneberger/Rühl 1992: 252).
Ihre primäre Wirkungsabsicht ist vielmehr darin zu sehen, dass sie zur Sicherung der Existenz ihrer auftraggebenden Organisation beiträgt und in diesem
Sinne partikulare Interessen von Organisationen optimal in der öffentlichen
Kommunikation vertreten und platzieren will. Insofern werden zunächst an
Partikularinteressen orientierte PR-Mitteilungen Teil der öffentlichen Kommunikation und können schließlich in ihrer Gesamtheit als nachgeordnete
Wirkung – und damit nicht, wie Ronneberger und Rühl formulieren, gemäß
ihrer primären Wirkungsabsicht – öffentliches Interesse (Gemeinwohl) stär-
ken bzw. zum Ausgleich gesellschaftlicher Interessen beitragen.

> „Systemale Öffentlichkeitsarbeit dient intentional in erster Linie dem System. Ihre
> Bedeutung für die Gesamtgesellschaft – etwa im Rahmen von Funktionen der so-
> zialen Integration, der Herstellung von Transparenz, der Ermöglichung von
> Kontrolle, des Ausgleichs von Interessen etc. – kommt eher als sekundäre Folge-
> wirkung zum Tragen." (Wiek 1996: 35)

Organisationsbezogene PR-Ansätze

Organisationsbezogene PR-Ansätze haben im deutschsprachigen Raum seit
den 1990er Jahren qualitativ und quantitativ sichtbar an Bedeutung gewonnen. Sie beschreiben PR als Kommunikationsfunktion von Organisationen
und fragen in erster Linie nach den Funktionen und Leistungen, die PR für
unterschiedliche Organisationen erbringt: Welchen Beitrag leistet PR zur Erreichung der Organisationsziele? Dazu ist es auch erforderlich, die organisationalen Bedingungen, unter denen PR-Mitteilungen her- und bereitgestellt
werden, zu betrachten und deren Einfluss auf die Leistungsfähigkeit der PR
zu analysieren. Die Orientierung der PR an den allgemeinen Organisationszielen verdeutlicht auch die folgende Definition. Sie betont zudem, dass die
Unterstützung der Organisation bei ihrer Zielerreichung sich nicht nur auf die
nach außen gerichtete Beeinflussung von Umwelten beschränkt, sondern

prinzipiell auch die interne Einflussnahme auf die Organisationsstrategie umfasst (→ 1.1).

> "Public Relations is a communication function of management through which or-
> ganizations adapt to, alter, or maintain their environment for the purpose of achiev-
> ing organizational goals." (Long/Hazleton 1987: 6)

Inzwischen liegen zahlreiche unterschiedliche Konzepte vor, die den durch
PR zu bearbeitenden organisationspolitischen Handlungsbedarf ins Zentrum
des Erkenntnisinteresses stellen. In diesem Abschnitt werden zunächst zentrale Ansätze der US-amerikanischen PR-Forschung vorgestellt, die großen
Einfluss auf die Entwicklung der PR-Forschung im deutschsprachigen Raum
hatten. Weitere organisationsbezogene PR-Ansätze neueren Datums werden
in → 3.2 ausführlicher dargestellt.

Mit Blick auf die US-amerikanische PR-Forschung sind an erster Stelle
die „vier Modelle der Public Relations" (vgl. Grunig/Hunt 1984: 22), die
Theorie situativer Teilöffentlichkeiten (vgl. ebd.: 138ff.) (→ 2.2.4.1) und die
Exzellenztheorie (vgl. Dozier et al. 1992; Grunig et al. 2002) zu nennen. Die
vier Modelle der PR (siehe Tab. 5) – Publicity, Informationstätigkeit, zweiseitige asymmetrische Kommunikation und zweiseitige symmetrische Kommunikation – verbinden eine historische Perspektive mit einer situativen, gegenwartsbezogenen Dimension: Die vier Modelle stellen die angenommene
Entwicklungsgeschichte der PR in den USA von einer niedrigen (Publicity)
zu einer höheren Entwicklungsstufe (symmetrische Kommunikation) dar und
beschreiben zugleich charakteristische PR-Kommunikationsformen und aktuelle Ausprägungen der Public Relations. Die Kommunikationsbeziehungen
von Organisationen zu relevanten Bezugsgruppen lassen sich analytisch hinsichtlich der Kommunikationsrichtung (Einweg- versus Zweiweg-Kommunikation) und in Bezug auf die intendierten Wirkungen der Kommunikation
(asymmetrische versus symmetrische Kommunikation) unterscheiden. Sowohl für die gegenwartsbezogene als auch historische Dimension gilt, dass
die Modelle nicht empirisch, sondern auf theoretisch-analytischem Weg entwickelt wurden. Die zahlreichen Versuche, die Gültigkeit der Modelle in der
Praxis empirisch nachzuweisen, sind aufgrund ihres Forschungsdesigns und
problematischer Operationalisierungen nur eingeschränkt aussagekräftig.

Tabelle 5: Die vier Modelle der PR nach Grunig/Hunt (1984: 22)

Charakteristika	Modelle der Public Relations			
	Publicity	Informations-tätigkeit	Asymmetrische Kommunikation	Symmetrische Kommunikation
Zweck	Propaganda	Verbreiten von Informationen	Überzeugen auf Basis wiss. Erkenntnis	Wechselseitiges Verständnis
Art der Kommunikation	Einweg; voll-ständige Wahr-heit nicht we-sentlich	Einweg; Wahr-heit wesentlich	Zweiweg; un-ausgewogene Wirkungen	Zweiweg; aus-gewogene Wir-kungen
Kommunikations-modell	Sender ⇒ Empfänger	Sender ⇒ Empfänger	Sender ⇔ Empfänger	Gruppe ⇔ Gruppe
Art der Forschung	kaum vorhan-den; quantitativ (Reichweite)	kaum vorhan-den; Verständ-lichkeitsstudien	Programm-forschung; Eva-luierung von Einstellungen	Programmfor-schung; Evalue-rung Verständnis

Aufmerksamkeit und Publizität für die eigene Organisation zu erzielen steht im Mittelpunkt des Publicity-Modells. Die zugrunde liegende Kommunikation ist als Einwegkommunikation von der PR zu einzelnen Publikumsgruppen zu beschreiben. Hinter dem primären Ziel, in das Blickfeld der öffentlichen Wahrnehmung zu gelangen, tritt die Frage in den Hintergrund, ob die kommunizierten Inhalte wahr sind. In diesem Sinne wird der Zweck der Kommunikation von Grunig et al. als Propaganda bezeichnet. Die Wahrheit der kommunizierten Inhalte ist demgegenüber im Modell der Informationstätigkeit wesentlich. Ziel dieser (Einweg-)Kommunikation ist die weitreichende Versorgung von Teilöffentlichkeiten mit Informationen. Feedback seitens der Teilöffentlichkeiten ist anders als bei der asymmetrischen Kommunikation nicht wichtig. Die asymmetrische Kommunikation will nicht nur verlautbaren und informieren, sondern überzeugen. Dies ist ohne Berücksichtigung der Teilöffentlichkeiten (→ 2.2.4) und ihrer Interessen kaum möglich. Feedback, z.B. durch Bevölkerungsbefragungen, ist notwendig, um die PR zu optimieren. Das Modell der symmetrischen Kommunikation zielt auf wechselseitiges Verständnis, auf Verhandlung und Konfliktlösung, in die sowohl die Organisation als auch betroffene Publikumsgruppen involviert sind. Dieses Modell setzt damit voraus, dass alle Beteiligten kommunikativ gleichberechtigt sind. Die Kommunikation ist als Zweiweg-Kommunikation, das heißt als dialogischer Austausch konzipiert. Die Wirkungen dieses Verständigungsprozesses sind beidseitig angesiedelt: Sowohl Veränderungen in den Einstellungen und Verhaltensweisen der Organisation als auch bei den involvierten Teilöffentlichkeiten werden von den beteiligten Kommunikationspartnern als möglich angesehen. Gerade das Prinzip der Ausgewogenheit der Wirkungen von Kommunikationsprozessen unterscheidet das Modell der symmetrischen Kommunikation von den anderen skizzierten Modellen – symmetrische Kommunikation steht für Grunig für ethische PR. Jedoch zeigten zahlreiche von Grunig initiierte Folgestudien, dass symmetrische Kommunikation auch in der Praxis exzellenter PR nicht im Vordergrund steht. Diese empirischen Befunde haben zur Weiterentwicklung der vier PR-Modelle zum situativen, zweiseitigen Modell exzellenter Public Relations geführt (siehe Abb. 2).

Abbildung 2:   Zweiseitiges Modell exzellenter PR (in Anlehnung an Dozier et al. 1995: 48)

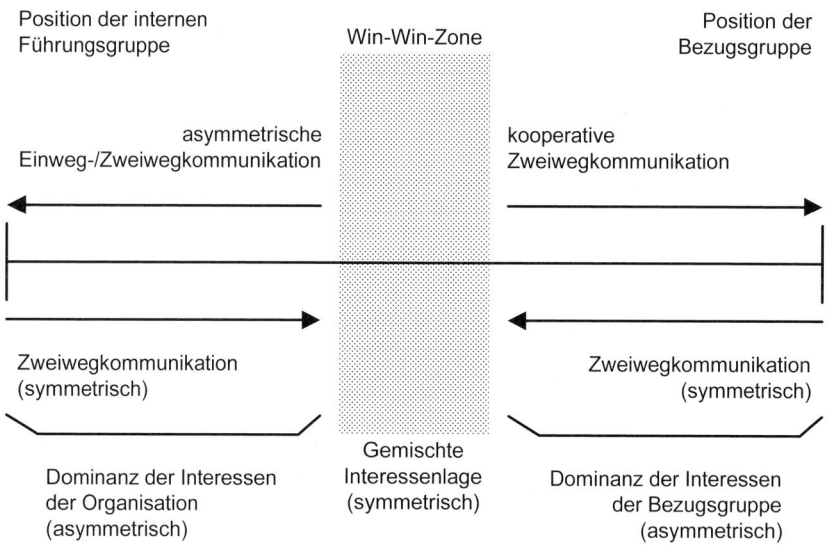

Hintergrund dieses Modells ist die Überlegung, dass sich Bezugsgruppen und Organisationen grundsätzlich als Antagonisten mit unterschiedlichen und sich zum Teil ausschließenden Interessen gegenüber stehen. Hier nimmt

Public Relations eine Vermittlerposition ein: Kommunikation mit Bezugsgruppen hat das Ziel, deren Position in Richtung der Organisationsinteressen
zu verschieben, während parallel Kommunikation mit der internen Führungs-
schicht darauf abzielt, die Position der Organisation bzw. der internen Füh-
rungsschicht der Position der Bezugsgruppen anzunähern. Ziel dieses „zweiseitigen Modells" ist es, Win-Win-Lösungen zu erzielen; also langfristig stabile Lösungen, von denen beide Antagonisten profitieren. Jenseits des Win-
Win-Bereiches angesiedelte Lösungen sind zumindest für einen der beiden
Beziehungspartner unbefriedigend und führen zu instabilen Situationen. Es
ist allerdings fraglich, ob das spieltheoretisch inspirierte Modell in der Lage
ist, die komplexe PR-Praxis und die gesellschaftspolitische Rolle von Organisationen angemessen abzubilden – und dies nicht nur hinsichtlich der Frage, ob die Beteiligten aufgrund ihrer unterschiedlichen Ressourcen und
Durchsetzungspotenziale gleichberechtigt um eine Win-Win-Lösung verhan-
deln können. Hinzu kommt die Komplexität der Akteurskonstellation, die
sich zudem im Zeitverlauf ändern kann und die die Identifikation von stabilen Win-Win-Lösungen erschweren oder unmöglich machen können.

 Weiterführende Literatur

> Jarren, Otfried/Ulrike Röttger (2008): Public Relations aus kom-
> munikationswissenschaftlicher Sicht. In: Günter Bentele/Romy
> Fröhlich/Peter Szyszka (Hg.): Handbuch Public Relations. 2., kor.
> u. erw. Aufl. Wiesbaden: 19-36

1.3 PR-Historiographie

Auseinandersetzungen mit der Geschichte der PR beginnen häufig mit Fragen nach dem Ursprung oder Beginn: Seit wann gibt es Öffentlichkeitsarbeit? Die Antworten auf diese Frage sind vielfältig und spiegeln je unterschiedliche Verständnisse von PR wider: So verortet Klaus Merten den Beginn von PR im Paradies „in dem Moment nämlich, wo Eva vermittels der
erstmaligen, gleichwohl erfolgreichen Anwendung einer Überzeugungstech-
nik Adam zur Teilnahme am Apfelschmaus zu gewinnen wusste" (Merten

1997: 22). Andere Autoren sehen die Anfänge der PR bei den Aposteln (Grunig/Hunt 1984: 15). Schließlich wurde in den frühen Jahren der Bundesrepublik von prominenten Vertretern der Berufspraxis wie beispielsweise Albert Oeckl lange Zeit die – nicht zutreffende – These vertreten, dass Öffentlichkeitsarbeit ein Import aus den USA sei.

Zunächst einmal ist es fraglich, ob die Suche nach dem „Urknall der PR" und damit die Annahme eines klar definierbaren Startpunktes tatsächlich sinnvoll ist. Vielmehr ist davon auszugehen, dass PR sich als ein Typus öffentlicher, organisationsgebundener Kommunikationstätigkeit sukzessive im Kontext der jeweiligen Gesellschaftsformen und der Strukturen von Öffentlichkeit ausgebildet hat. Entsprechend erscheint es erkenntnisstiftender, nach den Wurzeln und Entwicklungslinien und nicht nach dem *einen* Startpunkt der PR im Sinne eines Urknalls zu fragen. PR-Geschichte sehr eng an die Geschichte von einzelnen Überzeugungstechniken zu knüpfen, wie dies beispielsweise Merten vorschlägt, führt demgegenüber dazu, dass PR als universelles, allgegenwärtiges und zeitloses Phänomen erscheint: Die Feststellung aber, dass man es immer dann mit PR zu tun hat, wenn Menschen andere überzeugen wollen, ermöglicht keine analytisch trennscharfen Beobachtungen.

Die Beschreibung und Analyse der historischen Entwicklung der PR wirft die Frage nach den Kriterien zur Bestimmung und Beschreibung des Phänomens PR auf. Denn jedwede Geschichtsschreibung setzt ein begriffliches Vorverständnis von den zu analysierenden Phänomenen voraus. Zu klären ist daher in jedem Fall, welches Verständnis von PR der historischen Analyse zu Grunde liegt.

Zum Stand der (deutschsprachigen) PR-Geschichtsschreibung

Eine systematische und wissenschaftlich gehaltvolle Auseinandersetzung mit der PR-Geschichte im deutschsprachigen Raum existiert bis heute nur in Ansätzen. Neben einigen frühen Beiträgen (Binder 1983) hat insbesondere in den 1990er Jahren im Kontext der Fachgruppe PR/Organisationskommunikation der Deutschen Gesellschaft für Publizistik- und Kommunikationswissenschaft (DGPuK) eine intensivere Auseinandersetzung mit den Entwicklungslinien der PR stattgefunden (vgl. insbes. Szyszka 1997b; Kunczik 1997). In den vergangenen Jahren sind vor allem Beiträge erschienen, die

einzelne Fallbeispiele bzw. ausgewählte PR-Persönlichkeiten unter historischer Perspektive aufarbeiten (u.a. Lehming 1997; Heinelt 2003; Mattke
2006). Vereinzelt liegen zudem Publikationen zur jüngeren PR-Berufsgeschichte vor (Kunczik/Szyszka 2008). Arbeiten, die sich mit den Anfängen
und frühen Entwicklungslinien der PR befassen, existieren demgegenüber
nur vereinzelt.

Die vorliegenden Beiträge zur PR-Geschichtsschreibung können in fak-
ten- und ereignisorientierte Ansätze einerseits und modell- und theorieorien-
tierte Ansätze andererseits unterschieden werden (vgl. u.a. Bentele/Liebert
2005; Hoy et al. 2007).

Fakten- und ereignisorientierte Ansätze der PR-Geschichtsschreibung

Am weitesten verbreitet sind derzeit fakten- und ereignisorientierte Darstellungen der PR-Geschichte: In der Regel handelt es sich dabei um Systematisierungsversuche zeitlich-historischer Abfolgen auf Basis von umfassenden
Fakten- und Datensammlungen. Ein frühes Beispiel liefert Bernays (1952),
der die PR-Geschichte in Anlehnung an die amerikanische Industriegeschich-
te in sieben Phasen einteilt oder aber Albert Oeckl, der für Deutschland die
drei Phasen „Periode der Vorläufer im 19. Jahrhundert", „Periode der Ent-
wicklungsphase 1914-1945" und „Periode Entwicklung der PR nach 1945"
(Oeckl 1991) unterscheidet. Beide Beispiele – und viele weitere fakten- und
ereignisorientierte Systematisierungsversuche – verzichten weitgehend auf
eine theoretische Herleitung und Fundierung der jeweiligen Periodisierung:
So bleiben die Kriterien, die zur Definition der ausgewiesenen Perioden führen, weitgehend unklar.

Elisabeth Binder (1983) unterscheidet in ihrer Arbeit zur Entstehung unternehmerischer Public Relations in der Bundesrepublik Deutschland zudem
zwischen einem sogenannten Begriffs- und Tätigkeitsansatz. Begriffsorien-
tierte Ansätze koppeln die Geschichte der PR an die Existenz des Begriffs
PR bzw. Öffentlichkeitsarbeit. Der terminologische Ursprung der PR liegt
demnach in den USA: So hat vermutlich der Rechtsanwalt Dorman Eaton
1882 den Begriff PR erstmals in einem Seminar an der Yale Law School
verwendet (vgl. Oeckl 1989: 113). In der Folge wurde er von Ivy Lee, einem
frühen und prominenten PR-Praktiker aufgegriffen und weiter verbreitet.

Die Gleichsetzung der Geschichte des Begriffs „Public Relations" und der Geschichte von PR als besondere Form des Kommunikationshandelns ist jedoch problematisch, denn die Existenz von Begriffen ist zwar ein wichtiger Indikator für die reale Entwicklung von Phänomenen, jedoch nicht das ausschließliche und entscheidende Kriterium für deren Existenz (Bentele 1997: 141f.). So existierte beispielsweise interpersonale Kommunikation lange vor dem im griechischen Altertum geprägten Begriff „communicatio". Begriffe, zumal wenn sie inhaltlich mehrdeutig sind, sagen folglich nur wenig über die tatsächlichen Tätigkeitsmuster aus, die damit beschrieben werden.

Im Unterschied dazu koppelt PR-Geschichtsschreibung im Sinne des Tätigkeitsansatzes die Existenz von PR eng an spezifische Tätigkeitsmuster:

> „Public Relations existieren, seitdem unübersichtlichere gesellschaftliche Strukturen als Folge der industriellen Revolution ein verstärktes Bedürfnis nach organisierter Kommunikation produzieren" (Binder 1983: 46ff.)

Auch tätigkeitsorientierte Beschreibungen bleiben allerdings häufig auf der Ebene eines einfachen theoretischen Vorverständnisses im Sinne von Praktikertheorien (→ 1.1.1) stehen. Eine Bezugnahme auf wissenschaftlich fundierte Theorien unterbleibt in der Regel. Und so basieren tätigkeitsorientierte Beschreibungen auf sehr unterschiedlichen, häufig aber nicht explizierten und nicht theoretisch fundierten Verständnissen von PR. Dies hat zur Folge, dass entsprechende Darstellungen und Periodisierungen der PR-Geschichte relativ beliebig sind.

Modellgeleitete und theorieorientierte Ansätze der PR-Geschichtsschreibung

Ziel von modell- und theorieorientierten Ansätzen ist nicht nur die reine Beschreibung historischer Entwicklungen, sondern insbesondere auch deren Erklärung und Analyse. Als prominentes und bedeutsames Beispiel wird von Bentele/Liebert (2005) – aber auch von anderen Autoren (siehe etwa Hoy et al. 2007) – das viel zitierte „4-Typen-Modell" der PR von Grunig/Hunt (1984) (→ 1.2.2) genannt. Grunig und Hunt beschreiben mit ihren vier Modellen (Publicity, Information, asymmetrische Kommunikation, symmetrische Kommunikation) nicht nur in einer situativen, gegenwartsbezogenen Dimension unterschiedliche Typen der PR, sondern haben ihr Modell explizit historisch dimensioniert: PR hat sich demnach in einem evolutionären

Prozess von manipulativen und persuasiven Praktiken zum Ideal einer dia-
logorientierten Zweiweg-Kommunikation und damit von „schlechter" zu
„guter" PR entwickelt. PR-Geschichte wird hier als eine Art Reifungsprozess
beschrieben (vgl. Hoy et al. 2007).

Die modellorientierte Betrachtung der PR-Geschichte von Grunig und
Hunt stellt ohne Frage eine Hilfe zur Rekonstruktion und Analyse von PR-
Praktiken und deren Entwicklung dar. Ob und inwieweit die stark normativ
geprägten vier Modelle jedoch als theorieorientierter Ansatz der PR-
Geschichtsschreibung – wie beispielsweise von Bentele/Liebert und Hoy et
al. behauptet – verstanden werden können, ist kritisch zu hinterfragen. So ist
bei Grunig und Hunt weder eine theoretische Begründung noch eine empirische Ableitung der vier Modelle erkennbar. Entsprechend bewertet der Lüneburger Medienwissenschaftler und PR-Forscher Werner Faulstich diesen
Ansatz als vorwissenschaftlich:

> „Die amerikanischen PR-Forscher James E. Grunig und Todd Hunt (1984) postu-
> lierten für die amerikanische Gesellschaft, ohne historische Fundierung, eine
> Evolution quasi vom Bösen zum Guten in vier Schritten." (Faulstich 2000: 14)

Typisch für modellorientierte und theoriegeleitete Ansätze zur PR-Geschichtsschreibung ist demgegenüber eine ausgeprägte Kontextualisierung
der PR-Entwicklung, d.h. eine Analyse der PR unter Berücksichtigung z.B.
relevanter gesellschaftlicher, ökonomischer und medialer Rahmenbedingungen. So betrachten Ronneberger/Rühl (1992) PR als ein Phänomen der modernen differenzierten Gesellschaft. Sie setzen für die Entstehung und Entwicklung von PR voraus:

- Dominanz unpersönlicher Wirtschafts- und Kommunikationsformen
- Organisationsbildung und Dominanz von Organisationen
- Relativer Bedeutungsverlust einzelner gesellschaftlicher Institutionen
- Notwendigkeit zur Aufmerksamkeitsweckung und -wahrung aufgrund
  komplexer, unübersichtlicher Verhältnisse in modernen Gesellschaften
- Steigende Notwendigkeit zur Bekanntheitswahrung (u.a. durch Marken-
  Politik, Image-Gestaltung)
- Steigende Notwendigkeit zur Schaffung und Erhaltung von sozialem
  Vertrauen

„Public Relations als Innovation" (Saxer 1992)

Saxer betrachtet die Entwicklung von Public Relations „im Gesamtrahmen einer Theorie evolutionierender Gesellschaften" (Saxer 1992: 50) und spricht in diesem Zusammenhang von einer reaktiven Systembildung: Public Relations habe sich in Folge eines allgemeinen Gesellschaftswandels als „Ausdifferenzierung [...] aus dem System Werbung" (ebd.: 60) herausgebildet. Er unterscheidet dabei drei zentrale Phasen:

- Die sich industrialisierende Gesellschaft im ausgehenden 19. Jahrhundert, in der PR nur rudimentär entwickelt ist und stark werblichen Charakter hat.

- Die industrialisierte Gesellschaft nach dem Ersten bzw. Zweiten Weltkrieg, in der sich PR stark vor dem Hintergrund etablierter Massenmärkte innerhalb des ökonomischen Sektors ausweitet und an allgemeiner gesellschaftlicher Akzeptanz gewinnt. Das PR-Instrumentarium ist allerdings noch schwach differenziert und entwickelt.

- Die postindustrielle Gesellschaft in den 1970er und 1980er Jahren, in der PR stark expandiert und in allen gesellschaftlichen Subsystemen qualitativ und quantitativ an Bedeutung gewinnt. Katalysator dieser Entwicklung ist der gesellschaftliche Wandel hin zur „Informationsgesellschaft" (ebd.: 62), der verbunden ist mit stark gestiegen Informations- und Kommunikationsansprüchen der Gesellschaftsmitglieder sowie einem steigenden Bedarf an organisationaler Selbstdarstellung.

Saxers Periodisierung der PR-Entwicklung wird jedoch teils kritisiert (vgl. Schönhagen 2008: 13): So zeigt das Beispiel der ab 1906 eingerichteten kommunalen Pressestellen in Deutschland, dass PR sich nicht generell aus der Werbung heraus entwickelt. Darüber hinaus vertritt Schönhagen die Position, dass PR bereits deutlich früher als in den 1970er Jahren gesellschaftsweit etabliert und institutionalisiert war.

PR-Geschichte als Teil der Geschichte
öffentlicher Kommunikation bzw. des Journalismus

Verschiedene Autoren weisen darauf hin, dass PR als Teilbereich öffentlicher Kommunikation anzusehen ist und entsprechend PR-Geschichte im Kontext der allgemeinen Geschichte öffentlicher Kommunikation beschrieben werden muss (vgl. Liebert 2003). Die Kommunikationswissenschaftlerin

Philomen Schönhagen (2008) betrachtet beispielsweise die Entstehung von PR in Wechselwirkung mit dem Journalismus und geht dabei von einer Ko-Evolution aus, d.h. einem evolutionären Prozess der wechselseitigen Anpassung zweier stark interagierender Systeme. Dabei unterlässt sie es allerdings, den Systemstatus der PR (und des Journalismus) näher zu beschreiben und zu begründen. Ausgangspunkt für die Entstehung von PR sind nach Schönhagen gesellschaftliche Akteure, die ihre Interessen nicht oder nicht adäquat in den Medien vertreten sahen und mit eigenen geplanten Kommunikationsmaßnahmen auf die aus ihrer Sicht eingeschränkte Leistungsfähigkeit des Journalismus reagierten.

> „PR sind der Ausdruck einer an den Gesetzmäßigkeiten der autonomen Massenmedien orientierten Rationalisierung und Professionalisierung des Kommunikationsverhaltens gesellschaftlicher Akteure bzw. Akteurskollektive oder Organisationen, mit der diese auf wachsenden Legitimationsbedarf sowie Zugangsbarrieren zur – massenmedial konstituierten – Öffentlichkeit reagieren mit dem Ziel, ihre Interessen im öffentlichen Diskurs optimal geltend zu machen." (Schönhagen 2008: 18)

Ähnlich beschreibt auch Tobias Liebert (1999: 409) die Entstehung kommunaler Öffentlichkeitsarbeit zu Beginn des 20. Jahrhunderts in Deutschland, die sich als „Gegengewicht zur zunehmenden Politisierung [...] des kommunalen Lebens und zur ‚parteiischen' Presselandschaft" verstanden habe. Deutlich wird, dass die Anfänge der PR stark durch Pressearbeit geprägt waren; die begriffliche Gleichsetzung von Pressearbeit und PR bei den genannten Autoren ist jedoch etwas unsauber. Zudem gilt es zu prüfen, ob und inwieweit die skizzierte Ko-Evolution für Akteure aus dem staatlichen als auch dem wirtschaftlichen Bereich gleichermaßen gilt.

Modell der funktional-integrativen Schichtung zur PR-Entwicklungsgeschichte

Auch der Leipziger PR-Forscher Günter Bentele betrachtet die Entwicklung der PR vor dem Hintergrund allgemeiner gesellschaftlicher Rahmenbedingungen. Insbesondere sieht er PR-Geschichte als integralen Bestandteil der menschlichen Kommunikationsgeschichte und der Geschichte öffentlicher Kommunikation an.

> „Public Relations ist nicht mit Kommunikation identisch zu setzen, sondern markiert einen bestimmten Kommunikationstyp, einen Typ öffentlicher Kommunikation. PR im Sinne von systematischem Kommunikationsmanagement ist zweitens – dies ist eine weitere Voraussetzung – historisch und aktuell immer mit der Herstellung

organisationsinterner und/oder organisationsexterner Öffentlichkeit verbunden: Aus diesen Voraussetzungen leiten sich zwei Grundforderungen ab: PR-Historiographie ist erstens grundsätzlich nur im Kontext der Entwicklung von Kommunikationsgeschichte und zweitens nur im Kontext der Entwicklung von öffentlicher Kommunikation sinnvoll zu betreiben." (Bentele 1997: 148)

Die Idee der funktional-integrativen Schichtung basiert auf der Annahme, dass jede Schicht auf den älteren, vorgelagerten Schichten aufbaut und neuere Schichten somit wesentliche Elemente der älteren enthalten. Die Entwicklung von PR wird dabei nicht nur integrativ, d.h. als Bestandteil der Geschichte menschlicher Kommunikation und von Öffentlichkeit betrachtet, sondern zudem funktional, d.h. „im Kontext benachbarter (z.B. Journalismus, Werbung) und übergreifender sozialer Systeme (Politik, Wirtschaft, Kultur, Wissenschaft, Sport etc.)" (ebd.: 150).

Abbildung 3:   Schichtenmodell zur PR-Entwicklungsgeschichte (Bentele 1997: 157)

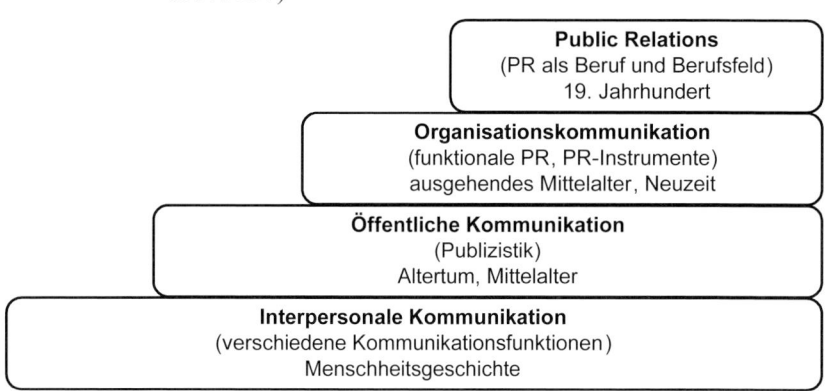

Ausgangspunkt der PR-Geschichte (siehe Abb. 3) ist demnach interpersonale Kommunikation, die bereits in archaischen Gesellschaften existierte, allerdings ohne dass sich eine spezifische Form von Öffentlichkeit ausgebildet hat: Vielmehr ist ein weitgehendes Zusammenfallen von Interaktion, Organisation und Gesellschaft festzustellen. Interpersonale Kommunikation stellt den Ausgangspunkt von PR dar; PR-Prozesse sind demgemäß immer Kommunikationsprozesse – umgekehrt gilt dies nicht.

Zur weiteren Eingrenzung des Phänomens PR kommt auf der zweiten
Schicht des Modells der öffentliche Charakter der Kommunikation hinzu:
Spätestens seit dem Mittelalter sind Formen der öffentlichen Kommunikation
(Publizistik) bekannt und es sind bereits erste Vorformen der öffentlichen
Repräsentation z.B. einzelner politischer Herrscher erkennbar. Öffentlichkeit
stellt einen wesentlichen Bezugspunkt von PR dar (➔ 2.2), nicht jede Form
der öffentlichen Kommunikation ist jedoch Public Relations – weitere Ein-
grenzungskriterien – wie die Organisationsgebundenheit der Kommunikation
auf der dritten Schicht – sind daher erforderlich.

Im ausgehenden Mittelalter und der beginnenden Neuzeit sind bereits
organisationsbezogene Kommunikationsfunktionen wie Information und Persuasion erkennbar und es werden gezielt einzelne Kommunikationsinstrumente zur öffentlichen Thematisierung eingesetzt. So vertreten beispielsweise Zünfte, die Hanse oder politische Herrscher ihre Interessen öffentlich
mit Instrumenten, die ähnliche Funktionen wie spätere PR-Instrumente haben. Allerdings kann zu diesem Zeitpunkt noch nicht von einem einheitlichen PR-Phänomen gesprochen werden und eine systematische Ausbildung
und Funktionalisierung der Kommunikationsarbeit ist noch nicht vorhanden.
Entsprechend wird die Zeit bis zum beginnenden 19. Jahrhundert in der Regel als PR-Vorgeschichte bezeichnet.

Mit dem öffentlichen Charakter und der Organisationsgebundenheit der
Kommunikation sind bereits zwei wesentliche Charakteristika der Public Relations eingeführt, die wesentliche Voraussetzung für die Ausbildung von PR
als Beruf und eines PR-Berufsfeldes im 19. Jahrhundert waren. Die Entwicklung von PR als Beruf ist gekoppelt an die Hauptberuflichkeit der Ausübung
von PR-Funktionen und die Ausbildung spezifischer beruflicher Tätigkeitsmuster, die PR von anderen Formen der Kommunikation abgrenzen. Damit
verbunden ist die zunehmende Etablierung von spezialisierten Abteilungen
für Public Relations (die zunächst häufig Literarische Abteilungen hießen)
und die Entwicklung eigener Instrumente und Medien der PR, wie z.B. Pres-
seaussendungen und Pressespiegel. Wesentlicher Treiber für die Entstehung
und Ausbildung von PR als Beruf war in Deutschland die Kriegspressearbeit
und -propaganda (1914-1918).

Exemplarische Daten zur Frühgeschichte des PR-Berufsfeldes (Szyszka 1997a)

1851 Teilnahme des Unternehmens Krupp auf der Londoner Weltausstellung mit dem damals größten, 45 Zentner schweren Gussstahlblock als eine frühe Form der gezielten Nutzung der imagerelevanten Wirkungen von „Pseudo-Events"

1871 Einrichtung des „Preßdezernats" beim Auswärtigen Amt

1893 Einrichtung einer Presseabteilung (Nachrichtenbüro) bei Krupp

1898 Einrichtung des „Literarisches Büros" bei der „Union Elektrizitätsgesellschaft" (später AEG)

1902 Gründung einer „Centralstelle für Pressewesen" bei Siemens, u.a. als Reaktion auf die tiefgreifenden Vorbehalte in der Bevölkerung gegenüber dem neuen Produkt Strom. Ziel war es, ein positives Produkt- und Firmenimage aufzubauen.

1906 Gründung der ersten kommunalen Pressestelle in Magdeburg

1914 Gründung der Zentralstelle für Auslandsdienst (ZfA); Aufgaben: Beobachtung feindliche Presse, Betreuung der neutralen ausländischen Presse, Herstellung von Druckschriften

1914 Kampagnen für die Kriegsanleihen der Deutschen Reichsbank

Wesentliche Rahmenbedingungen, die die Ausbildung eines PR-Berufsfeldes begünstigt haben, waren zum einen die beginnende Industrialisierung und die damit verbundene Umverteilung von Machtstrukturen in der Gesellschaft sowie die zunehmende Verbreitung und Verfügbarkeit von Medien. Auf der letzten Stufe der PR-Entwicklungsgeschichte skizziert Bentele PR als eigenständiges soziales System.

„Es (das soziale Teilsystem Public Relations – d.V.) ist charakterisierbar durch soziale Funktionen, Arbeitsorganisationen, Berufsrollen, berufliche Entscheidungsprogramme sowie einen für dieses soziale System typischen Mix aus Mitteln, Methoden und Instrumenten." (Bentele 1997: 157)

Dabei unterlässt er es allerdings, dieses PR-System dezidiert zu beschreiben und plausible Begründungen für diese Annahme zu liefern. Ganz allgemein fehlen für die Behauptung, PR sei als Teilsystem der Gesellschaft im Sinne der funktional-strukturellen Systemtheorie zu fassen, überzeugend argumentierende theoretische Arbeiten. Während also Bentele oder auch Ronneberger und Rühl (1992) von einem eigenständigen PR-System ausgehen, setzt sich in der jüngsten wissenschaftlichen Debatte zunehmend die Position durch, PR aufgrund ihrer Abhängigkeit von anderen Systemen als Subsystem in unterschiedlichen Funktions- und Organisationssystemen zu beschreiben (vgl. hierzu Löffelholz 1997; Jarren/Röttger 2009).

PR-Geschichte als Berufs- und Standesgeschichte

PR-Berufsgeschichte kann zum einen als „Geschichte der Auseinandersetzung um die inhaltliche und begriffliche Fassung des Berufes (Ideengeschichte)" und zum anderen als „Geschichte der Organisation gemeinsamer beruflicher Interessen (Standesgeschichte)" untersucht werden (Kunczik/Szyszka 2008: 387). Weitgehend Einigkeit besteht in der Literatur darin, dass Public Relations als Beruf und Berufsfeld im deutschsprachigen Raum seit Mitte des 19. Jahrhunderts existiert. Damit löst sich die wissenschaftliche PR-Gesichtsschreibung deutlich von der „These [...], es handele sich um eine rein amerikanische Erfindung" (Kunczik 1997: 1), die nach dem Zweiten Weltkrieg nach Europa importiert worden sei. Diese These wurde intensiv insbesondere von Albert Oeckl vertreten:

> „Die eigentliche Öffentlichkeitsarbeit begann in der Bundesrepublik Deutschland auf der Grundlage einschlägiger praktischer Anregungen der Besatzungsmächte und insbesondere der Amerikaner nach der Währungsreform 1948 und dem Arbeitsbeginn des ersten Bundestages und der Bundesregierung 1949." (Oeckl 1989: 115)

Seitens des PR-Berufsstandes wurden nach 1945 intensive Abgrenzungsbemühungen gegenüber der NS-Propaganda unternommen und zugleich wurde eine kritische und selbstreflektierende Auseinandersetzung mit personalen, inhaltlichen und strukturellen Kontinuitäten weitgehend vermieden. Im Sinne eines unbelasteten Neuanfangs wurde Öffentlichkeitsarbeit daher vor allem als amerikanisches Phänomen und als US-Import beschrieben (Oeckl 1976: 92ff.). Das Bestreben des Berufsstandes nach 1945 ein eigenes – neues – berufliches Selbstverständnis im Rahmen demokratischer Gesellschaftsstrukturen zu entwickeln und das eigene Tun zu legitimieren, zeigt

sich auch an der starken Betonung gemeinwohlorientierter Begrifflichkeiten
in den zeitgenössischen PR-Definitionen: Hier ist von öffentlichem Vertrau-
en, Konsens, Legitimation durch Information die Rede, es geht darum „Gutes
[zu] tun und darüber [zu] reden" (Zedtwitz-Arnim 1961: 21) (→ 1.1.1)
    In Deutschland dominierte bis in die 1970er Jahre hinein eine stark
normative und berufspraktische Perspektive (vgl. Oeckl 1964; Hundhausen
1951, 1969), die von intensiven Abgrenzungsbemühungen gegenüber Formen der persuasiven Kommunikation gekennzeichnet war. Auch die Zurückhaltung der Kommunikationswissenschaft gegenüber der PR – und auch der
Werbung – ist mit normativen Vorbehalten gegenüber allen Formen persua-
siver Kommunikation zu erklären. Aus ihr heraus resultiert zudem die starke
Betonung der besonderen Relevanz eines unabhängigen Journalismus.

Tabelle 6: Perioden deutscher Öffentlichkeitsarbeit/Public Relations nach
             Bentele (1997: 161)

Vorgeschichte	Staatliche Pressepolitik, funktionale Public Relations; Entwicklung eines Instrumentariums
1. Periode Entstehung des Berufes (Mitte 19. Jhdt.-1918)	Entwicklung erster Presseabteilungen in Politik und Wirtschaft, Kriegspressearbeit
2. Periode: Konsolidierung und Wachstum (1918-1933)	Ausbreitung von Presseabteilungen in div. Gesellschaftlichen Bereichen: Wirtschaft, Politik, kommunale Verwaltung
3. Periode: NS-Pressearbeit (1933-1945)	Parteiideologisch dominierte Pressearbeit im Rahmen politischer Propaganda; staatliche und parteiliche Lenkung von Journalismus und Pressearbeit
4. Periode: Neubeginn und Aufschwung (1945-1958)	Aufschwung und Orientierung an amerikanischen Vorbildern ab Anfang der 50er Jahre; Entwicklung eines beruflichen Selbstverständnisses im Rahmen demokratischer Öffentlichkeitsstrukturen; schnelle Entwicklung des Berufsfeldes insbesondere in der Wirtschaft
5. Periode: Konsolidierung des Berufsfelds (1958-1985)	Entwicklung eines beruflichen Selbstbewusstseins; Gründung des Berufsverbands DPRG; Beginn der außerakademischen Aus-/Weiterbildung
6. Periode: Boom des Berufsfelds, Professionalisierung (1985 bis heute)	Starke Entwicklung des PR-Agentursektors; Akademisierung und Professionalisierung des Berufsfelds; Verwissenschaftlichung; Akademische PR-Ausbildung

Mit Blick auf die Entwicklung des PR-Berufes liegen unterschiedliche Periodisierungsvorschläge vor, die teils den Anfang des PR-Berufes unterschiedlich verorten, teils unterschiedliche Phasen benennen. Exemplarisch wird der Periodisierungsvorschlag von Bentele (1997) vorgestellt, der sich stark an politischen bzw. gesellschaftlichen Entwicklungsperioden orientiert.

Fazit: Öffentlichkeitsarbeit als zeitgeschichtliches Phänomen

Die Entwicklung der Öffentlichkeitsarbeit ist eng gekoppelt an die allgemeine Entwicklung sowie die Kommunikationsgeschichte moderner Gesellschaften. Wesentliche Triebkraft für die Ausbildung von PR als Beruf und Berufsfeld war die Industrialisierung und der mit ihr einhergehende steigende Informations-, Kommunikations- und Selbstdarstellungsbedarf von Organisationen (Unternehmen): Mit ständig wachsenden und zunehmend anonymen Märkten, in denen Produkte den direkten Bezug zum Hersteller verlieren und direkte Beziehungen zwischen Produzenten und Konsumenten immer seltener existieren, haben PR (und Werbung) den Mangel an traditionellen Beziehungen kompensiert und Vertrauen geschaffen. Insofern ist es notwendig, Public Relations im Kontext des Prozesses der funktionalen Differenzierung moderner Gesellschaften seit dem 18. Jahrhundert zu analysieren. Bereits die frühen Formen von Öffentlichkeitsarbeit verdeutlichen dabei ihre Organisationsgebundenheit und ihren Status als Auftragskommunikation: Im Zentrum stand und steht die Durchsetzung von Organisationsinteressen.

Weiterführende Literatur

Heinelt, Peer (2003): PR-Päpste. Die kontinuierlichen Karrieren von Carl Hundhausen, Albert Oeckl und Franz Ronneberger. Berlin

Kunczik, Michael (1997): Geschichte der Öffentlichkeitsarbeit in Deutschland. Köln/Wien

Szyszka, Peter (2008): Berufsgeschichte Bundesrepublik Deutschland. In: Günter Bentele/Romy Fröhlich/Peter Szyszka (Hg.): Handbuch der Public Relations. 2., kor. u. erw. Aufl. Wiesbaden: 382-395

Kapitelzusammenfassung

- Public Relations stellt sich sowohl mit Blick auf die Forschung als auch die Berufspraxis als interdisziplinäres und vielgestaltiges Phänomen dar. Folge sind zahlreiche unterschiedliche, teils in Nuancen, teils grundlegend differierende Begriffsverständnisse.

- Grundsätzlich können PR-Definitionen nach der Ausgangsperspektive (Berufsfeld oder Wissenschaft), aus der heraus PR beschrieben wird, sowie dem jeweiligen Bezugspunkt, der thematisiert wird (Berufshandeln; Organisations- und Gesellschaftsperspektive) unterschieden werden.

- In der deutschsprachigen PR-Forschung dominierte lange Zeit eine gesellschaftsorientierte Perspektive auf PR, die nach den Funktionen von PR in demokratischen Gesellschaften fragt. Diese Perspektive wurde zunehmend von organisationsbezogenen Forschungsansätzen verdrängt. Im Zentrum stehen hier die Frage nach den Funktionen und Leistungen der PR in und für Organisationen und die Bedingungen von PR im organisationalen Kontext.

- Public Relations wird hier verstanden als Kommunikationsfunktion von Organisationen, deren zentrale Funktion in der

Legitimation der Organisationsinteressen und des Organisationshandelns gegenüber Bezugsgruppen besteht.

- Hinsichtlich der historischen Entstehung und Entwicklung von PR existieren zahlreiche Erklärungsversuche, die nach fakten- und ereignisorientierten sowie modell- und theorieorientierten Ansätzen unterschieden werden können. Plausibel erscheint dabei die Kopplung der PR-Entwicklung an die Entwicklung moderner Gesellschaften und die damit einhergehende steigende Notwendigkeit der Informationsvermittlung und Selbstdarstellung.

Literatur

Becker, Thomas (1998): Die Sprache des Geldes. Grundlagen strategischer Unternehmenskommunikation. Opladen

Bentele, Günter (1997): PR-Historiographie und funktional-integrative Schichtung. Ein neuer Ansatz zur PR-Geschichtsschreibung. In: Peter Szyszka (Hg.): Auf der Suche nach Identität: PR-Geschichte als Theoriebaustein. Berlin: 137-169

Bentele, Günter (1998): Was ist eigentlich PR? Verständnisse von PR in Beruf und Wissenschaft. In: Günter Bentele (Hg.): Berufsfeld Public Relations. Berlin: 21-38

Bentele, Günter/Tobias Liebert (2005): PR-Geschichte in Deutschland. Allgemeine Entwicklung, Entwicklung der Wirtschafts-PR und Berührungspunkte zum Journalismus. In: Klaus Arnold/Christoph Neuberger (Hg.): Alte Medien - Neue Medien. Theorieperspektiven, Medienprofile, Einsatzfelder. Festschrift für Jan Tonnemacher. Wiesbaden: 221-241

Bernays, Edward L. (1952): Public Relations. Norman

Binder, Elisabeth (1983): Die Entstehung unternehmerischer Public Relations in der Bundesrepublik Deutschland. Münster

Branahl, Udo (1979): Pressefreiheit und redaktionelle Mitbestimmung. Frankfurt am Main/New York

Bruhn, Manfred (2009): Integrierte Unternehmens- und Markenkommunikation. Strategische Planung und operative Umsetzung. 5., überarb. u. aktual. Aufl. Stuttgart

Dozier, David M./William P. Ehling/James E. Grunig/Larissa A. Grunig/Fred C. Repper/Jon White (1992): Excellence in Public Relations and Communication Management. Hillsdale/NJ

Dozier, David M./Larissa A. Grunig/James E. Grunig (1995): Manager's Guide to Excellence in Public Relations and Communication Management. Mahwah/NJ

DPRG (2011): Berufsbild Public Relations/Öffentlichkeitsarbeit. http://www.dprg.de/statische/itemshowone.php4?id=39. Abgerufen am: 15.03 2011

Faulstich, Werner (2000): Grundwissen Öffentlichkeitsarbeit. München

Fröhlich, Romy (2008): Die Problematik der PR-Definition(en). In: Günter Bentele/Romy Fröhlich/Peter Szyszka (Hg.): Handbuch der Public Relations. Wissenschaftliche Grundlagen und berufliches Handeln. Mit Lexikon. 2., kor. u. erw. Aufl. Wiesbaden: 95-109

Grunig, James E./Todd Hunt (1984): Managing Public Relations. New York u.a.

Grunig, Larissa A./James E. Grunig/David M. Dozier (2002): Excellent Public Relations And Effective Organizations: A Study of Communication Management in Three Countries. Mahwah/NJ

Harlow, Rex F. (1976): Building a Public Relations Definition. In: Public Relations Review. 2, 4: 34-42

Heinelt, Peer (2003): "PR-Päpste": die kontinuierlichen Karrieren von Carl Hundhausen, Albert Oeckl und Franz Ronneberger. Berlin

Herger, Nikodemus (2004): Organisationskommunikation. Beobachtung und Steuerung eines organisationalen Risikos. Wiesbaden

Hoy, Peggy/Oliver Raaz/Stefan Wehmeier (2007): From facts to stories or from stories to facts? Analyzing public relations history in public relations textbooks. In: Public Relations Review. 33, 2: 191-200

Hundhausen, Carl (1951): Werbung um öffentliches Vertrauen. Essen

Hundhausen, Carl (1969): Public Relations. Theorie und Systematik. Berlin

Jarren, Otfried/Heinz Bonfadelli (2001): Publizistik- und Kommunikationswissenschaft – ein transdisziplinäres Fach. In: Otfried Jarren/Heinz Bonfadelli (Hg.): Einführung in die Publizistikwissenschaft. Bern: 3-14

Jarren, Otfried/Ulrike Röttger (2008): Public Relations aus kommunikationswissenschaftlicher Sicht. In: Günter Bentele/Romy Fröhlich/Peter Szyszka (Hg.): Handbuch der Public Relations. Wissenschaftliche Grundlagen und berufliches Handeln. Mit Lexikon. 2., korr. u. erw. Aufl. Wiesbaden: 19-36

Jarren, Otfried/Ulrike Röttger (2009): Steuerung, Reflexierung und Interpenetration: Kernelemente einer strukturationstheoretisch begründeten PR-Theorie. In: Ulrike Röttger (Hg.): Theorien der Public Relations. Grundlagen und Perspektiven der PR-Forschung. 2., aktual. u. erw. Aufl. Wiesbaden: 29-49

Jarren, Otfried/Hartmut Wessler (2002): Journalismus - Medien - Öffentlichkeit. Kommunikationswissenschaft für Medienpraktiker. Opladen/Wiesbaden

Kotler, Philip/Friedhelm Bliemel (1999): Marketing-Management. Analyse, Planung, Umsetzung und Steuerung. 9. überarb. Aufl. Stuttgart

Kunczik, Michael (1997): Geschichte der Öffentlichkeitsarbeit in Deutschland. Köln, Wien

Kunczik, Michael/Peter Szyszka (2008): Praktikertheorien. In: Günter Bentele/Romy Fröhlich/Peter Szyszka (Hg.): Handbuch der Public Relations. 2. kor. u. erw. Aufl. Wiesbaden: 110-124

L'Etang, Jacquie/Magda Pieczka (2006): Public Relations. Critical Debates and Contemporary Practice. Mahwah, London

Laube, Gerhard L. (1986): Betriebsgrößenspezifische Aspekte der PR. Frankfurt/Main

Lehming, Eva-Maria (1997): Carl Hundhausen: sein Leben, sein Werk, sein Lebenswerk. Public Relations in Deutschland. Wiesbaden

Liebert, Tobias (2003): Der Take-off von Öffentlichkeitsarbeit. Beiträge zur theorie-gestützten Real- und Reflexions-Geschichte öffentlicher Kommunikation und ihrer Differenzierung. Leipziger Skripten für Public Relations und Kommunikationsmanagement Nr. 5. Leipzig

Liebert, Tobias (1999): Public Relations für Städte in verschiedenen zeitgeschichtlichen Epochen: Fallbeispiel Nürnberg. In: Jürgen Wilke (Hg.): Massenmedien und Zeitgeschichte. Nürnberg: 409-423

Löffelholz, Martin (1997): Dimensionen struktureller Kopplung von Öffentlichkeitsarbeit und Journalismus. Überlegungen zur Theorie selbstreferentieller Systeme und Ergebnisse einer repräsentativen Studie. In: Günter Bentele/Michael Haller (Hg.): Aktuelle Entstehung von Öffentlichkeit. Akteure - Strukturen - Veränderungen. Konstanz: 187-208

Long, Larry W./Vincent Jr. Hazleton (1987): Public Relations: A Theoretical and Practical Response. In: Public Relations Review. 13, 2: 3-13

Luhmann, Niklas (2000): Organisation und Entscheidung. Opladen/Wiesbaden

Mast, Claudia (2002): Unternehmenskommunikation. Stuttgart

Mattke, Christian (2006): Albert Oeckl – sein Leben und Wirken für die deutsche Öffentlichkeitsarbeit. Wiesbaden

Meier, Philip (2002): Interne Kommunikation im Unternehmen. Von der Hauszeitung zum Intranet. Zürich

Merten, Klaus (1997): Lob des Flickenteppichs. Zur Genesis von Public Relations. In: Public Relations Forum für Wissenschaft und Praxis. 3, 4: 22-31

Merten, Klaus (1999): Einführung in die Kommunikationswissenschaft. Band 1: Grundlagen der Kommunikationswissenschaft. Münster

Merten, Klaus (2008): Zur Definition von Public Relations. In: Medien&Kommunikationswissenschaft. 56, 1: 42-59

Merton, Robert K. (1968): Social theory and social structure (enlarged ed.). New York

Oeckl, Albert (1964): Handbuch der Public Relations. Theorie und Praxis der Öffentlichkeitsarbeit in Deutschland und der Welt. München

Oeckl, Albert (1976): PR-Praxis. Der Schlüssel zur Öffentlichkeitsarbeit. Düsseldorf

Oeckl, Albert (1989): Historische Entwicklung der Public Relations. In: Dieter Pflaum/Wolfgang Pieper (Hg.): Lexikon der Public Relations. Landsberg/Lech: 113-119

Oeckl, Albert (1991): Anfänge und Entwicklung der Öffentlichkeitsarbeit. In: Heinz-D. Fischer/Ulrike G. Wahl (Hg.): Public Relations: Geschichte, Grundlagen, Grenzziehungen. Frankfurt/Main: 15-31

Raupp, Juliana (2006): Kumulation oder Diversifizierung? Ein Beitrag zur Wissenssystematik der PR-Forschung. In: Karin Pühringer/Sarah Zielmann (Hg.): Vom Wissen und Nicht-Wissen einer Wissenschaft. Kommunikationswissenschaftliche Domänen, Darstellungen und Defizite. Berlin: 21-50

Ronneberger, Franz (1991): Legitimation durch Information. Ein kommunikationswissenschaftlicher Ansatz zur Theorie der PR. In: Johanna Dorer/Klaus Lojka (Hg.): Öffentlichkeitsarbeit. Theoretische Ansätze, empirische Befunde und Berufspraxis der Public Relations. Wien: 8-19

Ronneberger, Franz/Manfred Rühl (1992): Theorie der Public Relations. Ein Entwurf. Opladen

Röttger, Ulrike (2010): Public Relations - Organisation und Profession. Öffentlichkeitsarbeit als Organisationsfunktion. Eine Berufsfeldstudie. 2., durchges. Aufl. Wiesbaden

Rühl, Manfred (1992a): Public Relations - Innenansichten einer emergierenden Kommunikationswissenschaft. In: Horst Avenarius/Wolfgang Armbrecht (Hg.): Ist Public Relations eine Wissenschaft? Eine Einführung. Opladen: 79-102

Rühl, Manfred (1992b): Theorie des Journalismus. In: Roland Burkart/Walter Hömberg (Hg.): Kommunikationstheorien. Ein Textbuch zur Einführung. Wien: 117-133

Rühl, Manfred (2009): Für Public Relations? Ein kommunikationswissenschaftliches Theoriebouquet! In: Ulrike Röttger (Hg.): Theorien der Public Relations. Grundlagen und Perspektiven der PR-Forschung. 2., akt. u. erw. Aufl. Wiesbaden: 71-85

Saxer, Ulrich (1992): Public Relations als Innovation. In: Horst Avenarius/Wolfgang Armbrecht (Hg.): Ist Public Relations eine Wissenschaft? Eine Einführung. Opladen: 47-76

Schönhagen, Philomen (2008): "Ko-Evolution" von Journalismus und Public Relations: Ansätze zu einer systematischen Aufarbeitung. In: Publizistik. Vierteljahreshefte für Kommunikationsforschung. 53, 1: 9-24

Signitzer, Benno (1988): Public Relations-Forschung im Überblick. Systematisierungsversuche auf Basis neuer amerikanischer Studien. In: Publizistik. Vierteljahreshefte für Kommunikationsforschung. 33, 1: 92-116

Signitzer, Benno (2007): Theorie der Public Relations. In: Roland Burkart/Walter Hömberg (Hg.): Kommunikationstheorien. Ein Textbuch zur Einführung. 4., erw. u. akt. Aufl. Wien: 141-173

Szyszka, Peter (1997a): Annalen zur Geschichte der Öffentlichkeitsarbeit. In: Peter Szyszka (Hg.): Auf der Suche nach Identität: PR-Geschichte als Theoriebaustein. Berlin: 317-330

Szyszka, Peter (1997b): Auf der Suche nach Identität: PR-Geschichte als Theoriebaustein. Berlin

Theis-Berglmair, Anna Maria (2003): Organisationskommunikation. Theoretische Grundlagen und empirische Forschungen. 2. Aufl. Hamburg, Münster, London

Weder, Franzisca (2010): Organisationskommunikation und PR. Wien

Weischenberg, Siegfried (2004): Journalistik. Medienkommunikation: Theorie und Praxis. Band 1: Mediensysteme - Medienethik - Medieninstitutionen. 3. Aufl. Wiesbaden

Wiek, Ulrich (1996): Politische Kommunikation und Public Relations in der Rundfunkpolitik. Eine politikfeldbezogene Analyse. Berlin

Zedtwitz-Arnim, Georg-Volkmar Graf von (1961): Tu Gutes und rede darüber. Public Relations für die Wirtschaft. Berlin u.a.

Zerfaß, Ansgar (2010): Unternehmensführung und Öffentlichkeitsarbeit. Grundlegung einer Theorie der Unternehmenskommunikation und Public Relations. 3., akt. Aufl. Wiesbaden

2 PR im Kontext der Mediengesellschaft

In diesem Kapitel werden zentrale gesellschaftliche Rahmenbedingungen der PR-Praxis benannt und hinsichtlich ihres Einflusses auf die Organisationsfunktion PR beschrieben. Im Anschluss wird die Relevanz von Öffentlichkeit für die PR-Forschung sowie die PR-Praxis dargestellt.

2.1 Aktuelle Rahmenbedingungen der PR

Wie die Ausführungen zur Geschichte der PR deutlich gemacht haben (➔ 1.3) kann PR nicht als singuläres Phänomen betrachtet werden, sondern ist vielmehr an die Entwicklung verschiedener gesellschaftlicher Rahmenbedingungen geknüpft. Diese technologisch, ökonomisch, soziokulturell und medial bedingten Entwicklungen sind nicht als abgeschlossen anzusehen, sondern als Metaprozesse zu betrachten, die unter den Schlagworten Medialisierung, Globalisierung und Digitalisierung als Beschreibung der derzeitigen gesellschaftlichen Entwicklungen Eingang in die Literatur gefunden haben. Seit vielen Jahren kann eine Debatte darüber nachverfolgt werden, welcher dieser Begriffe sich am ehesten als theoretischer Bezugsrahmen eignet und eine höhere Erklärungskraft gesellschaftlicher Phänomene bietet. Zu jeder Beobachtungsperspektive bestehen dabei Alternativen, so dass diese als relativ angesehen werden muss: beispielsweise rückt die Betrachtung aus wirtschaftlicher Perspektive Phänomene der Ökonomisierung, die Betrachtung aus politischer Perspektive eine Politisierung in den Mittelpunkt. Ebenso können Prozesse der Verwissenschaftlichung der Gesellschaft beobachtet werden. Dabei müssen diese Prozesse „als gleichartig, gleichrangig und gleichzeitig gedacht werden" (Marcinkowski/Steiner 2009: 7).

Losgelöst von einzelnen Gesellschaftsbeschreibungen kann festgehalten werden, dass PR an die Entwicklung verschiedener gesellschaftlicher Rahmenbedingungen gekoppelt ist. In diesem Sinne ist sie eng mit Veränderungen ökonomischer, technologischer und soziokultureller Entwicklungen verknüpft. Diese sind als wechselseitig und teilweise parallel stattfindend zu betrachten: gesellschaftliche Voraussetzungen nehmen ebenso Einfluss auf die Ausgestaltung und Entwicklung der PR wie diese selbst aktiv an der Entwicklung der Rahmenbedingungen mitwirkt.

Wenngleich gesellschaftliche Entwicklungen wie z.b. die Globalisierung oder die Medialisierung sich gegenseitig beeinflussen oder teils gar bedingen, soll an dieser Stelle eine analytische Trennung vorgenommen und vor allem jene Prozesse betrachtet werden, die nennenswerten Einfluss auf die Handlungsbedingungen der PR haben.

2.1.1 Medialisierung

Das Konzept der Mediengesellschaft gewinnt vor allem vor dem Hintergrund des vielschichtigen Veränderungs- und Ausdifferenzierungsprozesses des Mediensystems zu einem weitgehend autonom und eigenlogisch operierenden Teilsystem der Gesellschaft an Bedeutung. Der Begriff beschreibt Gesellschaften, „in denen Medienkommunikation, also über technische Hilfsmittel realisierte Bedeutungsvermittlung, eine allgegenwärtige und alle Sphären des gesellschaftlichen Seins durchwirkende Prägekraft entfaltet, ein sogenanntes soziales Totalphänomen [...] geworden ist" (Saxer 1998: 53).

Elementare Folge und das „prozessorientierte, dynamische Pendant" (Donges 2005: 323) zur Mediengesellschaft ist der Prozess der Medialisierung. Dieser bezeichnet zusammengefasst den hohen Stellenwert medienvermittelter Erfahrungen in allen Gesellschaftsbereichen, die verstärkte Orientierung von Akteuren und Organisationen aller gesellschaftlichen Teilsysteme an den Regeln des Mediensystems sowie die wachsende Durchdringung von medialer und sozialer Wirklichkeit (vgl. Sarcinelli 1998: 678f.). Damit wird dem Mediensystem die Macht zugeschrieben, andere gesellschaftliche Teilsysteme und die in ihnen agierenden Akteure und Organisationen teils erheblichen Wandlungs-, zumindest aber Anpassungsprozessen zu unterziehen. Eine entsprechende Charakterisierung geht einher mit der Annahme einer gestiegenen Bedeutung des Mediensystems für alle Gesellschaftsbereiche:

> „Unsere Gesellschaft hat sich – mit jedem neuen Medium deutlicher und unübersehbarer – zu einer Medien-Gesellschaft in dem präzisen Sinne entwickelt, dass es (a) heute keinen relevanten gesellschaftlichen Bereich mehr gibt, in dem nicht Medienorganisationen, Medientechnologien und Medienangebote die individuelle wie gesellschaftliche Wirklichkeitskonstruktion [...] tiefgreifend beeinflussen, und dass es (b) keinen gesellschaftlichen Bereich mehr gibt, der nicht unter (Dauer)Beobachtung der Medien steht." (Schmidt 1999: 140)

Die Medialisierungsforschung richtet ihr Augenmerk folglich auf das Spannungsfeld zwischen dem Mediensystem einerseits und gesellschaftlichen Teilsystemen andererseits. Bezogen auf Organisationen stellt sich dabei die Frage, welche Auswirkungen Medialisierung auf Organisationen hat. Einen ersten Ansatz, das Konzept der Medialisierung in die PR-Forschung zu integrieren und für diese nutzbar zu machen, legt Juliana Raupp vor. Während in der PR-Forschung häufig die Frage nach den „Wirkungen" von PR im Vordergrund steht, geht es hierbei um die Frage, ob und wenn ja inwiefern sich Organisationen den Anforderungen der Medien anpassen. Folgen der Medialisierung zeigen sich dabei vor allem an den Grenzstellen von Organisationen, an denen zwischen dem inneren Organisationsgeschehen und der organisationalen Umwelt vermittelt wird. Da PR genau an diesen Grenzstellen zu verorten ist, stellt sich die Frage, welche Rolle PR für die Medialisierung von Organisationen spielt (vgl. Raupp 2009: 265f.). Von Medialisierung durch PR ist dabei die Rede, wenn davon ausgegangen werden kann, dass das Handeln der PR-auftraggebenden Organisation sich an der Funktionslogik massenmedialer Kommunikation orientiert (vgl. ebd.: 280).

Auswirkungen der Medialisierung auf die PR von Organisationen lassen sich darüber hinaus an verschiedenen Anzeichen festmachen: So lässt sich zunächst einmal der Bedeutungszuwachs der Medien sowie deren Berichterstattung für PR-Akteure als ein Indikator ausmachen. Medien werden für Organisationen als zunehmend relevant erachtet und das Organisationshandeln daran ausgerichtet (vgl. Donges 2008: 150f.). Die Erstellung von Pressespiegeln und die Evaluation der Medienberichterstattung (z.B. in Form von Medienresonanzanalysen) können in diesem Zuge als Reaktion von Organisationen auf den zunehmenden Stellenwert der Medien betrachtet werden. Die Medienbeobachtung ermöglicht Organisationen einen Abgleich der medialen Fremdbeschreibung mit der eigenen Selbstbeschreibung. Diese Beobachtungsleistung wird in der Regel von der PR-Stelle einer Organisation übernommen (→ 3.3.2). Als weiterer Indikator für eine Medialisierung von Organisationen kann im Kampf um Aufmerksamkeit die Anpassung ihrer Kommunikation an Darstellungs- und Interpretationslogiken der Medien angesehen werden (vgl. Schrott 2008: 73). Auch die Professionalisierung von PR-Abteilungen, die sich in einem generellen personellen Ausbau der Pressestellen, der Erhöhung der PR-Etats sowie einer Ausdifferenzierung der

Tätigkeitsprofile, Funktionsrollen und Aufgabenfelder widerspiegelt, kann als Indikator der Medialisierung betrachtet werden. Das Aufgabenfeld des Issues Management (➔ 5.2.2.1) als systematische Beobachtung, Identifikation, Analyse und Beeinflussung von öffentlich relevanten Themen kann als organisationale Antwort auf Medialisierungsprozesse aufgefasst werden.

Medialisierungsprozesse und die Stärke ihrer Auswirkungen auf Organisationen sind dabei u.a. in Abhängigkeit von der Größe einer Organisation, der Branche sowie der formalen und informalen Strukturen zu betrachten. Als grundsätzlich problematisch ist bei der Erhebung von Medialisierungsfolgen für die PR ebenso wie für andere gesellschaftliche Teilsysteme anzusehen, dass „Medialisierung als ein tiefgreifender und verallgemeinerbarer Wandelsprozess, der zu Veränderungen auf der Makro-, Meso- wie auch der Mikroebene der Gesellschaft führt, [.] nur schwer messbar und mithin empirisch prüfbar [ist]" (Schrott 2008: 89).

2.1.2 Globalisierung/Internationalisierung

Globalisierung ist als mehrdimensionaler Prozess zu verstehen, der sich u.a. auf die Bereiche Wirtschaft, Ökologie, Technik und Medien bezieht. Sie umschreibt die Zunahme einer weltweiten Vernetzung über verschiedene Staaten hinweg. Bezogen auf Kommunikationsprozesse bedeutet dies eine weltweite Zunahme und Verflechtung medienvermittelter Kommunikationsbeziehungen, die eine entsprechende Infrastruktur (Satelliten, Internet etc.) voraussetzt.

Unter Internationalisierung werden Prozesse verstanden, die nicht weltweit sondern zwischen einzelnen Staaten ablaufen. Sie wird durch die voranschreitende Globalisierung begünstigt. Die Internationalisierung von Wirtschaft, Politik und Gesellschaft verlangt von Unternehmen zunehmend eine grenzüberschreitende, interkulturelle Kommunikation mit den Zielgruppen, gleichzeitig wachsen mit jedem neuen Markt, in dem sich ein Unternehmen betätigt, die geografischen, zeitlichen, kulturellen und sprachlichen Differenzen (vgl. Huck 2010: 351). Vor diesem Hintergrund nehmen sowohl intern (beispielsweise bezüglich Mitarbeitern an verschiedenen Produktionsstandorten) als auch extern (u.a. internationale Medien, weltweite Kundschaft) die Ansprüche an die Unternehmenskommunikation um ein Vielfaches zu. Die folgenden Ausführungen fokussieren Unternehmenskommunikation, lassen sich jedoch auch auf nicht-ökonomische Organisationen übertragen.

Ziel internationaler Kommunikation ist es in erster Linie, ein weltweit konsistentes Erscheinungsbild des Unternehmens aufzubauen und zu erhalten. Fast zwangsläufig tauchen dabei Fragen auf, mit denen sich Unternehmenskommunikation, die über Nationen- und Kulturgrenzen hinweg betrieben wird, auseinandersetzen muss: Wird eine für amerikanische Mitarbeiter aufgelegte Mitarbeiterzeitschrift allein durch eine Übersetzung auch japanischen Mitarbeitern gerecht? Kann eine auf den spanischen Markt ausgerichtete Kommunikationskampagne auch in Nordeuropa funktionieren? Ausgangspunkt der internationalen Unternehmenskommunikation ist folglich die Frage, inwiefern sich Strategien, Konzepte und Kommunikationsaktivitäten von einem nationalen Umfeld in ein anderes übertragen lassen (vgl. ebd.: 352). Obwohl das Thema in Zeiten zunehmender Globalisierung damit für Unternehmen immer wichtiger wird, ist der diesbezügliche Kenntnisstand in den Unternehmen selbst nach wie vor als defizitär zu bezeichnen. Auch in der Wissenschaft hat das Thema erst seit Mitte der 1990er Jahre an Bedeutung gewonnen (vgl. Sievert 2007: 47; Schwarz 2009: 61).

Da nicht alle Bereiche bzw. Aktivitäten der Unternehmenskommunikation global einheitlich geplant und umgesetzt werden können, lassen sich bezüglich der strategischen Ausrichtung der internationalen Unternehmenskommunikation zwei idealtypische Ansätze unterscheiden – die Standardisierungs- sowie die Differenzierungsstrategie (vgl. Huck 2010: 357; Wimmer 1994: 38f.). Es handelt sich hierbei um theoretische Konstrukte, die in dieser Reinform in der Praxis nicht aufzufinden sind. Wie die Begriffe bereits vermuten lassen ist die Standardisierungsstrategie darauf ausgerichtet, die internationale Kommunikation eines Unternehmens möglichst einheitlich zu gestalten, während die Differenzierungsstrategie primär auf eine lokalspezifische Umsetzung ausgerichtet ist (vgl. Huck 2010: 357f.).

Ausgangspunkt der Standardisierungsstrategie ist die Annahme, dass sich die im Rahmen der Kommunikationsstrategie relevanten Länder bzw. Kulturen bezüglich der zu beachtenden Umweltfaktoren mehr ähneln als unterscheiden und somit als ein gesamthaft zu betrachtendes Kommunikationsfeld zu behandeln sind. Dieses Vorgehen bietet Unternehmen die Möglichkeit, ein international einheitliches Image aufzubauen. Mit der Standardisierungsstrategie verfolgen Unternehmen eine global abgestimmte Ausrichtung der strategischen Kommunikation an allen Standorten, an denen das Unternehmen präsent ist. Kennzeichen dieser Strategie ist in der Regel die zentrale Kommunikationsplanung von der Unternehmenszentrale aus. Die Umsetzung in den einzelnen Ländern erfolgt dann lediglich mit geringen Anpassungen, z.B. hinsichtlich der jeweiligen Landessprache. Weitere Vorteile der Standardisierung sind die damit einhergehenden Synergieeffekte, die sich durch den Transfer von Wissen und den gemeinsamen Rückgriff auf Kommunikationsaktivitäten und -konzepte ergeben. Ein auf der Hand liegender Nachteil ist die geringe Individualisierbarkeit, die dazu führt, dass nationale oder regionale Besonderheiten nur begrenzt aufgegriffen werden können und die vereinheitlichten Botschaften nur geringe Wirkung erzielen, da sich Zielgruppen durch die standardisierte Kommunikation nicht angesprochen fühlen könnten. Grenzen der Standardisierung liegen darüber hinaus vor allem in länderspezifischen rechtlichen Bestimmungen sowie einem ggf. unterschiedlichen Mediennutzungsverhalten der jeweiligen Bevölkerungen. (Vgl. Huck 2010: 358f.; Stöhr 2005: 56) An diesen Punkten setzt die Strategie der Differenzierung an, die die Unternehmenskommunikation an den jeweiligen nationalen bzw. kulturellen Eigenarten ausrichtet und somit eine zielgenauere Ansprache der Medien und Bezugsgruppen ermöglicht. Nachteile dieser Strategie sind unmittelbar mit den Vorteilen der Standardisierungsstrategie vergleichbar, wobei als einschneidenster Nachteil einer größtmöglichen Differenzierung die Aufgabe eines global einheitlichen Images anzusehen ist.

 Standardisierung und Differenzierung der internationalen Kommunikation am Beispiel der Markenkommunikation von Coca Cola und BP/Aral

Menschen auf der ganzen Welt kennen den geschwungenen Schriftzug des Coca Cola-Logos. Schöpfer des Logos in rot und weiß war im Jahr 1886 Frank M. Robinson. Wie die Abbildungen zeigen, hat das Logo bis heute nur minimale Änderungen erfahren und ist weltweit allgegenwärtig auf den Produktpackungen, in TV-Spots und Werbeanzeigen sowie zahlreichen Merchandising-Artikeln (Coca-Cola 2009).

Schriftzug von 1886

ab 1970   ab 2003   ab 2007

Während Coca Cola global mit einem einheitlichen Logo auftritt, hat sich BP für eine andere Strategie entschieden: Als im Jahr 2002 die Aral AG & Co. KG an die Deutsche BP AG verkauft wurde, entschied sich das Unternehmen, das Tankstellengeschäft in Deutschland auch weiterhin unter der Marke Aral zu führen, da sich die Marke als eine der führenden Tankstellenmarken auf dem deutschen Markt etabliert und BP in Deutschland zu jenem Zeitpunkt eine geringere Markenbekanntheit hatte (BP 2011).

Die die beiden beschriebenen Strategien als Idealtypen zu betrachten sind, ist davon auszugehen, dass die praktische Umsetzung der internationalen Unternehmenskommunikation zwischen diesen beiden Extrempolen angesiedelt ist. Die standardisierte Differenzierung versucht die Vorteile der beiden genannten Strategien zu verbinden, indem sie kontextabhängige Umweltfaktoren ebenso beachtet wie die Notwendigkeit einer grenzüberschreitenden, effizienten Kommunikationsplanung und -umsetzung (vgl. Wimmer 1994: 37). Konzepte der standardisierten Differenzierung beruhen auf der Annahme, dass zwischen den Ländern, in denen das Unternehmen agiert, nicht nur kulturelle Unterschiede, sondern auch Gemeinsamkeiten bestehen, die es zu identifizieren gilt, um sie zur Grundlage der globalen Kommunikationsarbeit zu machen (vgl. Stöhr 2005: 58).

Abbildung 4:   Konzept zur Operationalisierung der Strategie der standardisierten Differenzierung (Stöhr 2005: 58)

In einem ersten Schritt gilt es, eine international konsistente Kommunikationsbasis zu entwickeln. Entsprechende Elemente, die zentral geplant und umgesetzt werden können, sind die Unternehmenskultur, die Corporate Identity sowie ethische Grundsätze. Des Weiteren ist zu prüfen, inwieweit Strategien, Kommunikationsziele, Botschaften und Themen global einheitlich gestaltet werden können. Dabei muss abgeschätzt werden, ob die Bezugsgruppen über Ländergrenzen hinweg zusammengefasst werden können. Auch die Evaluation der Kommunikation sollte aus Gründen der Vergleichbarkeit standardisiert vorgenommen werden. Um eine zielgruppengenaue Ansprache zu gewährleisten, kann es im Einzelfall notwendig sein, bestimmte Themen, Maßnahmen und Kommunikationsinstrumente an länderspezifische und kulturelle Besonderheiten anzupassen (siehe Abb. 4).

2.1.3 Digitalisierung

Neue Technologien haben entscheidend zur Globalisierung der Gesellschaft beigetragen, indem sie die Überwindung von Zeit und Raum zunehmend vereinfacht bzw. beschleunigt haben. Von besonderer Bedeutung sind hierbei beispielsweise

- die zeitlich und räumlich synchrone Präsenz verschiedener Kommunikationspartner (ggf. virtuell),
- die zunehmende Interaktivität der Kommunikationsformen,
- die Entstehung neuer, virtueller Arbeits- und Rezeptionsräume sowie
- die Beschleunigung der Fragmentierung der Gesellschaft durch zielgruppenspezifische Kommunikationskanäle.

Maßgeblichen Einfluss auf veränderte Kommunikationswege hat das Internet genommen, das mittlerweile zum (digitalen) Standard der Organisationskommunikation gezählt werden kann. Dies auch vor dem Hintergrund, dass zumindest in den westlichen Industrienationen immer mehr Menschen das Internet nutzen und damit potenziell auf diesem Weg für Organisationen erreichbar sind. Aktuelle Studien in Deutschland gehen mit Stand vom Frühjahr 2010 von einem Bevölkerungsanteil von 69,4 Prozent aus, der wenigstens gelegentlich das Internet nutzt. Allein im Vergleich zum Vorjahr sind 5,5 Millionen neue Internet-Nutzer dazu gekommen (vgl. Eimeren/Frees 2010: 335). Mit den Möglichkeiten der interaktiven Gestaltung und Nutzung trägt dieses Medium zu einer direkten und doch ortsunabhängigen Kommunikation zwischen Organisationen und ihren Zielgruppen bei. Es wird auf diesem Weg ermöglicht, unmittelbar und direkt über Rückkanäle auf dargebotene Informationen zu reagieren, sie zu verändern bzw. selbst Aktionen auszulösen. Dadurch findet eine zunehmende Vermischung von Sender und Empfänger statt, der Rezipient wird gleichzeitig zum Produzenten und umgekehrt. (Vgl. Neuberger/Pleil 2006) Damit verbunden ist die Hoffnung, dem normativen Anspruch der Dialogorientierung bzw. der Zwei-Weg-Kommunikation der PR im Sinne des Excellence-Modells (→ 1.2) oder des Konzepts der Verständigungsorientierten Öffentlichkeitsarbeit (→ 4.4) näher zu kommen. Allerdings muss kritisch angemerkt werden, dass dialogorientierte Kommunikation im Einzelfall zwar Teil einer erfolgreichen PR-Strategie sein kann, jedoch nicht per se als Idealfall angenommen werden kann. Das

Ziel der Realisierung partikularer Interessen steht der Ergebnisoffenheit des Dialogs in der Regel entgegen.

Gleichzeitig verschafft das Internet jenen Teilöffentlichkeiten einer Gesellschaft Gehör, die bisher nur die Rolle von Rezipienten eingenommen haben bzw. nur indirekt über den Journalismus Zugang zur öffentlichen Meinung hatten. Während die Möglichkeiten der Rückkopplung anfangs vor allem durch Internet-affine Nutzergruppen in Anspruch genommen wurden, ist mittlerweile eine – wenn auch langsam wachsende – Tendenz erkennbar, dass auch weitere Nutzergruppen von interaktiven Tools Gebrauch machen (vgl. Frees/Fisch 2011). Auswirkungen der Interaktivität sind beispielsweise für die Krisenkommunikation von Organisationen nicht zu unterschätzen. So bietet das Internet einerseits die Möglichkeit, zeitnah und aktuell mit betroffenen Anspruchsgruppen oder allgemein der Öffentlichkeit zu kommunizieren, gerade ihre Missachtung kann sich jedoch schnell zu einem ernstzunehmenden Problem für Unternehmen ausweiten. Im Vergleich mit den traditionellen Medien können im Internet Kunden oder Bürger selbst aktiv werden, Erfahrungen austauschen und sich kritisch über Organisationen äußern. Im Internet können sich diese Äußerungen rasch ausbreiten und von dort aus auch wieder den Sprung in die traditionellen Medien schaffen, womit sie wiederum einem größeren Publikum zur Verfügung stehen (vgl. Neuberger/Pleil 2006: 9). Damit einher geht eine erschwerte Umweltbeobachtung und -kontrolle, die neben der Beobachtung traditioneller Kommunikationswege auch die Beobachtung von Internetöffentlichkeiten einschließen muss (→ 5.2.3.1).

 Die Kitkat-Kampagne von Greenpeace

Im April 2010 initiierte Greenpeace in rund 30 Ländern eine Kampagne gegen die Verwendung von Palmöl aus gerodeten Urwaldgebieten beim Lebensmittelkonzern Nestlé (Greenpeace 2010). Aufgrund des viral verbreiteten Spots „Give the Orang-Utan a break", Aufkleberaktionen in Supermärkten (Orang-Utan-Hilferufe auf Kitkat-Riegeln), Flugblättern und Plakaten sowie Blogs und Hintergrundberichten erregte die Kampagne schnell auch über das Internet hinaus (mediales) Aufsehen:

„[D]er Lebensmittelmulti [hat] mit einer aggressiven PR-Strategie versucht [.], die schockierende Kitkat-Kampagne zu stoppen. Die PR-Strategie wurde jedoch zum PR-Super-GAU. Denn das makabre YouTube-Video sahen sich über 1,5 Millionen User an – und leiteten es, dank der Zensurversuche des weltgrößten Nahrungsmittelherstellers, weiter. Auch die Konsumenten hat man verprellt. Weil auf der Kitkat-Fanseite auf Facebook zu viele Kritiken standen, sperrte Nestlé die Seite kurzerhand, anstatt mit den rund 76 000 Fans in einen Dialog zu treten." (Burger 2010: 34)

Mitte Mai hat Nestlé schließlich seine Strategie geändert und einen Aktionsplan vorgelegt, der eine Kooperation mit der Umweltorganisation The Forest Trust vorsieht und nach dem Nestlé-Lieferanten zukünftig nachweisen müssen, dass keine Rohstoffe aus Urwaldzerstörungen in ihren Produkten enthalten sind (Greenpeace 2010; Burger 2010).

Weiterführende Literatur

Raupp, Juliana (2009): Medialisierung als Parameter einer PR-Theorie. In: Ulrike Röttger (Hg.): Theorien der Public Relations. Grundlagen und Perspektiven der PR-Forschung. 2. aktual. u. erw. Aufl. Wiesbaden: 265-284

Huck, Simone (2010): Internationale Unternehmenskommunikation. In: Claudia Mast (Hg.): Unternehmenskommunikation. 4., neue u. erw. Aufl. Stuttgart: 351-370

Fröhlich, Romy (2005): Zauberformel „Digitalisierung"? PR im Digit-Hype zwischen alten Problemen und neuen Defiziten. In: Edith Wienand/Joachim Westerbarkey/Armin Scholl (Hg.): Kommunikation über Kommunikation. Theorien, Methoden und Praxis. Wiesbaden: 252-264

2.2 Konzepte von Öffentlichkeit

2.2.1 Relevanz von Öffentlichkeit für die PR-Forschung und PR-Praxis

Öffentlichkeit und öffentliche Meinung gelten sowohl als Rahmenbedingung für Organisationshandeln als auch als wesentliche Zielgröße, die PR-Abteilungen beobachten und im Sinne der Auftrag gebenden Organisation zu beeinflussen versuchen. Unter den Bedingungen eines ausdifferenzierten Mediensystems, der von Otfried Jarren bezeichneten „Viel-Kanal-Öffentlichkeit" (1997: 103), besteht für Organisationen zunehmend die Notwendigkeit zur Kommunikation und damit verbunden die Notwendigkeit, Aufmerksamkeit zu generieren und sich gegenüber anderen Kommunikationsangeboten abzugrenzen. Um in einer zunehmend fragmentierten Gesellschaft mit Themen öffentliche Aufmerksamkeit zu generieren, sind Organisationen darauf angewiesen, sowohl „interessanter und wichtiger als auch kompetenter und glaubwürdiger [zu] erscheinen als ihre Mitkonkurrenten" (Neidhardt 1994: 7).

Obgleich die deutsche Übersetzung „Öffentlichkeitsarbeit" bereits die enge Verknüpfung von PR und Öffentlichkeit in handlungspraktischer Hinsicht andeutet, liegt eine Anbindung der PR-Theorie an öffentlichkeitstheoretische Konzepte bisher nicht vor. Dies mag nicht zuletzt an der Multidimensionalität, Vieldeutigkeit und Interdisziplinarität des Begriffs liegen. Zu den Fächern, die sich intensiv mit dem Begriff beschäftigen, zählen neben der Kommunikationswissenschaft vor allem die Soziologie, Philosophie, Politikwissenschaft und Geschichtswissenschaft. Öffentlichkeit entzieht sich einer konsensualisierten Definition und wird als Basiskategorie für das Verständnis von Gesellschaft an ganz unterschiedliche Makrotheorien angebunden. In der Literatur finden sich zur Beschreibung von Öffentlichkeit häufig Metaphern wie „Forum" oder „Netzwerk".

Öffentlichkeit ist für Organisationen im Allgemeinen und die Organisationsfunktion PR im Speziellen aus zwei Gründen relevant: Die Beobachtung von Öffentlichkeit ermöglicht Organisationen, Erkenntnisse über ihre Umwelt zu gewinnen. Gleichzeitig ist Öffentlichkeit für die PR relevant, da hier öffentliche Meinung(en) erzeugt werden. Im Zuge der Beobachtung von Öffentlichkeit können Organisationen erkennen, *wie* sie von anderen Organisationen bzw. Stakeholdern beobachtet werden und welche Beobachtungskriterien diese verwenden. Öffentlichkeit ermöglicht Organisationen somit eine Konfrontation mit Fremdbeschreibungen ihrer selbst (→ 3.3). In dieser Perspektive besteht erfolgreiche PR darin, zu beeinflussen, wie die Organisation von außen beobachtet wird. PR kann in diesem Sinne bezeichnet werden als das „Managen des Beobachtetwerdens" (Theis-Berglmair 2008: 343). Angesichts der herausgehobenen Bedeutung von Medienöffentlichkeit in Mediengesellschaften vollziehen sich diese Beobachtungsoperationen im Wesentlichen über (Massen-)Medien. Organisationen beobachten dabei nicht nur sich und andere durch die Beobachtung der Medien, sondern sie handeln auch „in der Folge oder in der Antizipation dessen, dass sie wissen, dass sie beobachtet werden; sie kommunizieren im Hinblick auf die Tatsache, dass es ein Beobachtungssystem gibt und sie versuchen selbst mit ihren Handlungen, das Bild in den Medien zu gestalten." (Gerhards 1994: 97). Hinsichtlich der Öffentlichkeit als Erzeugungsort öffentlicher Meinung(en) hat PR-Kommunikation die Aufgabe, an diesem Herstellungsprozess mitzuwirken und so Einfluss auf Entscheidungen zu nehmen, die für die auftraggebende Organisati-

on relevant sind, d.h. deren Handlungsspielräume begrenzen oder erweitern
können. Ziel der PR muss es aus dieser Perspektive sein, eigene Positionen
und Anliegen in die öffentliche Diskussion einzubringen, durchzusetzen und
– im Idealfall – „ihre Meinungen als verallgemeinerbare Meinungen zu plau-
sibilisieren" (Gerhards/Neidhardt 1993: 58).

Zum Begriff der Öffentlichen Meinung

Die Mitgestaltung und Beeinflussung der öffentlichen Meinung ist ein über-
geordnetes Ziel der PR. Über den Bedeutungsgehalt der Begriffe „öffentliche
Meinung" und – damit eng verwandt – „veröffentlichte Meinung" besteht allerdings weder in der Praxis noch in der Wissenschaft Einverständnis. Innerhalb der PR-Forschung wird zwar häufig auf den Terminus verwiesen, dieser
aber nur selten eindeutig definiert. Die vielfältigen Verständnisse von öffentlicher Meinung variieren vor allem mit Blick auf das je zu Grunde liegende
Modell von Öffentlichkeit. Eine „öffentliche Meinung" losgelöst von spezifischen theoretischen Zugangsweisen mit je spezifischen begrifflichen Vorannahmen gibt es daher nicht. Eine in der Kommunikationswissenschaft häufig
rezipierte Begriffssystematisierung hat Scherer (1998) vorgelegt. Er differenziert anhand der Träger öffentlicher Meinung zwischen einem (1) Medienkonzept, (2) einem Elitekonzept und einem (3) demoskopischen Konzept.

▪   Im *Medienkonzept* werden Medien als Träger der öffentlichen Meinung
    angesehen. Dabei wird dem Mediensystem die entscheidende Rolle im
    Prozess der Herstellung von Öffentlichkeit zugeschrieben. Insofern fin-
    det im Medienkonzept eine Gleichsetzung von öffentlicher und veröf-
    fentlichter Meinung statt.

▪   Das *Elitenkonzept* besagt im Kern, dass öffentliche Meinung aus denje-
    nigen Themen besteht, die politische Eliten als relevant kommunizieren.

▪   Das *Demoskopiekonzept* besagt, dass öffentliche Meinung durch dieje-
    nigen Themen und Meinungen konstituiert wird, die die Mehrzahl der
    Bürger für relevant hält.

Unter Zugrundelegung dieser Typologie sind in den Trägern – Medien, Politiker, Bürger – vor allem drei relevante Zielgruppen zu sehen, die von der PR
angesprochen werden müssen, um Einfluss auf die öffentliche Meinungsbildung zu nehmen.

2.2.2 Öffentlichkeit als intermediäres Kommunikationssystem

In Auseinandersetzung mit Jürgen Habermas' Konzept der bürgerlichen Öffentlichkeit (1962) sowie systemtheoretischen Spiegelmodellen entfalten Jürgen Gerhards und Friedhelm Neidhardt (1993) Öffentlichkeit als intermediäres Kommunikationssystem funktional differenzierter Gesellschaften.

 Systemtheoretische Modelle
von Öffentlichkeit: „Spiegelmodelle"

Systemtheoretische Vorstellungen von Öffentlichkeit nehmen Bezug auf die funktional-strukturelle Systemtheorie Luhmann'scher Prägung. Im engeren systemtheoretischen Sinn wird Öffentlichkeit als Beobachtungsmedium verstanden, das Reflexionsleistungen für soziale Systeme ermöglicht (vgl. Luhmann 2005). Systemtheoretische Öffentlichkeitsmodelle werden häufig – metaphorisch verkürzt – als „Spiegelmodelle" bezeichnet. Grundannahme dieser Modelle ist, dass Beobachter im Spiegel der Öffentlichkeit (1) sich selbst sowie die Beobachtungen anderer Beobachter beobachten können und darüber hinaus (2) die Kriterien erkennen können, nach denen andere Beobachter ihre Beobachtungen durchführen (Kohring 2005: 260f.). Der Spiegel ermöglicht somit eine Beobachtung zweiter Ordnung.

Systemtheoretisch inspirierte Öffentlichkeitsmodelle haben in der Kommunikationswissenschaft weite Verbreitung gefunden. Neuere Adaptionen konzipieren Öffentlichkeit als eigenständiges gesellschaftliches Funktionssystem. Die Funktion des Öffentlichkeitssystems besteht demnach „in der Generierung und Kommunikation von Beobachtungen über die […] wechselseitigen Abhängigkeits- und Ergänzungsverhältnisse einer funktional differenzierten Gesellschaft." (Kohring 2005: 260f.) Die Annahmen hinsichtlich der adäquaten Bezeichnung und Grenzziehung des Systems sind allerdings nicht konsentiert: So konzipieren andere Autoren auf der gleichen hierarchischen Ebene ein gesellschaftliches Funktionssystem Journalismus (vgl. Blöbaum 1994) bzw. Publizistik, in dessen Binnendifferenzierung sich das Subsystem Journalismus herausgebildet habe (Marcinkowski 1993).

Die politische Funktion von Öffentlichkeit als intermediäres Kommunikationssystem nach Gerhards/Neidhardt liegt „in der Aufnahme (Input) und Verarbeitung (Throughput) bestimmter Themen und Meinungen sowie in der Vermittlung der aus dieser Verarbeitung entstehenden öffentlichen Meinung (Output) einerseits an die Bürger, andererseits an das politische System" (Gerhards/Neidhardt 1993: 57). Die Autoren konzentrieren sich in ihren Überlegungen allerdings ausschließlich auf den Zusammenhang von Öffentlichkeit und Politik, so dass ihr Ansatz nicht als allgemeine Öffentlichkeitstheorie, sondern als theoretischer Ansatz zur Beschreibung von *politischer* Öffentlichkeit gefasst werden muss: In der Öffentlichkeit wird „die Agenda des politischen Systems mitdefiniert [...] [indem] Themen gesetzt und Meinungen zu den Themen gebildet [werden], die Rückschlüsse darauf zulassen, in welche Richtung die politische Bearbeitung dieser Themen zu gehen habe." (ebd.: 57) Öffentlichkeit ist – hier werden die Bezüge zu Habermas evident – „prinzipiell für alle Mitglieder einer Gesellschaft offen und auf Laienorientierung festgelegt" (ebd.: 61).

Ein in der PR-Forschung häufig verwendeter Anknüpfungspunkt ist die Ebenendifferenzierung des Öffentlichkeitsmodells von Gerhards und Neidhardt (1993: 63ff.). Sie ermöglicht eine Beschreibung anhand der potenziellen Teilnehmerzahl, der Kommunikationsdichte, der Reichweite sowie der Organisationskomplexität. Unterschieden werden drei miteinander verzahnte Ebenen: (1) die Ebene der Encounter-Öffentlichkeit, (2) eine Themen- bzw. Versammlungsöffentlichkeit sowie (3) die Ebene der Medienöffentlichkeit (siehe Abb. 5). Zentrales Unterscheidungskriterium ist die Differenzierung von Sprecher- und Publikumsrollen, die auf der Encounterebene am schwächsten und auf der Ebene der Medienöffentlichkeit am stärksten ausgeprägt ist. Mit „Encounters" werden in Anlehnung an den Soziologen Erving Goffman einfache, relativ strukturlose Interaktionssysteme unter physisch Anwesenden bezeichnet. Sie sind in der Regel räumlich, zeitlich und sozial begrenzt, so z.B. Gespräche auf der Straße oder am Arbeitsplatz. Unter Themen- oder Versammlungsöffentlichkeit sind thematisch zentrierte Interaktions- und Handlungssysteme zu verstehen, z.B. in Form von Demonstrationen. Medienöffentlichkeit ist die „folgenreichste" (ebd.: 66) Ebene von Öffentlichkeit, da massenmedialer Informationstransfer in Mediengesellschaften zum entscheidenden Konstitutionskriterium von Öffentlichkeit geworden ist, öffentliche Kommunikation also erst durch Medien auf Dauer gestellt und institutionalisiert wird. Insgesamt haben (Massen-)Medien auch in Mediengesellschaften zwar kein Monopol im Prozess der Herstellung von Öffentlichkeit, gleichwohl setzt der Zugang zur Öffentlichkeit und die Mitgestaltung öffentlicher Meinungen weitestgehend den Zugang zu Medien voraus; umgekehrt reicht Öffentlichkeit prinzipiell so weit, wie der Zugriff auf Medien gegeben ist.

Abbildung 5:   Ebenen von Öffentlichkeit (Jarren/Donges 2006: 105)

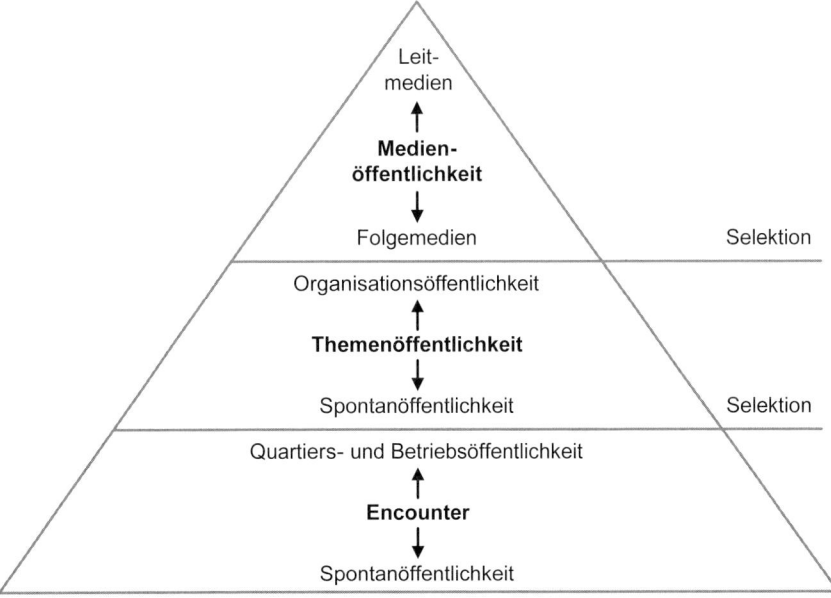

Öffentlichkeit ist in dieser Perspektive nicht als monolithische Einheit zu begreifen, sondern als eine Vielzahl an prinzipiell frei zugänglichen Kommunikationsarenen. In der massenmedialen Arena kann man idealtypisch drei Gruppen unterscheiden: (1) Medien bzw. Journalisten und (2) Sprecher, deren Stimme die Medien weitertragen (vgl. Neidhardt 1994: 11ff.). Beide Gruppen sind Inhaber sogenannter Leistungsrollen und bewegen sich damit in der Arena; ihr Adressat und grundlegende Bezugsgruppe ist das (3) Publikum, das sich durch Beteiligung am öffentlichen Kommunikationsprozess bildet, d.h. ein Mindestmaß an Aktivität voraussetzt. Das Publikum variiert in seiner Zusammensetzung, trotzdem lassen sich allgemeine Merkmale identifizieren, die jedes Publikum kennzeichnen:

- Das Publikum ist im Regelfall sehr heterogen zusammengesetzt und die Kompetenzen und Interessen der Bezugsgruppen unterscheiden sich stark.
- Der Organisationsgrad des Publikums ist mit wenigen Ausnahmen (z.B. soziale Bewegungen) nur schwach ausgeprägt.
- Mit der Größe des Publikums steigt das Übergewicht an Laien, d.h. von Nicht-Experten im Hinblick auf die jeweiligen Themen.

Das Publikum entscheidet letztlich über den Erfolg der Arenaakteure und ist damit von konstitutiver Bedeutung für klassische massenmediale Öffentlichkeit. Im Gegensatz zu den Leistungsrollen Medien und Sprecher kann dem Publikum jedoch kein Status als handelnder Akteur zugewiesen werden, da es ihm an der dazu notwendigen strategischen Handlungsfähigkeit fehlt (vgl. Neidhardt 1994: 12ff.).

PR-Akteure haben aus Sicht dieser spezifischen öffentlichkeitstheoretischen Perspektive eine Sprecherrolle inne (vgl. Neidhardt 1994: 14). Innerhalb der PR-Forschung wird die Sprecherrolle üblicherweise zumindest in zwei Typen untergliedert, und zwar in PR-Fachleute bzw. *PR-Kommunikatoren* einerseits und sogenannte *Fachkommunikatoren* andererseits, z.B. Politiker oder Verbandspräsidenten, die ebenfalls Sprecheraufgaben übernehmen. Dabei hängt es u.a. von der Relevanz des Themas und der Krisenhaftigkeit der jeweiligen Situation ab, ob Fachkommunikatoren selber öffentlich Stellung nehmen oder dies den regelmäßig in ihrem Auftrag agierenden PR-Kommunikatoren überlassen.

Mit Blick auf aktuelle Entwicklungen im Bereich des Internets – und hier vor allem hinsichtlich interaktiver Kommunikationsformen – ist festzustellen, dass sich die skizzierten Ebenen von Öffentlichkeit verändern. So wurde bislang davon ausgegangen, dass die Beteiligungsmöglichkeiten auf Encounterebene am größten und bei massenmedialer Öffentlichkeit vergleichsweise gering sind. Im Bereich der Online-Kommunikation, die grundsätzlich auf allen drei Ebenen Öffentlichkeit herstellen kann, erweitern sich jedoch die Beteiligungsmöglichkeiten von Akteuren. Zudem bilden sich gerade durch (interaktive) Online-Anwendungen neue Möglichkeiten der Partizipation an teils immer spezifischeren Öffentlichkeiten, die Organisationen vor neue Herausforderungen der Beobachtung und Kommunikation stellen (vgl. Pleil 2010: 7f.). Folglich sind diese Entwicklungen auch für PR-Verantwortliche in den Organisationen von Bedeutung. Gerade der Bereich der Online-Kommunikation hat im Vergleich zur klassischen Medienarbeit in den letzten Jahren stark an Bedeutung gewonnen. Auch für die Umweltbeobachtung als zentrale Funktion von PR (→ 3.3.2) haben die beschriebenen Entwicklungen Folgen. Erkennbar ist dies beispielsweise beim Issues Management als Verfahren der organisationalen Beobachtungs- und Informationsverarbeitung (→ 5.2.2.1). Ziel des Issues Managements ist es, möglichst frühzeitig Hinweise auf Gefahren in der Organisationsumwelt zu identifizieren und die Entwicklung kritischer Themen u.a. mittels Thematisierungs- und De-Thematisierungsstrategien im Sinne der Organisation zu beeinflussen. So können Einzelereignisse als Anliegen direkt Betroffener durch Sprecher (z.B. Politiker, Experten) Öffentlichkeit erlangen und entwickeln sich zu konkreten, öffentlich relevanten Ansprüchen einzelner Gruppen. Vor dem Hintergrund, dass sich diese Anliegen für Organisationen zu relevanten, konfliktreichen Themen – und damit Issues – entwickeln können, ist es Aufgabe der PR als organisationale Grenzstelle, diese zu beobachten. Der Prozess der systematischen Gewinnung und Interpretation dieser Informationen hat sich in Zeiten einer zunehmenden Digitalisierung für Organisationen verändert. Zum einen hat sich der Entwicklungsprozess von Issues durch die vereinfachten Publikationsmöglichkeiten im Netz potenziell beschleunigt, zum anderen können Issues bereits in einem sehr frühen Entwicklungsstadium Öffentlichkeit erlangen (vgl. Pleil 2010: 14).

2.2.3 Theoretische Ansätze zum Verhältnis von PR und Journalismus

Versuche der Einflussnahme auf journalistische Berichterstattung können als eine zentrale Aufgabe der PR bezeichnet werden. Vor diesem Hintergrund verwundert es nicht, dass die theoretische und empirische Analyse des Verhältnisses von PR und Journalismus eines der meist untersuchten Felder der PR-Forschung ist. Aus praktischer wie wissenschaftlicher Sicht lautet eine zentrale Frage, ob und in welchem Ausmaß PR in der Lage ist, die Selektionshürden des Mediensystems zu überwinden und Einfluss auf die journalistische Berichterstattung auszuüben.

Die Debatte ist durch folgende Extrempunkte gekennzeichnet: Auf der einen Seite wird darauf verwiesen, dass dem Journalismus in parlamentarischen Demokratien die Funktion einer „vierten Gewalt" neben Exekutive, Legislative und Judikative zukommt, die er möglichst unabhängig von äußeren Einflussnahmen ausüben soll. Die Funktionen, die der Journalismus im Zuge seiner „öffentlichen Aufgabe" erfüllen soll, als auch das normative Leitbild des „objektiven Journalisten" werden bestimmt durch das Prinzip der Meinungs- und Pressefreiheit, wie es in Art. 5 GG niedergelegt ist ($\rightarrow$ 1.1.3). Versuche der inhaltlichen Einflussnahme auf den Journalismus z.B. durch die PR lösen daher vielfach die Befürchtung aus, dass Medien nicht mehr ausgewogen berichten und die ihnen normativ zugewiesenen Funktionen nicht mehr wahrnehmen können. Auf der anderen Seite steht die Feststellung, dass PR-Zulieferleistungen die journalistische Berichterstattung erst ermöglichen und daher den Journalismus nicht nur entlasten, sondern – insbesondere angesichts knapper journalistischer Zeitbudgets und redaktioneller Restriktionen materieller und finanzieller Art – in steigendem Ausmaß unverzichtbar sind. Zudem wird argumentiert, dass PR auch Themen und Standpunkten zu medialer Präsenz verhilft, „die ohne Anstöße von außen in den Medien nicht behandelt würden" (Schweda/Opherden 1995: 111).

In der Analyse des komplexen Beziehungsgeflechts können zwei Herangehensweisen unterschieden werden: Ansätze mittlerer Reichweite, d.h. empirisch prüfbare Aussagenzusammenhänge zum Verhältnis von Journalismus und PR, bewegen sich auf der analytischen Mikro- und Mesoebene. Systemtheoretische Ansätze sind überwiegend auf der analytischen Makroebene angesiedelt. Wesentliche Impulse für die Untersuchung der Beziehung zwischen Journalismus und PR gingen im deutschsprachigen Raum von Barbara Baerns und ihrer Forschung aus, die unter dem Label der „Determinationsthese" zusammengefasst wurde. Mit den Arbeiten von Baerns wurde zunächst ein enger Zusammenhang von Ursache (PR-Kommunikation) und Wirkung (journalistische Berichterstattung) unterstellt. Das aus der Kritik an den Überlegungen von Baerns entwickelte Intereffikationsmodell von Günter Bentele und seinen Mitarbeitern versucht, die in der Determinationsfor-

schung verbreiteten unilinearen Wirkungsannahmen in den Beziehungsstruk-
turen von Journalismus und PR aufzulösen.

2.2.3.1   Die Determinationsthese

Ausgangspunkt der Debatte um die Beziehungen zwischen PR und Journalismus ist eine wegweisende Studie von Baerns (1991), die Ende der 1970er
Jahre am Beispiel der Landespolitik in Nordrhein-Westfalen die Beziehungen zwischen Politik, politischer PR und landespolitischer Berichterstattung
untersuchte. Im Zentrum stand zunächst die Frage, wie Informationen in die
Berichterstattung von Nachrichtenagenturen, Zeitungen, Hörfunk- und Fern-
sehsendern gelangen und wie sie dort präsentiert werden. Ihre Schlussfolgerungen sind in der Rezeption unter dem Begriff „Determinationsthese" subsumiert worden. Im deutschsprachigen Raum hat sich in den Folgejahren
durch eine Reihe an Baerns anschließender, empirischer Studien eine ausdif-
ferenzierte Tradition der sogenannten „Determinationsforschung" entwickelt.

Neben dem Begriff der „Determinationsthese" sind in der Literatur auch
die Begriffe „Determinationshypothese", „Determinierungsthese" und „De-
terminierungshypothese" zu finden. Die größte Verbreitung hat der Begriff
„Determinationsthese" gefunden (vgl. Hoffjann 2007), wenngleich Barbara
Baerns selbst ursprünglich keinen der mittlerweile fest mit ihrer Untersuchung verbundenen Begriffe verwendet hat.

Baerns betrachtet PR und Journalismus als Subsysteme – Journalismus
als Subsystem des Mediensystems, PR als Subsystem „jeden denkbaren anderen Systems außerhalb des Mediensystems" (1991:16). Beide stehen in
einem Konkurrenzverhältnis, indem sie ihre Aktivitäten auf das vom Journalismus analytisch zu trennende Mediensystem ausrichten. Die Aktivitäten
von PR und Journalismus beim Zustandekommen von Medieninhalten beschreibt Baerns als gerichtete Einflussstruktur:

> „Öffentlichkeitsarbeit hat erfolgreich Einfluß geübt, wenn das Ergebnis der
> Medienberichterstattung ohne diese Einflußnahmen anders ausgesehen hätte. […]
> Journalismus hat erfolgreich Einfluß geübt, wenn das Ergebnis ohne dieses anders
> ausgefallen wäre. Unter der Voraussetzung, andere Faktoren existierten nicht, wäre
> schließlich eine gegenseitige Abhängigkeit zu konstatieren: je mehr Einfluß
> Öffentlichkeitsarbeit ausübt, umso weniger Einfluß kommt Journalismus zu und
> umgekehrt." (ebd.: 17)

Zentrale Befunde

Der zentrale Befund der Untersuchung von Baerns lautet, dass Öffentlichkeitsarbeit Themen und Timing der Medienberichterstattung unter Kontrolle hat (vgl. Baerns 1991: 98). Als Beleg für eine weitgehende Kontrolle des Journalismus durch die PR wertet Baerns insbesondere die Tatsache, dass durchschnittlich 62 Prozent der von ihr untersuchten landespolitischen Agentur- und Medienberichterstattung auf die thematische und zeitliche Initiative der Öffentlichkeitsarbeit zurückgeht (siehe Tab. 7).

Tabelle 7: Quellen in Medienbeiträgen (Baerns 1991: 87)

	Primärmedien	Sekundärmedien		
	Agenturen	Presse	Hörfunk	Fernsehen
Öffentlichkeitsarbeit	59%	64%	61%	63%
andere Quellen	41%	36%	39%	37%
Zahl der Primärquellen	826	1.768	562	347

Weitere zentrale Befunde der Studie lauten (vgl. Baerns 1991):

- Die journalistische Leistung beschränkt sich auf geringe Zusatzrecherchen, über 80 Prozent aller Beiträge beruhen auf nur einer Quelle.
- Eine eigenständige journalistische Themenrecherche findet nur für rund 10 Prozent der Beiträge statt.
- Die journalistische Bearbeitungsleistung besteht überwiegend – in 87 Prozent aller Beiträge – aus dem Kürzen des Materials.
- Die Umschlagsgeschwindigkeit des PR-Materials ist sehr hoch: In über 70 Prozent der untersuchten Beiträge verbreiten Agenturen, Hörfunk und Fernsehen das verarbeitete PR-Material noch am selben Tag, die Tagespresse verbreitet PR-Informationen zu 65 Prozent am nächsten Tag.
- Die Berichterstattung weist eine sehr geringe Quellentransparenz auf, die Primärquelle, d.h. die für den Aufmacher eines Beitrags verantwortliche Quelle, wird lediglich bei Nachrichtenagenturen in mehr als der Hälfte der Fälle genannt (55%).

Angesichts dieser Befunde liegt die Leistung des Journalismus nach Baerns (1991: 88ff.) vor allem im Auswählen aus einem vorgegebenen Angebot, dem Schreiben, Redigieren und Produzieren. Im Ergebnis sind es die PR-Abteilungen und nicht die Journalisten, welche Nachrichten initiieren, Themen forcieren und so Medienwirklichkeit schaffen. Baerns resümiert: „Öffentlichkeitsarbeit ist fähig, die journalistische Recherchekraft zu lähmen und publizistischen Leistungswillen zuzuschütten." (Baerns 1991: 99)

Die Determinationsthese prägte in den 1980er und 1990er Jahren die Diskussion um die Beziehung zwischen Politik, politischer PR und Medien. In zahlreichen Folgestudien wurden z.B. die Rolle von Nachrichtenagenturen bei der Verbreitung von PR-Material, der Einfluss von Nachrichtenfaktoren auf die Wahrscheinlichkeit der Publikation von PR-Material, die Verarbeitungs- und Ergänzungsleistungen des Journalismus sowie der Einfluss der redaktionellen Linie auf die Verwendung von PR-Material untersucht. Ein zentrales Ergebnis dieser Nachfolgestudien ist, dass der relativ hohe Stellenwert von PR-Produkten für Journalisten vor allem in Konflikt- und Krisensituationen deutlich zurückgeht, da Journalisten hier eine aktivere Rolle einnehmen und intensiver recherchieren (vgl. u.a. Barth/Donsbach 1992: 163).

Das Verdienst von Baerns' Arbeiten besteht zunächst in der Begründung einer Forschungstradition. Ihre ursprüngliche Fragestellung nach dem Zustandekommen der Medienagenda und ihre Fokussierung der PR-Einflussnahme auf journalistische Texte – nicht auf den Journalismus – ist bei der Rezeption ihrer Arbeiten aber meist nicht hinreichend berücksichtigt worden. Zentrale Diskussionspunkte der Determinationsthese betreffen insbesondere methodische Fragen des Baerns'schen Untersuchungsdesigns und einzelne theoretische Vorannahmen.

Zunächst ist die von Baerns (vgl. 1991: 17) aufgestellte ceteris-paribus-Klausel (lat. „unter sonst gleichen Bedingungen") zu hinterfragen. Demnach wird die Beziehungsarchitektur zwischen PR und Journalismus unter der Voraussetzung untersucht, dass andere Einflussfaktoren nicht existieren. Diese Ausblendung von weiteren Einflussfaktoren führt dazu, dass Medienberichterstattung ausschließlich als Wirkung, PR-Kommunikation ausschließlich als Ursache aufgefasst werden. Als wichtige intervenierende Variablen, die maßgeblich über die journalistische Präferenz und damit die Chancen, in der Berichterstattung Berücksichtigung zu finden, mitentscheiden, gelten beispielsweise der Ereignis- und Medientyp, der gesellschaftspolitische Status eines PR-Akteurs, die Ressortzugehörigkeit der Journalisten sowie ihre politischen Überzeugungen und journalistischen Ziele.

Implizit liegt der Mehrzahl der klassischen „Determinationsstudien" die Annahme einer manipulierenden, alleine dem Partikularinteresse verpflichteten und damit insgesamt tendenziell gefährlichen PR und eines gesellschaftlich wertvollen, ethisch hochwertigen und selbstlosen Journalismus zu Grunde. Diese stark journalismuszentrierte Perspektive auf das Verhältnis von PR und Journalismus erklärt sich aus der Entwicklungsgeschichte der Kommunikationswissenschaft und führt insbesondere zur Ausblendung der organisationsübergreifenden gesellschaftlichen Integrationsleistungen der PR.

Es ist schließlich festzustellen, dass der gegenwärtige Stand der empirischen Determinationsforschung überwiegend Aussagen zum Zustandekommen der politischen Berichterstattung in überregionalen Qualitätszeitungen erlaubt. Aufgrund ihrer gesellschaftspolitischen Relevanz liegt es aber nahe, dass statushohe Organisationen aus dem Politikfeld wie zum Beispiel Landesregierungen von den Medien stark beachtet werden. Neuere Studien machen sich an die Erweiterung des Gegenstandbereichs – so berücksichtigt Riesmeyer beispielsweise unterschiedliche Ressorts und den Status der Informationsquelle auf die Publikationswahrscheinlichkeit von PR-Material (vgl. Riesmeyer 2007). Der Bereich der audiovisuellen Medien hat dagegen bis heute keine Berücksichtigung in der Determinationsforschung gefunden.

2.2.3.2   Das Intereffikationsmodell

Eine Erweiterung der Determinationsthese findet sich in Gestalt des sogenannten Intereffikationsmodells (vgl. Bentele et al. 1997). Es (lat. „efficare" = etwas ermöglichen) betont im Unterschied zur Determinationsthese die Wechselseitigkeit der Beziehung zwischen Journalismus und PR, die als Subsysteme des übergeordneten Funktionssystems Publizistik modelliert werden. Insofern beschreibt das Intereffikationsmodell das Beziehungsgeflecht zwischen PR und Journalismus als „komplexes Verhältnis eines gegenseitig vorhandenen Einflusses, einer gegenseitigen Orientierung und einer gegenseitigen Abhängigkeit zwischen zwei relativ autonomen Systemen" (Bentele 2008: 210). Das Modell impliziert, dass keine Seite auf die Leistungen der anderen Seite verzichten kann und das Handeln der einen konstitutiv für das der anderen Seite ist. Insoweit wird die Beziehung zwischen PR und

Journalismus als Austausch und wechselseitige Abhängigkeit aufgefasst, in dem sich die Handlungsfelder gegenseitig ermöglichen, prägen und voneinander profitieren. Als Schwerpunkt der PR identifizieren Bentele et al. die Generierung von Themen, der Schwerpunkt des Journalismus liege in deren Weitervermittlung.

Die Intereffikation basiert auf einem Zusammenspiel von Induktionen und Adaptionen auf der Mikroebene der Akteure (Journalisten und PR-Mitarbeiter), der Meso-Ebene der Redaktionen und PR-Abteilungen und der Makro-Ebene der Teilsysteme (siehe Abb. 6). Kommunikative Induktionen werden als intendierte, gerichtete Kommunikationsanregungen verstanden, die auf Seiten des jeweils anderen Systems zu beobachtbaren Wirkungen, z.B. Medienresonanz, führen. Demgegenüber stehen Adaptionen, die als kommunikatives und organisatorisches Anpassungshandeln definiert werden – beispielsweise mit Blick auf organisatorische oder zeitliche Routinen der jeweils anderen Seite (vgl. Bentele et al. 1997: 241). Induktionen und Adaptionen können zudem nach sachlichen, zeitlichen und sozial-psychischen Aspekten differenziert werden (vgl. ebd.: 243ff.).

Abbildung 6:   Das Intereffikationsmodell (Bentele et al. 1997: 242)

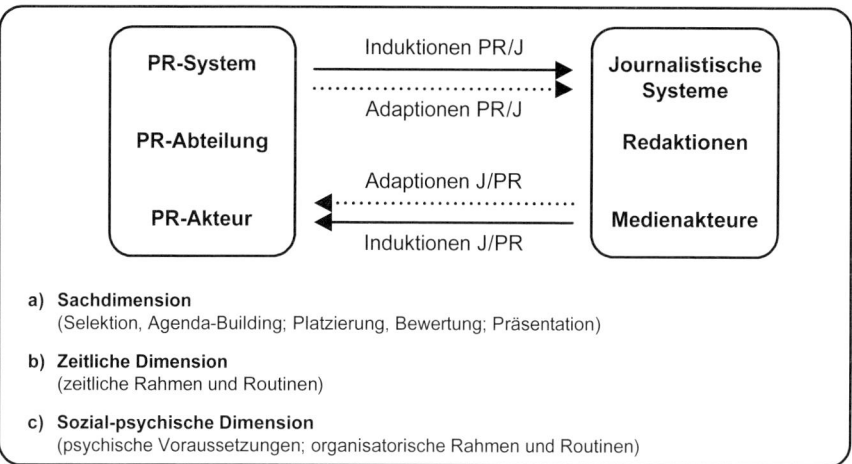

Wie Tabelle 8 zeigt, werden Induktions- und Adaptionsleistungen von den Autoren unterschiedlich stark konkretisiert und zum Teil gar nicht spezifiziert bzw. bleiben in den Erläuterungen weitgehend diffus.

Tabelle 8: Ausgewählte Induktions- und Adaptionsleistungen (vgl. Bentele et al. 1997; Bentele 2008)

	Induktionsleistungen		Adaptionsleistungen	
	PR	**Journalismus**	**PR**	**Journalismus**
Sach-dimension	grundsätzliche Thematisierungsfähigkeit (Themenselektion/-definition)	Nachrichtenfaktoren Entscheidung über Themenrelevanz, Präsentationsroutinen, Platzierung	Generierung von Themen, die mit Blick auf die Medienagenda hohe Publikationschancen haben	keine Angabe
Zeit-dimension	Definition des Aktualitätszeitpunkts von Themen Zeitliche Strukturierung von Kampagnen; Festlegung des Veröffentlichungszeitpunkts	Redaktionsschluss Periodizität des Mediums Bestimmung von Veröffentlichungszeitpunkten Möglichkeit der partiellen Publikation von Themen	Berücksichtigung Periodizität und zeitl. Routinen Mediensystem Berücksichtigung des Faktors „Aktualität" und der Dauer eines Themas	keine Angabe
Sozial-psychische Dimension	keine Angabe	keine Angabe	Soziale Organisation von Redaktionen/ soziale Routinen Persönliche Beziehungen zwischen Journalisten und PR-Experten	Anpassung an bestimmte organisationale Entscheidungsstrukturen, z.B. hinsichtlich der Terminvereinbarung mit Sprechern

Ebenso deutlich wird, dass es offensichtlich schwierig ist, für alle Dimensionen passende Beispiele zu benennen und die Induktions- bzw. Adaptionsleistungen zu konkretisieren. Deutlich wird dies insbesondere bei den Beispielen für journalistische Induktionen:

> „Die journalistische Induktionsleistung besteht vor allem in der Auswahl aus [...]
> Themen- und Textangeboten, in ihrer Veränderung (Verkürzung, Anreicherung,
> Vervollständigung) sowie in der Entscheidung über Gewichtung und Bewertung,
> schließt darüber hinaus immer aber auch die Möglichkeit ein, weitere Themen oder
> bestimmte Akzente innerhalb aufgenommener Themen zu setzen." (Bentele/Noth-
> haft 2004: 73)

Hier bleibt unklar, inwiefern die Selektion, Bearbeitung, Platzierung und Gewichtung von Themen durch den Journalismus als eine intendierte und gerichtete Kommunikationsanregung an die PR zu verstehen ist. Zum einen
handelt es sich hier schlicht um Programme, die der Journalismus – völlig
unabhängig von Public Relations – bezogen auf sich selbst ausgebildet hat,
um leistungsfähig zu sein. Zum anderen produziert Journalismus unter Anwendung spezifischer Selektions- und Bearbeitungskriterien Aussagen primär für sein Publikum und nicht für die PR.

Weitere Studien zum Intereffikationsmodell stammen u.a. von Donsbach und
Wenzel (2002) sowie Seidenglanz und Bentele (2004). Den Anspruch, wechselseitige Induktionen und Adaptionen theoretisch und empirisch zu erfassen,
konnte die Forschung jedoch bislang nicht einlösen. So wird in einem Text,
den Bentele als Mitautor verfasst, festgestellt:

> „[...] bei aller Wechselseitigkeit der angenommenen Induktionen und Adaptionen
> sind bislang vor allem die seitens der PR auf den Journalismus zielenden Induk-
> tionen und die entsprechenden Adaption der PR an journalistische Standards
> untersucht worden. Damit ähnelt das Design vieler Studien, die sich auf das Inter-
> effikationsmodell beziehen, im Grunde noch den Forschungsdesigns im Kontext der
> ‚Determinierungshypothese'" (Altmeppen et al. 2004: 10).

Bisher mangelt es noch an umfassenden Studien, die im Hinblick auf ihren
methodischen Ansatz in der Lage wären, die komplexen Beziehungen adäquat zu erfassen. Insbesondere die journalistischen Adaptionen an PR-Vor-
gaben sind in der empirischen Forschung weitgehend unberücksichtigt ge-
blieben. Auch Induktionen, die von den Medien ausgehen, wurden bisher nur
sehr bruchstückhaft analysiert.

Das Intereffikationsmodell hat sich in der Forschungspraxis insgesamt als
forschungsleitend erwiesen, um die vielfältigen Beziehungen zwischen PR
und Journalismus insbesondere auf struktureller Ebene empirisch erfassen zu
können. Es wird jedoch auch kontrovers diskutiert und wirft neue Fragestel-

lungen auf. Kritik entzündete sich zunächst an der Bezeichnung des Modells: Der Begriff „Intereffikation" schließt eine gegenseitige „Verunmöglichung" zwischen PR und Journalismus aus und unterstellt, dass die Leistungen der einen Seite nur auf Basis der Leistungen der anderen Seite möglich sind. Die empirisch durchaus vorfindbaren journalistischen Produkte, die ohne Rückgriff auf PR entstanden sind, sowie jede PR-Abteilung, die keine Presse- und Medienarbeit betreibt, stellen aber die Grundannahme des Modells in Frage und machen deutlich, dass es prinzipiell auch einen Journalismus ohne PR geben kann und umgekehrt.

Gleichwohl Bentele et al. explizit darauf hinweisen, dass dem Modell keine Gleichgewichtsvorstellung zu Grunde liegt und entsprechend Induktionen und Adaptionen unterschiedlich stark ausgeprägt sein können, wird den Autoren immer wieder vorgeworfen, eine „grenzaufhebende Partnerschaftsideologie" (Ruß-Mohl 1999: 170) zu postulieren, durch die Fehlentwicklungen ausgeblendet und problematische Machtverschiebungen zwischen Journalisten und PR-Praktikern nicht berücksichtigt würden. Letztlich bleibt das Ausmaß als auch die sich für das jeweilige System ergebenden positiven und negativen Folgen der wechselseitigen Beziehung im Intereffikationsmodell unklar. Dem halten Bentele und Nothhaft jedoch entgegen, dass das Modell Machtbeziehungen nicht verschleiere, sondern eine exakte Beschreibung der Machtverhältnisse durch die empirische Messung der wechselseitigen Induktions- und Adaptionsleistungen im Einzelfall erst ermögliche (vgl. 2004: 70). Kritisiert wird das Intereffikationsmodell auch hinsichtlich seiner unklaren systemtheoretischen Fundierung (vgl. u.a. Schantel 2000): So bleibt die Abgrenzung von Journalismus und PR auf Systemebene unklar. Bentele et al. weisen dem PR-System und dem Journalismus- bzw. Mediensystem weder eine Leitdifferenz noch eine Primärfunktion zu, so dass im Ergebnis nicht deutlich wird, wie sie sich unterscheiden.

2.2.3.3 Systemtheoretische Ansätze

In systemtheoretischen Ansätzen werden entweder Journalismus und Public Relations als Systeme modelliert, die in einer intersystemischen Beziehung zueinander stehen, oder lediglich der Journalismus als System beschrieben, für das PR eine relevante, aber nicht näher eingegrenzte Umwelt ist. Im Fokus systemtheoretischer Ansätze steht die Problematik der Funktionalität beider Systeme füreinander. Dabei wird von handelnden Akteuren oder Organisationen weitestgehend abstrahiert. Unterschiedlich beantwortet wird die theoretische Frage, ob PR und Journalismus getrennte Funktionssysteme der Gesellschaft darstellen oder als Leistungssysteme eines Funktionssystems Öffentlichkeit anzusehen sind. Ersteres würde bedeuten, dass ihre Beziehungsstruktur zwischen zwei Funktionssystemen zu verorten ist, letzteres zwingt zur Verortung der Beziehungsstruktur innerhalb eines gesellschaftlichen Funktionssystems. Systemtheoretische Ansätze zur Beschreibung des Verhältnisses von Journalismus und PR gehen je nach den zu Grunde liegenden systemtheoretischen Prämissen von einer *strukturellen Kopplung*, *Interpenetration* oder *Symbiose* der Systeme PR und Journalismus/Medien aus (Hoffjann 2007; Schweda/Opherden 1995).

Strukturelle Kopplung

Das Konzept der „strukturellen Kopplung" ist ein zentraler Baustein der Theorie autopoietischer Systeme (vgl. Luhmann 1984). Es geht auf die Grundannahme der Selbstreferenzialität (von lat. *referre* „sich auf etwas beziehen") und operativen Geschlossenheit sozialer Systeme zurück. Diese verhindert die Möglichkeit ihres direkten Kontakts mit der Umwelt. Soziale Systeme sind von außen nicht steuerbar, sondern allenfalls irritierbar. Strukturell gekoppelte Systeme stehen zwar im Austausch miteinander, bleiben aber eigenständig. Sie sind in der Lage, sich gegenseitig zu irritieren, wodurch es zu selbstinduzierten Strukturänderungen kommen kann.

Der Ansatz der *strukturellen Kopplung* unterstellt eine grundsätzliche Nichtsteuerbarkeit des journalistischen sowie des PR-betreibenden Systems. Ursache-Wirkungs- oder Einflussbeziehungen sind im Konzept der strukturellen Kopplung nicht angelegt:

> „Ob Public Relations journalistische Selektions- und Konstruktionsentscheidungen beeinflussen, weil sie die operativen Regeln des Journalismus simulieren und deren Autonomie dadurch unterlaufen, oder ob umgekehrt die Journalisten nur solche PR-Informationen auswählen, die bereits angepasst sind an journalistische Standards,

lässt sich von diesem Standpunkt aus nicht unterscheiden oder gar entscheiden." (Scholl/Weischenberg 1998: 134f.) Folglich spielen hier empirisch messbare Determinationsquoten und deren normative Bewertung keine Rolle. Von höherer Relevanz ist aus dieser Perspektive die Auseinandersetzung mit der operativen Geschlossenheit bzw. Autonomie des Journalismus.

Darüber hinaus werden die Systembeziehungen von PR und Journalismus auch als Interpenetration beschrieben. Allerdings wird der Begriff in der Literatur unterschiedlich verwendet – entweder als Spezialfall struktureller Kopplung oder, in expliziter Ablehnung der Luhmann'schen Perspektive, als aktiv gestaltbare Tauschbeziehung. Niklas Luhmann beschreibt Interpenetration als Sonderfall struktureller Kopplung, in der zwei Systeme sich koevaluativ so aufeinander eingelassen haben, dass das eine ohne das andere nicht existieren kann (vgl. 1997: 107ff.). „Interpenetration als Spezialfall struktureller Kopplung meint, dass Journalismus und Öffentlichkeitsarbeit sich ihre Strukturen wechselseitig zur Verfügung stellen, um sich beeinflussen zu können, ohne die eigene Identität preiszugeben." (Löffelholz 2004: 480) Durch Interpenetration gelingt es den Systemen, trotz Selbstreferenzialität und operativer Geschlossenheit Fremdreferenzen in die systemische Reproduktion einzubeziehen.

Von *Symbiose* wird in der Literatur fast ausschließlich mit Blick auf den Zusammenhang von Journalismus und politischem System gesprochen. Dabei wird angenommen, dass beide Systeme eine von gegenseitigem Nutzen geprägte Tauschbeziehung zueinander unterhalten, bei der Information gegen Publizität getauscht wird: „Man ist wechselseitig aufeinander angewiesen: Politik braucht Publizität und die Medien sind auf der ständigen Suche nach der möglichst exklusiven Nachricht. Getauscht wird Einfluss in Form von Publizität, nicht selten im Wege vertraulich weitergegebener Informationsschnipsel." (Sarcinelli 2009: 119)

2.2.4 Anwendungsbezogene Segmentierungskonzepte von Öffentlichkeit

Eine Herausforderung, mit der sich die PR-Praxis regelmäßig auseinanderzusetzen hat, besteht in der Identifikation, Segmentierung und Hierarchisierung organisationaler Umweltbereiche bzw. „der" Öffentlichkeit. Bevor eine

Kommunikationsstrategie entwickelt werden kann, ist es erforderlich, relevante Umweltsegmente einzugrenzen und so diejenigen Bezugsgruppen festzulegen, mit denen man situationsbezogen oder dauerhaft eine Beziehung aufbauen oder erhalten will. Hierzu liegen zahlreiche Vorschläge vor – von der marketingwissenschaftlichen Zielgruppenanalyse (vgl. exempl. Freter 2009) über die eher der PR-Forschung zuzuordnende Bestimmung von Bezugsgruppen (Grunig/Hunt 1984) bis zum aus der Managementlehre stammenden Stakeholderansatz. Besondere Bedeutung erlangt die Umweltsegmentierung innerhalb des Issues Managements (→ 5.2.2.1), da eine umfassende Identifizierung und Analyse von Issues im Hinblick auf ihre Auswirkungen auf Organisationen ohne die Kenntnis der betroffenen Akteure in der Organisationsumwelt nicht möglich ist: „[I]ssues are not born; they are created by the perceptions of organizations and their publics from the problems and situations around them." (Crable/Vibbert 1986: 64)

Am weitesten verbreitet ist in der PR-Forschung der Ansatz der situativen Teilöffentlichkeiten der PR-Forscher James E. Grunig und Todd Hunt sowie das auf den US-amerikanischen Managementforscher Edward R. Freeman zurückgehende Stakeholderkonzept. Beide Ansätze sind im Laufe der Zeit von unterschiedlichen Autoren ausgebaut und weiterentwickelt worden.

Begriffsgrundlagen:
Stakeholder, Zielgruppe, Teilöffentlichkeit

In der Literatur finden sich als Segmentierungskonzepte u.a. die Begriffe „Zielgruppe", „Bezugsgruppe", „Stakeholder" und „Teilöffentlichkeit".

Zielgruppe
Der Begriff Zielgruppe wird vor allem im Kontext des Marketing eingesetzt. Als Zielgruppen werden im Marketing Adressaten von PR- und Werbeaktivitäten bezeichnet, die nach strategischen oder taktischen Anhaltspunkten angesprochen werden. Zielgruppen werden seitens der Organisation nach zuvor festgelegten Merkmalen (z.B. Alter, Geschlecht) differenziert.

Stakeholder

Stakeholder werden definiert als „any individual or group who can affect or is affected by the actions, decisions, policies, practices, or goals of the organization." (Freeman 1984: 25). Der Begriff wird im Deutschen üblicherweise mit „Anspruchsgruppe" oder „Bezugsgruppe" übersetzt, seltener mit „Interessengruppe", wobei der Terminus „Anspruchsgruppe" am ehesten die aktive Durchsetzbarkeit von umweltseitigen Ansprüchen gegenüber Organisationen suggeriert. Darüber hinaus wird häufig zwischen primären und sekundären Stakeholdern unterschieden: Als primäre Stakeholder werden jene Gruppen bezeichnet, die für den Fortbestand der Organisation essentiell sind und einen legitimen Anspruch gegenüber der Organisation geltend machen können (z. B. Investoren, Mitarbeiter, Kunden). Dagegen verfügen sekundäre Anspruchsgruppen über keinen legitimen Anspruch, können aber die Organisation oder deren primäre Stakeholder beeinflussen bzw. werden durch diese beeinflusst (z.B. NGOs, Bürgerinitiativen). Im Rahmen dieses Buches werden die Begriffe Stakeholder, Anspruchs- und Bezugsgruppe synonym verwendet.

Teilöffentlichkeit

Eine Teilöffentlichkeit ist allgemein definiert als „a group of individuals with varying degree of commitment who face a similar problem, recognize that the problem exists, and unite to some degree to do something about the problem." (Grunig/Hunt 1984: 143) Es gibt drei Merkmale, die eine Personengruppe aufweisen muss, um aus Sicht von Organisationen als Teilöffentlichkeit bezeichnet zu werden und sich so von der Gesamtmasse der passiv Informationen aufnehmenden, heterogenen Rezipienten (Öffentlichkeit) abzugrenzen: (1) Sie muss einem ähnlichen Problem gegenüberstehen, (2) sie muss erkennen, dass dieses Problem besteht und (3) sie muss sich organisieren, um mit diesem Problem umzugehen (vgl. ebd.: 143ff.).

2.2.4.1   Der Ansatz der situativen Teilöffentlichkeiten

Die kurzfristige Wandelbarkeit der Organisationsumwelt ist insbesondere von Grunig und Hunt (1984; vgl. Grunig/Repper 1992) in ihrem theoretischen Ansatz der situativen Teilöffentlichkeiten („publics") veranschaulicht worden. Der Ansatz wird als „situativ" bezeichnet, weil die unabhängigen Variablen die individuelle, situativ geprägte Auffassung von spezifischen Situationen beschreiben. Der Aktivitätsgrad von Teilöffentlichkeiten wird nach Grunig und Hunt bestimmt durch drei unabhängige und zwei abhängige Variablen (vgl. 1984: 148ff.).

▪ Zu den unabhängigen – sogenannten kognitiven – Variablen zählen (1) die jeweilige *Problem-Wahrnehmung* („problem recognition"), die kennzeichnet, inwieweit einzelne Personen in der Organisationsumwelt organisationale Aktivitäten als problematisch bewerten; (2) das individuelle *Restriktions-Empfinden* („constraint recognition"), das das Ausmaß der in der Organisationsumwelt individuell wahrgenommenen Einschränkungen der individuellen Handlungsfreiheit in bestimmten Situationen bezeichnet. Dabei wird angenommen: Je höher das situative Restriktions-Empfinden, desto unwahrscheinlicher ist es, dass Individuen in der Organisationsumwelt Informationen bezüglich einer bestimmten (geplanten) organisationalen Handlung einholen und weiterverbreiten (vgl. Grunig/Hunt 1984: 152). „For example, many members of organizational publics believe there is little they can do to help solve the problem of air pollution. As a result, these people seldom communicate about the issue." (ebd.) Insofern kann auch gesagt werden, dass die Variable „constraint recognition" den Grad der Akzeptanz von wahrgenommenen Sachzwängen in Bezug auf bestimmte als problematisch wahrgenommene Situationen und organisationale Handlungen beschreibt; (3) der *Grad der Involviertheit* („level of involvement") bezogen auf ein Problem, der das Ausmaß der persönlichen Betroffenheit von Aktivitäten einer Organisation beschreibt und annahmegemäß den Aktivitätsgrad des Kommunikationsverhaltens bestimmt.

▪ Die zwei abhängigen Variablen werden bezeichnet als „information seeking" bzw. *aktives Informationssuchverhalten* und „information processing" (*Informationsverarbeitung*), das den Umgang mit nicht aktiv gesuchten, gleichsam zufällig vorliegenden Informationen beschreibt.

Durch eine zweischrittige Verknüpfungsoperation der unabhängigen Variablen, wobei zunächst die Problemwahrnehmung mit dem Restriktionsempfinden verknüpft und das Ergebnis anschließend mit dem Grad der Involviertheit verbunden wird, entstehen die verschiedenen Typen von Teilöffentlichkeiten, wobei Grunig und Hunt zunächst vier, später fünf Typen von Teilöffentlichkeiten unterscheiden (vgl. 1984: 145, 153ff.). Das bedeutende Unterscheidungskriterium für die verschiedenen Typen ist aus Sicht der PR-betreibenden Organisation dabei ihr messbarer Aktivitätsgrad. In der Messbarkeit liegt der entscheidende Unterschied zwischen dem Konzept der Teilöffentlichkeiten und anderen in der PR-Forschung diskutierten Segmentierungskonzepten.

Typen von Teilöffentlichkeiten nach Grunig und Hunt

- *Nicht-Teilöffentlichkeit*: Die Personengruppe ist bzw. fühlt sich von einem durch die Organisation verursachten Problem nicht betroffen und wird entsprechend nicht aktiv. Insoweit besteht in diesem Zustand kein Problem zwischen der Organisation und der Personengruppe.

- *Latente Teilöffentlichkeit*: Die Personengruppe steht einem durch die Organisation verursachten Problem gegenüber, hat dieses aber noch nicht als solches erkannt bzw. ist nur in einem geringen Ausmaß in das Problem involviert.

- *Bewusste Teilöffentlichkeit*: Diese Personengruppe hat das Problem erkannt und ihr Restriktions-Empfinden nimmt ab. Bewusste Teilöffentlichkeiten gelten aus Organisationssicht als sogenannte „Issue-Raiser", d.h. Personen oder Personengruppen, die für die Entstehung und Weiterentwicklung eines für die Organisation relevanten, potenziell kritischen Themas verantwortlich sind.

- *Aktive Teilöffentlichkeit*: Diese Teilöffentlichkeiten – deren Problembewusstsein weiter zunimmt und deren Restriktions-Empfinden weiter abnimmt – organisieren sich und streben aktiv eine Lösung des Problems an.

- *Aktivistische Teilöffentlichkeit*: In den Achtzigerjahren hat sich der Typus der aktivistischen Teilöffentlichkeit herausgebildet. Sie beeinflussen als Meinungsführer die breite Öffentlichkeit und streben die Aktivierung der bewussten und aktiven Teilöffentlichkeiten an, um diese zur Durchsetzung ihrer Ziele zu mobilisieren.

Die Grenzen zwischen latenten, bewussten, aktiven und aktivistischen Teilöffentlichkeiten – die je unterschiedlich konkrete und weit reichende Ansprüche an Organisationen herantragen – sind fließend und einzelne Personengruppen können sehr kurzfristig von einem Status in den folgenden übergehen (vgl. Grunig/Hunt 1984: 146). Insofern begreift der Ansatz der situativen Teilöffentlichkeiten das Verhältnis zwischen Organisation und Umwelt nicht als formal-statisch, sondern stärker als situationsbedingt-dynamisch:

> „Latente Öffentlichkeiten können aktiv werden, wenn sie Probleme wahrnehmen, Handlungschancen sehen und letztlich irgendwie betroffen sind oder sich betroffen fühlen. […] Unternehmen können ihre Märkte wählen, auf denen sie tätig sind. Sie schaffen und binden dort möglichst viele Kunden. Teilöffentlichkeiten hingegen können von alleine entstehen und sich Unternehmen aussuchen, mit denen sie sich beschäftigen. […] Sie können lange Zeit passiv bleiben und sich unerwartet öffentlich präsentieren. Unternehmen haben dann nicht mehr die Wahl, ob sie sich mit ihnen auseinandersetzen wollen." (Mast 2010: 129f.)

Teilöffentlichkeiten sind also insgesamt nicht durch soziodemografische Merkmale definiert, sondern gruppieren sich durch Gemeinsamkeiten ihres Kommunikationsverhaltens in Bezug auf Themen – die aus Organisationssicht nicht zwingend Probleme, sondern auch Entwicklungspotenziale darstellen können.

Die Systematik von Hallahan (2000; siehe Abb. 7) führt den Ansatz von Grunig und Hunt (1984) weiter aus, indem sie sich einem bis dahin wenig beachteten Typus – den „inactive publics" – widmet. Dabei systematisiert Hallahan die unterschiedlichen Typen von Teilöffentlichkeiten anhand ihres Wissensstandes (knowledge) bezügliches des jeweiligen Themas und ihres Involvements, d.h. dem Grad der subjektiv empfundenen Wichtigkeit des Themas. Entsprechend kommt Hallahan in seiner Systematik der Teilöffentlichkeiten zu einem Fünf-Zellen-Modell, das unterschiedliche Kombinationen von Wissensstand und Involvement beinhaltet sowie zusätzlich eine Gruppe aufführt, die weder über Wissen noch über Involvement bezüglich eines Issues verfügen (Non-Publics) (vgl. Hallahan 2000: 503f.)

Abbildung 7: Systematik der Teilöffentlichkeiten (Hallahan 2000: 504)

	Low Involvement	*High Involvement*
High Knowledge	**Aware Publics**	**Active Publics**
Low Knowledge	**Inactive Publics**	**Aroused Publics**

No Knowledge/
No Involvement

Non-Publics

Zu den „inactive publics" zählt Hallahan Personen, die die für sie resultierenden Konsequenzen organisationaler Aktivitäten nicht wahrnehmen bzw.
ihnen keine Bedeutung zumessen, in dem Sinne, dass sie es nicht wert sind,
das Verhältnis zu der Organisation in Frage zu stellen, oder in fatalistischer
Manier annehmen, die Situation selbst nicht beeinflussen zu können. „Arous-
ed publics" verfügen über einen ähnlich niedrigen Wissensstand bezüglich
einer Organisation wie die „inactive publics", im Gegensatz dazu haben sie
jedoch ein potenzielles Problem/Issue erkannt, womit ihr Involvement steigt.
Anlass dieses gestiegenen Involvements können verschiedene Faktoren sein:
persönliche Erfahrungen, Medienberichte, Diskussionen im Freundeskreis
oder die Thematisierung des Issues durch soziale Bewegungen, NGOs, Parteien o.ä. „Aware publics" können über einen durchaus hohen Wissensstand
über eine Organisation oder organisationale Aktivitäten verfügen, sie messen
diesen jedoch keine hohe Bedeutung zu bzw. sind von den Aktivitäten nicht
direkt betroffen. Sowohl über einen hohen Wissensstand als auch ein hohes
Involvement bezüglich einer Organisation bzw. eines Issues verfügen „active
publics", die in der Folge bereit sind, sich zu organisieren. Anführer von sozialen Bewegungen oder Interessengruppen gelten als typische Beispiele von
„active publics". (Vgl. Hallahan 2000: 504f.) Kritisch anzumerken ist hierbei, dass die fließenden Grenzen zwischen niedrigem und hohem Wissens-

stand bzw. Involvement in der Systematik von Hallahan nicht zum Ausdruck kommen, sondern durch das Fünf-Zellen-Modell vielmehr der Eindruck entsteht, es handele sich um fest definierte, abgeschlossene Personengruppen. Tatsächlich sind die Ausprägungen „no knowledge"/"high knowledge" sowie „no involvement"/"high involvement" jedoch vielmehr als Enden einer Skala zu sehen, innerhalb derer die jeweiligen Gruppen zu verorten sind.

2.2.4.2   Der Stakeholderansatz

Der Stakeholderansatz entstammt der US-amerikanischen Managementlehre und wurde von Edward R. Freeman zunächst mit Blick auf den Organisationstypus Unternehmen umfassend ausgearbeitet (vgl. u.a. Freeman 1984). Ausgangspunkt des Ansatzes – auf den sich auch Grunig und Hunt in der Entwicklung ihres Ansatzes der situativen Teilöffentlichkeiten beziehen – ist die Annahme, dass Unternehmen nicht autonom existieren, sondern in diverse, auch nicht-ökonomische Umwelten eingebunden sind.

In Abkehr vom sogenannten „Shareholder-Ansatz", bei dem die Interessen der Aktionäre im Zentrum stehen, verfolgt der Stakeholderansatz das Grundanliegen, alle Gruppen, die einen Anspruch an die Unternehmung haben, d.h. von ihren Entscheidungen und Handlungen in positiver oder negativer Form beeinflusst werden können, zu identifizieren und in der organisationalen Entscheidungsfindung zu berücksichtigen. Ein „stake" in einer Unternehmung kann sich nicht nur ergeben durch (1) den Besitz eines oder Eigentum an einem Unternehmen, sondern auch (2) durch ein gesetzlich oder moralisch begründetes Recht oder (3) ein wie auch immer geartetes, allgemeines Interesse an einem Unternehmen auf Grund ein- oder wechselseitiger Beziehungen. Insoweit bezieht der Ansatz auch Umweltsegmente ein, die nicht aus der ökonomischen Sphäre stammen. In diesem Zusammenhang wird argumentiert, dass eine Unternehmensstrategie, die aufgrund einer kurzfristigen Maximierung ihrer Gewinne keine oder wenig Rücksicht auf ihre außerökonomischen Stakeholder nimmt, in der mittleren bis langen Frist auch zu betriebswirtschaftlichen Nachteilen führen kann. Insofern ist die Berücksichtigung von nicht unmittelbar ökonomischen Stakeholderinteressen in der Unternehmensstrategie nicht als karitatives oder mildtätiges Verhalten im Sinne eines „add-on" zu qualifizieren, sondern als essentieller Wertschöpfungsbeitrag.

Während sich situative Teilöffentlichkeiten erst im Kontext von Themen bilden und sich nach Grunig und Hunt durch einen – wenn auch sehr unterschiedlichen – Aktivitätsgrad auszeichnen, bestehen die unterschiedlichen Stakeholder einer Organisation dauerhaft und themenunabhängig. Sie sind nicht – wie Teilöffentlichkeiten – situativ und sie müssen nicht aktiv sein, um von der Organisation als relevant erachtet zu werden. Insofern wird argumentiert, dass Organisationen ihre Stakeholder z.b. durch ihre Marketing- und Recruitingstrategien sowie ihre Investitionspläne festlegen, wohingegen „publics arise on their own and choose the organization for attention." (Grunig/Repper 1992: 128)

Identifizierung von Stakeholdern

Im Zuge der Stakeholder-Analyse stehen zwei Schritte im Mittelpunkt: Zunächst ist im Rahmen einer statischen Analyse festzulegen, wer überhaupt Stakeholder ist und wie bestimmte Stakeholder ihre Ansprüche an die Organisation begründen. Als Ergebnis entsteht eine Art Landkarte („stakeholder map"), die die Stakeholder in ihrer Beziehung zur Organisation darstellt (vgl. Freeman 1984: 54ff.). Dabei kann die Landkarte z.b. nach geografischen Kriterien (lokal, regional, national, international) oder anhand gesellschaftlicher Handlungsfelder (Politik, Ökonomie, Wissenschaft, Kultur u.a.) gezeichnet werden. In der dynamischen Analyse ist zu berücksichtigen, dass die im Rahmen der Bestandsaufnahme identifizierten Beziehungskonstellationen sich im Zeitverlauf ändern können – einzelne Stakeholder können z.B. aufgrund veränderter Verhandlungsmacht an Bedeutung gewinnen oder verlieren, neue können hinzukommen.

Grunig und Hunt haben zur Identifizierung jener Gruppen, die in einem gegenseitigen Austauschverhältnis mit der Organisation stehen, ein Konzept entwickelt. Das sogenannte „concept of linkages" soll Organisationen dabei helfen, jene Anspruchsgruppen zu identifizieren, die das organisationale Gleichgewicht am wahrscheinlichsten stören können (vgl. Grunig/Hunt 1984: 139f.). Das Konzept basiert auf vier Unterscheidungskriterien zur Identifizierung der Verlinkungen von Organisation und Stakeholdern, die ursprünglich von Milton Esman (1972) entwickelt wurden. Esmans Systematisierung entstand in Zusammenarbeit mit der Agency for International Development und hatte das Ziel, neue Organisationen in Entwicklungsländern zu identifizieren, die zur Entwicklung dieser Länder beitragen können. Grunig und Hunt haben dann dieses Konzept adaptiert, um die Verbindungen auch bereits etablierter Organisationen aufzuzeigen (vgl. Grunig/Hunt 1984: 140ff.; siehe Abb. 8):

Abbildung 8:   Concept of linkages nach Grunig und Hunt (1984: 141)

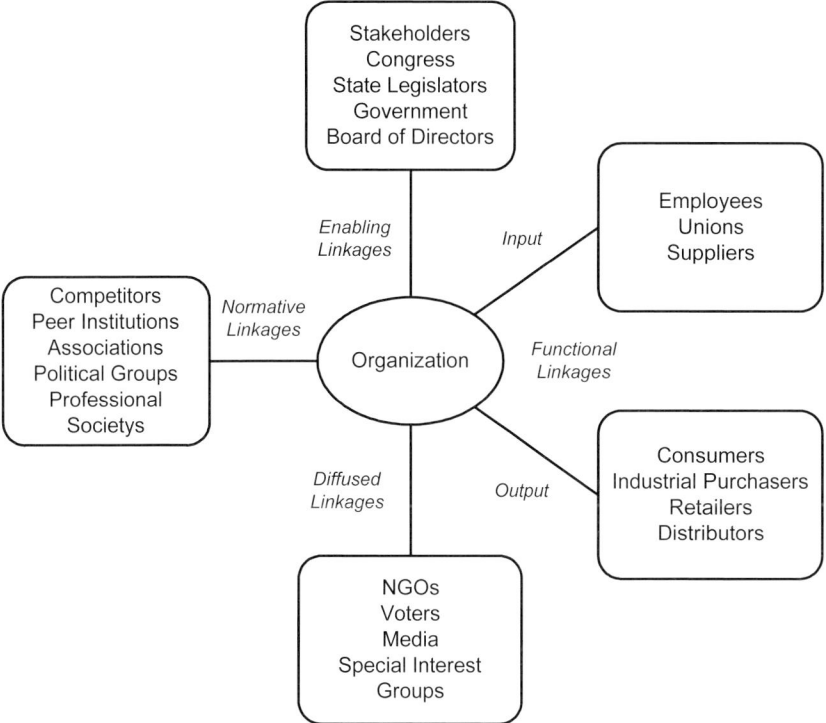

- *Enabling Linkages* beschreiben Verbindungen mit Anspruchsgruppen, die Einfluss und Kontrolle auf die Ressourcen haben, die für die Existenz der Organisation grundlegend sind (z.B. Stockholder, Regierung). Aufgabenfelder der PR, die sich mit diesen Anspruchsgruppen auseinandersetzen sind u.a. die Investor Relations oder Public Affairs.
- *Functional Linkages* beschreiben Verbindungen mit Anspruchsgruppen, die für die Aufrechterhaltung und Funktionsfähigkeit der Organisation

essentiell sind. Hier wird zwischen sog. Input-Verlinkungen und Output-Verlinkungen unterschieden. Zu den Anspruchsgruppen, die Input generieren, zählen beispielsweise Mitarbeiter und Zulieferer. Aufgabenfeld der PR ist entsprechend die Mitarbeiterkommunikation. Output-Verlinkungen bestehen u.a. mit Händlern oder mit Privatkunden, die auf Erzeugnisse der Organisation zurückgreifen oder diese weiterverbreiten.

- *Diffused Linkages* sind – wie der Begriff bereits nahe legt – am schwierigsten auszumachen, da sie Verlinkungen beschreiben, die nicht dauerhaft bestehen bzw. die nur aufgrund bestimmter Organisationshandlungen in Kraft treten. Hier haben es Organisationen v.a. mit den bereits beschriebenen Teilöffentlichkeiten zu tun, die sich themen- bzw. problemabhängig immer wieder neu zusammensetzen können.

- *Normative Linkages* bestehen zu Anspruchsgruppen, die mit der Organisation gemeinsame Interessen teilen. Beispielhaft bestehen normative Verlinkungen zwischen Universitäten, die gemeinsame (Austausch-) Programme unterhalten oder Unternehmen, die sich einem gemeinsamen Verband angeschlossen haben.

Das Modell von Grunig und Hunt macht zweierlei deutlich. Zum einen ermöglicht eine derartige Segmentierung, die relevanten Anspruchsgruppen zu identifizieren und möglichst individuelle Kommunikationsangebote bereitzustellen. Je homogener und einfacher zu identifizieren die Anspruchsgruppen dabei sind, desto leichter fällt es Organisationen, adäquate Kommunikationsprogramme zu entwickeln und diese bei langfristigen Verbindungen nach Möglichkeit zu institutionalisieren. Zum anderen wird deutlich, dass die Anzahl der Anspruchsgruppen von Organisationen mit der Komplexität der marktlichen oder gesellschaftlichen Anforderungen steigt.

Priorisierung von Stakeholdern

In der Praxis existieren zahlreiche unterschiedliche Konzepte zur Segmentierung der Organisationsumwelt. Da nicht alle an die Organisation gerichteten Ansprüche seitens der Stakeholder gleichzeitig berücksichtigt werden können, ist es für Organisationen unabdingbar, Stakeholder nach bestimmten Kriterien einordnen bzw. deren Ansprüche priorisieren zu können. Differenziert wird hierbei häufig nach dem Einflusspotenzial bzw. dem Grad der Betroffenheit der Stakeholder durch die Organisation.

Eine Differenzierungsmöglichkeit besteht hinsichtlich der drei Komponenten Dringlichkeit, Legitimität und Macht (vgl. Froomann 1999: 193; Carroll/Buchholtz 2006: 71f.). Anhand dieser Komponenten gilt es für eine Organisation, das Einflusspotenzial ihrer Anspruchsgruppen einzuschätzen. Macht geht dabei in erster Linie von Stakeholdern aus, die sich in Konfliktsituationen gegenüber anderen Stakeholdern durchzusetzen vermögen und damit auf Organisationsseite Entscheidungen herbeiführen können. Legitime Ansprüche vertreten Gruppen, deren Bedürfnisse eng mit der Organisation verbunden sind und die innerhalb des sozialen Systems als angemessen gelten. Aus gesellschaftlicher Sicht über ein hohes Maß an Legitimität verfügen beispielsweise Mitarbeiter, Eigentümer oder Kunden. Das Kriterium Dringlichkeit beschreibt, wie unmittelbar eine Organisation sich mit den Ansprüchen von Stakeholdern auseinander setzen muss. Dies lässt sich wiederum aus zwei Perspektiven betrachten. So ist einerseits ein hohes Maß an Dringlichkeit gegeben, wenn es sich aus Sicht von Stakeholdern um eine zeitkritische Angelegenheit handelt. Andererseits besteht ein hohes Maß an Dringlichkeit, wenn die Organisation – vornehmlich in kritischen Situationen – umgehend handeln muss. (Vgl. Carroll/Buchholtz 2006: 72f.)

Mitchell, Agle und Wood haben diese Kriterien zur Beurteilung von Stakeholdern aufgegriffen und eine Typologie erstellt, die es ermöglicht, das Bedrohungspotenzial unterschiedlicher Stakeholder auszumachen (Mitchell et al. 1997; siehe Abb. 9). Sogenannte latente Stakeholder weisen nur eines der aufgeführten Attribute auf, d.h. entweder Macht oder Legitimität oder Dringlichkeit. Damit sind sie für eine Organisation von untergeordneter Bedeutung mit der Folge, dass sie sich nicht vorrangig auf ihre Ansprüche konzentriert und in der Regel nur wenig Aufwand betreibt, um sie zu identifizieren. Latente Stakeholder bleiben folglich oft unerkannt, solange sie keine Forderungen stellen. Zu dieser Gruppe zählen ruhende, fordernde oder vernachlässigbare Stakeholder. Erwartungsvolle (expectant) Stakeholder, die als abhängige, dominante oder gefährliche Stakeholder eingestuft werden, vereinen zwei Attribute. Sie erfordern von Organisation eine größere Aufmerksamkeit. Erst wenn Stakeholder alle drei Attribute aufweisen, werden sie zu definitiven Stakeholdern. Durch die Kombination der Attribute Macht, Legitimität und Dringlichkeit können sie zu einer echten Bedrohung für eine Organisation werden oder sogar deren Existenz gefährden. Das Modell von Mitchell et al. bietet damit eine Möglichkeit, eine Priorisierung von Stakeholdern vorzunehmen. Kritisch anzumerken ist hierbei jedoch, dass das Modell lediglich eine Momentaufnahme widerspiegelt. Veränderungsprozesse müssen dauerhaft verfolgt werden, da Einfluss und damit die Priorität von Stakeholdern für Organisation sich situationsbedingt ändern können. Wichtig ist hierbei, dass mehr als ein Attribut (Macht, Legitimität, Dringlichkeit) gleichzeitig erfüllt sein muss, um das Einflusspotenzial von Stakeholdern zu steigern.

Abbildung 9:   Stakeholder-Typologie nach Mitchell et al. (1997: 874)

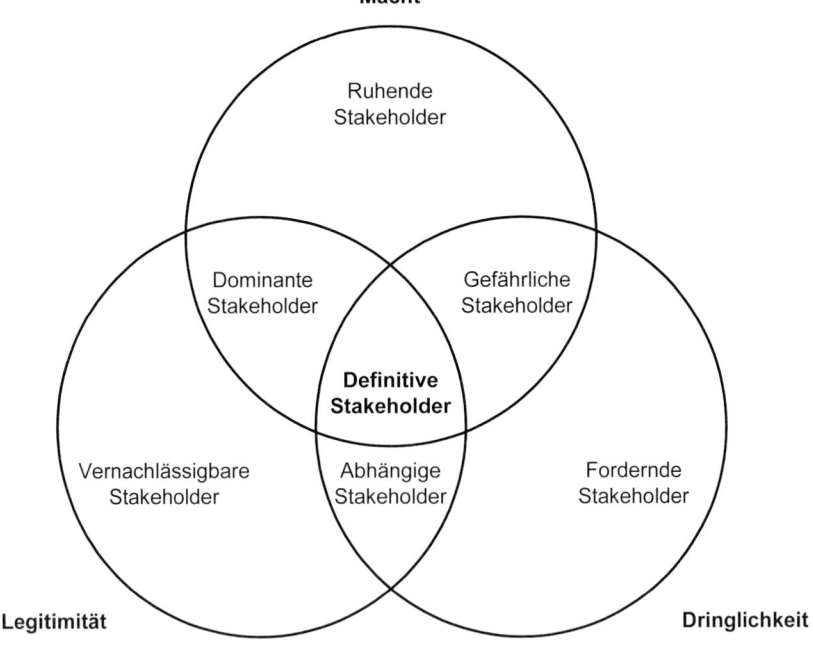

Zur Anwendung von Segmentierungskonzepten in der PR-Praxis

Die vorgestellten Segmentierungskonzepte stellen wesentliche Instrumente zur Analyse von Organisationsumwelten und den hier vorhandenen Chancen- und Risikopotenzialen dar. Segmentierungskonzepte ermöglichen eine möglichst systematische Umweltbeobachtung und -analyse. Ihnen kommt daher eine zentrale Bedeutung im Kontext der Umweltbeobachtung durch PR zu.

Grundsätzlich ist zu beachten, dass die eher langfristig angelegte Segmentierung der Organisationsumwelt sicherlich eine kurzfristige Reduktion von Umweltkomplexität ermöglicht und dadurch die Planung konkreter Kommunikationsmaßnahmen erleichtert. Zugleich bergen entsprechende Modelle jedoch die Gefahr, die Sprunghaftigkeit und Eigengesetzlichkeit von einzelnen Umweltsegmenten – z.B. Personengruppen und Organisationen – nicht angemessen zu erfassen und in der Folge das vorhandene Gefährdungs- potenzial für die organisationale Handlungsfreiheit zu unterschätzen. So ver- ändern sich sowohl Personen und Organisationen in der Organisationsum- welt als auch deren Ziele und Interessen im Zeitverlauf und dies kann mit fundamentalen Veränderungen der Ansprüche an die Organisation und der Machtkonstellationen in der Organisationsumwelt verbunden sein. Folglich müssen die in der Praxis vorgenommenen Umweltsegmentierungen – gleich, an welchem in der Literatur diskutierten Konzept sie sich orientieren – be- rücksichtigen, dass sich die Einschätzung darüber, wer einen „stake in the firm" hat, von heute auf morgen verändern kann. Genauso kurzfristig müssen sich die Aktions- und Reaktionsmöglichkeiten der PR wandeln können. Ist das nicht der Fall besteht beispielsweise die Gefahr, in Krisenzeiten nicht mehr zu schnellen oder auch unorthodoxen Reaktionen in der Lage zu sein. Entscheidende Fähigkeit der PR im Zuge der Umweltsegmentierung ist daher nicht nur die möglichst trennscharfe Identifikation und Analyse von relevan- ten Personen, Gruppen und Organisationen in der Umwelt zu einem Zeit- punkt t0. Vielmehr ist es notwendig, ein Verständnis für die organisationsin- ternen und -externen Faktoren zu entwickeln, die den teils chaotisch und unvorhersehbar verlaufenden Wandel sowohl der Binnenstrukturen beste- hender Segmente als auch der Beziehungen zwischen verschiedenen Um- weltsegmenten auslösen können.

Kapitelzusammenfassung

- PR gewinnt unter den Bedingungen einer weitreichenden Medialisierung unterschiedlicher Gesellschaftsbereiche für Organisationen aller Art an Bedeutung. Sie unterstützt Organisationen bei der Umweltbeobachtung und stellt relevante Informationen über die Organisationsumwelt bereit. Zugleich leistet sie einen Beitrag zur Selbstdarstellung von Organisationen in der Öffentlichkeit.

- Öffentlichkeit und öffentliche Meinung sind sowohl als Rahmenbedingung für Organisationshandeln als auch als wesentliche Zielgröße anzusehen, die PR beobachtet und im Sinne der Auftrag gebenden Organisation zu beeinflussen versucht.

- Neben der Medialisierung zeitigen weitere gesellschaftliche Megatrends wie z.B. die Digitalisierung oder Globalisierung Effekte auf PR. Bei aller Unterschiedlichkeit führen sie alle zu einer zunehmenden Fragmentierung von Organisationsumwelten – sei es durch die Zunahme von kulturell unterschiedlich geprägten Märkten oder durch eine Zunahme von thematisch fokussierten Online-Communities im Internet.

- Da in modernen Gesellschaften die Präsenz in den Medien eine notwendige Voraussetzung für die Beeinflussung des Publikums bzw. der öffentlichen Meinung darstellt, ist die Einflussnahme auf zeitliche, inhaltliche und kontextuelle Dimensionen der Medienberichterstattung für Organisationen von besonderer Bedeutung. Der Überblick über theoretische Ansätze zum Verhältnis von PR und Journalismus zeigt, dass das Forschungsfeld bisher häufig aus einer journalismuszentrierten Perspektive untersucht worden ist. Daraus resultiert oftmals eine eingeschränkte Betrachtung der vielschichtigen Beziehungen zwischen PR und Journalismus.

- Die Identifikation, Segmentierung und Priorisierung organisationaler Umweltbereiche stellt eine zentrale Aufgabe der PR dar. Bedeutsam sind hier insbesondere der Stakeholderansatz und die Theorie situativer Teilöffentlichkeiten.

Literatur

Altmeppen, Klaus-Dieter/Ulrike Röttger/Günter Bentele (2004): Public Relations und Journalismus. Eine lang andauernde und interessante "Beziehungskiste". In: Klaus-Dieter Altmeppen/Ulrike Röttger/Günter Bentele (Hg.): Schwierige Verhältnisse. Interdependenzen zwischen Journalismus und PR. Wiesbaden: 7-15

Baerns, Barbara (1991): Öffentlichkeitsarbeit oder Journalismus? Zum Einfluß im Mediensystem. 2. Aufl. Köln

Barth, Henrike/Wolfgang Donsbach (1992): Aktivität und Passivität von Journalisten gegenüber Public Relations. Fallstudie am Beispiel von Pressekonferenzen zu Umweltthemen. In: Publizistik. Vierteljahreshefte für Kommunikationsforschung. 37, 2: 151-165

Bentele, Günter (2008): Intereffikationsmodell. In: Günter Bentele/Romy Fröhlich/Peter Szyszka (Hg.): Handbuch der Public Relations. Wissenschaftliche Grundlagen und berufliches Handeln. Mit Lexikon. 2., kor. u. erw. Aufl. Wiesbaden: 209-222

Bentele, Günter/Tobias Liebert/Stefan Seeling (1997): Von der Determination zur Intereffikation. Ein integriertes Modell zum Verhältnis von Public Relations und Journalismus. In: Günter Bentele/Michael Haller (Hg.): Aktuelle Entstehung von Öffentlichkeit. Akteure, Strukturen, Veränderungen. Konstanz: 225-250

Bentele, Günter/Howard Nothhaft (2004): Das Intereffikationsmodell. Theoretische Weiterentwicklung, empirische Konkretisierung und Desiderate. In: Klaus-Dieter Altmeppen/Ulrike Röttger/Günter Bentele (Hg.): Schwierige Verhältnisse. Interdependenzen zwischen Journalismus und PR. Wiesbaden: 67-105

Blöbaum, Bernd (1994): Journalismus als soziales System: Geschichte, Ausdifferenzierung und Verselbständigung. Opladen

BP (2011): Marken. http://www.deutschebp.de/productlanding.do?categoryId=9028889 &contentId=7055298. Abgerufen am: 09.03.2011

Burger, Kathrin (2010): Pflanzlich, aber schädlich. In: Die Zeit. 07.10.2010: 34

Carroll, Archie B./Ann K. Buchholtz (2006): Business & Society. Ethics and Stakeholder Management. 6. Aufl. Ohio

Coca-Cola (2009): Markendesign Logo. http://www.coca-cola-gmbh.de/pdf/marken design/markendesign_logo.pdf. Abgerufen am: 24.02.2011

Crable, Richard L./Steven L. Vibbert (1986): Public Relations as Communication Management. Edina

Donges, Patrick (2005): Medialisierung der Politik - Vorschlag einer Differenzierung. In: Patrick Rössler/Friedrich Krotz (Hg.): Mythen der Mediengesellschaft - The Media Society and its Myths. Konstanz: 321-339

Donges, Patrick (2008): Medialisierung politischer Organisationen. Parteien in der Mediengesellschaft. Wiesbaden

Donsbach, Wolfgang/Arnd Wenzel (2002): Aktivität und Passivität von Journalisten gegenüber parlamentarischer Pressearbeit. Inhaltsanalyse von Pressemitteilungen und Presseberichterstattung am Beispiel der Fraktionen des Sächsischen Landtags. In: Publizistik. Vierteljahreshefte für Kommunikationsforschung. 47, 4: 373-387

Eimeren, Birgit van/Beate Frees (2010): Fast 50 Millionen Deutsche online – Multimedia
    für alle? In: Media Perspektiven. 7-8/2010: 334-349
Esman, Milton J. (1972): The Elements of Institution Building. In: Joseph Eaton (Hg.):
    Institution Building and Development. Beverly Hills: 19-40
Freeman, R. Edward (1984): Strategic Management: A Stakeholder Approach. Boston
Frees, Beate/Martin Fisch (2011): Veränderte Mediennutzung durch Communitys? In:
    Media Perspektiven. 3/2011, 154-164
Freter, Hermann (2009): Identifikation und Analyse von Zielgruppen. In: Manfred
    Bruhn/Franz-Rudolf Esch/Tobias Langner (Hg.): Handbuch Kommunikation.
    Grundlagen, Innovative Ansätze, Praktische Umsetzungen. Wiesbaden: 397-411
Froomann, Jeff (1999): Stakeholder Influence Strategies. In: Academy of Management
    Review. 24, 2: 191-205
Gerhards, Jürgen (1994): Politische Öffentlichkeit. Ein system- und akteurstheoretischer
    Bestimmungsversuch. In: Friedhelm Neidhardt (Hg.): Öffentlichkeit, öffentliche
    Meinung, Soziale Bewegungen. Sonderheft 34 der Kölner Zeitschrift für So-
    ziologie und Sozialpsychologie. Opladen: 77-105
Gerhards, Jürgen/Friedhelm Neidhardt (1993): Strukturen und Funktionen moderner
    Öffentlichkeit. Fragestellung und Ansätze In: Wolfgang R. Langenbucher (Hg.):
    Politische Kommunikation. Grundlagen, Strukturen, Prozesse. 2., überarb. Aufl.
    Wien 52-88 [Zuerst veröffentlicht 1990 als WZB Discussion Paper FS III 90 -
    101, Berlin]
Greenpeace (2010): http://www.greenpeace.de/themen/waelder/nachrichten/artikel/jahres
    rueckblick_der_aktuelle_stand_der_nestle_kampagne/. Abgerufen am: 23.03.
    2011
Grunig, James E./Todd Hunt (1984): Managing Public Relations. New York u.a.
Grunig, James E./Fred C. Repper (1992): Strategic Management, Publics, Issues. In:
    James E. Grunig (Hg.): Excellence in Public Relations and Communication
    Management. Hillsdale/NJ: 117-157
Habermas, Jürgen (1962): Strukturwandel der Öffentlichkeit. Untersuchungen zu einer
    Kategorie der bürgerlichen Gesellschaft. Neuwied, Berlin
Hallahan, Kirk (2000): Inactive Publics: The Forgotten Publics in Public Relations. In:
    Public Relations Review. 26, 4: 499-515
Hoffjann, Olaf (2007): Journalismus und Public Relations. Ein Theorieentwurf der Inter-
    systembeziehungen in sozialen Konflikten. 2. erw. Aufl. Opladen/Wiesbaden
Huck, Simone (2010): Internationale Unternehmenskommunikation. In: Claudia Mast/Si-
    mone Huck (Hg.): Unternehmenskommunikation. Ein Leitfaden. Stuttgart: 351-
    370
Jarren, Otfried (1997): Politik und Medien: Einleitende Thesen zu Öffentlichkeitswandel,
    politischen Prozessen und politischer PR. In: Günter Bentele/Michael Haller
    (Hg.): Aktuelle Entstehung von Öffentlichkeit. Akteure - Strukturen - Veränder-
    ungen. Konstanz: 103-110
Jarren, Otfried/Patrick Donges (2006): Politische Kommunikation in der Mediengesell-
    schaft. Eine Einführung. Band1: Verständnis, Rahmen und Strukturen. 2., über-
    arb. Aufl. Wiesbaden

Kohring, Matthias (2005): Wissenschaftsjournalismus. Forschungsüberblick und Theorie-entwurf. Konstanz. Zugl : Münster (Westfalen), Univ , Diss

Löffelholz, Martin (2004): Ein privilegiertes Verhältnis. Theorien zur Analyse der Inter-Relationen von Journalismus und Öffentlichkeitsarbeit. In: Martin Löffelholz (Hg.): Theorien des Journalismus. Ein diskursives Handbuch. 2., vollst. überarb. u. erw. Aufl. Wiesbaden: 471-485

Luhmann, Niklas (1984): Soziale Systeme. Grundriß einer allgemeinen Theorie. Frankfurt a. M.

Luhmann, Niklas (1997): Die Gesellschaft der Gesellschaft. Erster und zweiter Teilband. Frankfurt a. M.

Luhmann, Niklas (2005): Gesellschaftliche Komplexität und öffentliche Meinung. In: Ders. (Hg.): Soziologische Aufklärung 5. Konstruktivistische Perspektiven. 3. Aufl. Wiesbaden: 163-175

Marcinkowski, Frank (1993): Publizistik als autopoietisches System. Politik und Massen-medien. Eine systemtheoretische Analyse. Opladen

Marcinkowski, Frank/Adrian Steiner (2009): Was heißt Medialisierung? Autonomiebe-schränkung oder Ermöglichung von Politik durch Massenmedien? National Centre of Competence in Research (NCCR). Challenges to Democracy in the 21st Century. Working Paper Nr. 29.

Mast, Claudia (2010): Unternehmenskommunikation: Ein Leitfaden. 4., neue u. erw. Aufl. Stuttgart

Mitchell, Ronald K./Bradley R. Agle/Donna J. Wood (1997): Toward a Theory of Stake-holder Identification and Salience. Defining the Principle of Who and What Really Counts. In: Academy of Management Review. 22, 4: 853-896

Neidhardt, Friedhelm (1994): Öffentlichkeit, öffentliche Meinung, soziale Bewegungen. In: Öffentlichkeit, öffentliche Meinung, Soziale Bewegungen. Sonderheft 34 der Kölner Zeitschrift für Soziologie und Sozialpsychologie. 7-41

Neuberger, Christoph/Thomas Pleil (2006): Online-Public Relations: Forschungsbilanz nach einem Jahrzehnt

Pleil, Thomas (2010): Social Media und ihre Bedeutung für die Öffentlichkeitsarbeit. In: Maike Kayser/Justus Böhm/Achim Spiller (Hg.): Die Ernährungswirtschaft in der Öffentlichkeit. Social Media als neue Herausforderung der PR. Göttingen: 3-26

Raupp, Juliana (2009): Medialisierung als Parameter einer PR-Theorie. In: Ulrike Röttger (Hg.): Theorien der Public Relations. Grundlagen und Perspektiven der PR-For-schung. Wiesbaden: 265-284

Riesmeyer, Claudia (2007): Wie unabhängig ist Journalismus? Zur Konkretisierung der Determinationshypothese. Konstanz

Ruß-Mohl, Stephan (1999): Spoonfeeding, Spinning, Whistleblowing. Beispiel USA: Wie sich die Machtbalance zwischen PR und Journalismus verschiebt. In: Lothar Rolke/Volker Wolff (Hg.): Wie die Medien die Wirklichkeit steuern und selber gesteuert werden. Opladen, Wiesbaden: 163-176

Sarcinelli, Ulrich (1998): Mediatisierung. In: Otfried Jarren/Ulrich Sarcinelli/Ulrich Saxer (Hg.): Politische Kommunikation in der demokratischen Gesellschaft. Ein Handbuch. Opladen/Wiesbaden: 678-679

Sarcinelli, Ulrich (2009): Politische Kommunikation in Deutschland. Zur Politikvermittlung im demokratischen System. 2., überarb. u. erw. Aufl. Wiesbaden

Saxer, Ulrich (1998): Mediengesellschaft: Verständnisse und Mißverständnisse. In: Ulrich Sarcinelli (Hg.): Politikvermittlung und Demokratie in der Mediengesellschaft. Opladen/Wiesbaden: 52-73

Schantel, Alexandra (2000): Determination oder Intereffikation? Eine Metaanalyse der Hypothesen zur PR-Journalismus-Beziehung. In: Publizistik. Vierteljahreshefte für Kommunikationsforschung. 45, 1: 70-88

Scherer, Helmut (1998): Öffentliche Meinung (Lexikonbeitrag). In: Otfried Jarren/Ulrich Sarcinelli/Ulrich Saxer (Hg.): Politische Kommunikation in der demokratischen Gesellschaft. Ein Handbuch mit Lexikonteil. Opladen, Wiesbaden: 693-694

Schmidt, Siegfried J. (1999): Theorien zur Entwicklung der Mediengesellschaft. In: Norbert Groeben (Hg.): Lesesozialisation in der Mediengesellschaft. Ein Schwerpunktprogramm. Tübingen: 118-145

Scholl, Armin/Siegfried Weischenberg (1998): Journalismus in der Gesellschaft. Theorie, Methodologie und Empirie. Opladen

Schrott, Andrea (2008): Medienwirkung, Medialisierung, Medialisierbarkeit: Organisationen unter Anpassungsdruck? Dissertation Universität Zürich

Schwarz, Andreas (2009): Internationale und interkulturelle PR in der Wirtschaft. Status quo und Implikationen der Organisationskommunikationsforschung. In: pr-magazin. 40, 7: 61-68

Schweda, Claudia/Rainer Opherden (1995): Journalismus und Public Relations. Grenzbeziehungen im System lokaler politischer Kommunikation. Wiesbaden

Seidenglanz, René/Günter Bentele (2004): Das Verhältnis von Öffentlichkeitsarbeit und Journalismus im Kontext von Variablen. Modellentwicklung auf Basis des Intereffikationsanstzes und empirische Studie im Bereich der sächsischen Landespolitik. In: Klaus-Dieter Altmeppen/Ulrike Röttger/Günter Bentele (Hg.): Schwierige Verhältnisse. Interdependenzen zwischen Journalismus und PR. Wiesbaden: 107-122

Sievert, Holger (2007): Der Blick über den Tellerrand. Überlegungen zu einer interdisziplinären Theorie internationaler Corporate Communication. In: pr-magazin. 38, 2: 47-54

Stöhr, Marion (2005): Die Strategie der standardisierten Differenzierung: Vorschläge für die strategische Ausrichtung internationaler PR. In: Claudia Mast (Hg.): Internationale Unternehmenskommunikation. Ergebnisse einer qualitativen Befragung von Kommunikationsverantwortlichen in 20 multinationalen Großunternehmen. Stuttgart: 53-63

Theis-Berglmair, Anna Maria (2008): Öffentlichkeit und öffentliche Meinung. In: Günter Bentele/Romy Fröhlich/Peter Szyszka (Hg.): Handbuch der Public Relations.Wissenschaftliche Grundlagen und berufliches Handeln. Mit Lexikon. 2., kor. u. erw. Aufl. Wiesbaden: 335-345

Wimmer, Oliver (1994): International integrierte Unternehmenskommunikation. Die Konfiguration internationaler Klienten-Agentur-Netzwerke. zugl.: Dissertation Hochsch. f. Wirtschafts-, Rechts- u. Sozialwiss. St. Gallen. Konstanz

3 Public Relations als Organisationsfunktion

In diesem Kapitel wird Public Relations im Kontext von Organisationen analysiert. Zunächst wird geklärt, was unter „Organisationen" zu verstehen ist und welche grundlegenden sozialwissenschaftlichen Perspektiven es auf Organisationen gibt. Im Anschluss werden zentrale organisationsbezogene PR-theoretische Ansätze vorgestellt. Aufbauend auf einer Darstellung der abstrakten Zielgröße von PR – der Schaffung, Erhaltung und dem Ausbau von Legitimation für Organisationen – werden die Funktionen und Leistungen, die PR für Organisationen erbringt, in einem, organisationstypübergreifenden Ansatz, der PR als beobachtungsbasierte Reflexionsinstanz versteht, beschrieben.

In der deutschsprachigen und US-amerikanischen PR-Forschung dominieren derzeit theoretische Ansätze auf der Mesoebene, die PR als Organisationsfunktion betrachten und sowohl die organisationalen Bedingungen, insbesondere aber die Funktionen und Leistungen der PR für Organisationen herausstellen (→ 1.2; 3.2). Als Kategorie der Kommunikationswissenschaft wurden Organisationen lange wissenschaftlich wenig beachtet. Innerhalb der letzten zehn Jahre hat sich allerdings die systematische Beschäftigung mit Organisationen in unterschiedlichen kommunikationswissenschaftlichen Forschungsfeldern intensiviert und sie stellen mittlerweile eine fachintern anerkannte Untersuchungskategorie dar. Innerhalb der PR-Forschung wird vor allem nach der theoretischen Beschreibung und empirischen Erfassung organisationsbezogener Funktionen und Leistungen der PR sowie den organisationalen Bedingungen gefragt, unter denen PR-Leistungen erbracht werden.

3.1 Zur Relevanz der Meso-Perspektive

In den Sozialwissenschaften werden klassischerweise die Analyseebenen Mikro, Meso und Makro unterschieden. Auf der Mikroebene bilden Individuen die zentrale Analyseeinheit, auf der Mesoebene stehen Organisationen im Mittelpunkt des Interesses und auf der Makroebene setzen sich sozialwissenschaftliche Studien vorwiegend mit gesellschaftlichen Handlungsfeldern bzw. Teilsystemen auseinander (→ 1.2). Die auf der Mesoebene angesie-

delten Organisationen stehen zwischen Gesamtgesellschaft und ihren Teil-
systemen einerseits und dem sozialen Handeln von Individuen andererseits.
Ihre vermittelnde Rolle zwischen dem individuellen sozialen Akteur und der
Gesellschaft macht Organisationen aus sozialwissenschaftlich-analytischer
Perspektive zu „Kristallisationspunkte[n] für viele, eine moderne Gesell-
schaft prägende soziale Prozesse" (Allmendinger/Hinz 2002: 10).

Konnotationen des Organisationsbegriffs

Organisationen sind für moderne Gesellschaften von zentraler Bedeutung –
die vielzitierte Beschreibung der Gegenwartsgesellschaft als „Organisations-
gesellschaft" deutet dies an. Organisationen begegnen uns in allen Bereichen
unseres Lebens und durchdringen alle gesellschaftlichen Teilsysteme flä-
chendeckend. Dabei ist der Organisationsbegriff sowohl im wissenschaftlich-
en Sinne als auch in der Alltagssprache mehrdeutig angelegt. Die soziologische Organisationsforschung unterscheidet grundsätzlich drei unterschiedliche Bedeutungsdimensionen:
- Organisation als Tätigkeit („Organisieren")
- Organisation als Merkmal bzw. Eigenschaft sozialer Gebilde („Organi-
  siertheit")
- Organisation als Resultat des Organisierens und damit als soziales Gebilde („Organisat").

Im Mittelpunkt der analytischen Mesoebene in den Sozialwissenschaften
steht in der Regel die Organisation als soziales Gebilde. Losgelöst von einzelnen theoretischen Organisationskonzepten besteht in der Organisationsforschung ein breiter Konsens über folgende Merkmale von Organisationen
(vgl. Röttger 2010: 121ff.):
- Organisationen sind durch spezifische Interessen und Ziele gekennzeichnet, sie sind bewusst und planvoll auf einen bestimmten Zweck hin
  gebildet.
- Organisationen sind auf relative Dauer angelegt.
- Organisationen verfügen über Eigenkomplexität und grenzen sich gegenüber ihrer Umwelt ab.
- Zur Koordination und Steuerung der organisationsinternen Interaktionen
  verfügen Organisationen über eine geschaffene und für Organisations-

mitglieder weitgehend verbindliche Ordnung und eine in der Regel hierarchisch gegliederte Struktur.

- Die Zugehörigkeit einzelner Akteure wird über Mitgliedsrollen geregelt.
- Organisationen sind mehr oder weniger heterogene Akteurskonstellationen, die durch gemeinsame, übergeordnete Interessen zusammengehalten werden, daneben aber voneinander abweichende Interessen und Ziele einzelner Mitglieder integrieren müssen.

Problemdimensionen der Organisationsanalyse

In der Regel stehen – wenn auch sehr unterschiedlich akzentuiert – zwei Fragenkomplexe im Mittelpunkt von theoretischen und empirischen Studien zu Organisationen:

1. Binnenperspektive: Zum einen stellt sich die Frage nach den Modi und Prozessen der organisationsinternen Koordination der Organisationsmitglieder. In Organisationen agieren zahlreiche Organisationsmitglieder, die nicht nur die Ziele der Organisation, sondern auch jeweils eigene Ziele verfolgen. Dies macht eine dauerhafte Sicherstellung eines einheitlichen, zielgerichteten Handelns nötig. Zur Steuerung der organisationsinternen Interaktionen verfügen Organisationen daher über eine verbindliche Ordnung und eine – in der Regel hierarchisch gegliederte – Struktur (Formalisierung). Schließlich spielen die koordinierenden und integrierenden Funktionen von Kommunikation für das Zustandekommen und Funktionieren von Organisationen eine zentrale Rolle. Kommunikation wird in diesem Zusammenhang auch als das „'Lebensblut' von Organisationen verstanden [.], durch das Organisation überhaupt erst möglich wird" (Malik 1992: 77).

2. Außenperspektive: Von besonderem Interesse und tendenziell problembeladen ist zum anderen das Verhältnis von Organisation und Umwelt: Wie grenzen sich Organisationen gegenüber ihrer Umwelt ab, welchen Einfluss hat die Organisationsumwelt auf sie, und wie können Austauschprozesse zwischen beiden beschrieben werden? Die Koordination der Umweltbeziehungen erfolgt über zahlreiche organisationale Grenzstellen, von denen Public Relations (nur) eine ist.

Forschung, die sich mit der Mesoebene der Organisationen befasst, kann
darüber hinaus unterschiedliche Relationen von Organisationen mit ihren
Umwelten in den Blick nehmen (siehe Abb. 10).

Abbildung 10: Facetten der Meso-Perspektive (in Anlehnung an Donges
                2008: 69)

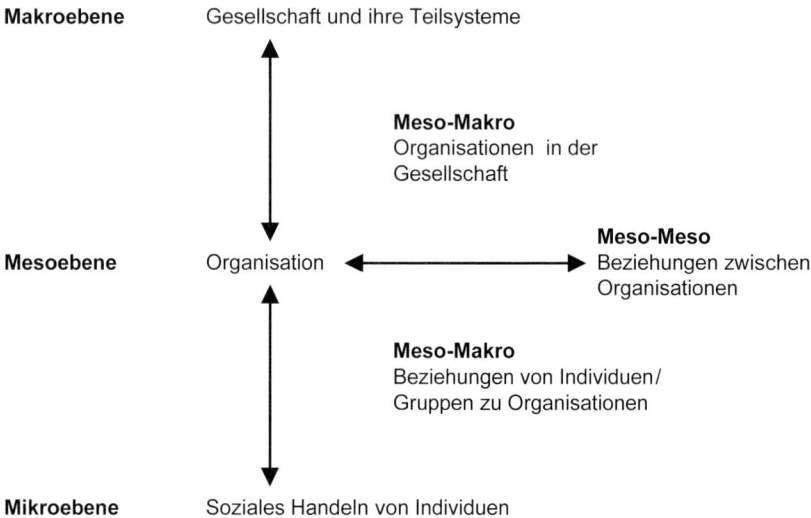

Makroebene   Gesellschaft und ihre Teilsysteme

Meso-Makro
Organisationen in der
Gesellschaft

Mesoebene   Organisation   **Meso-Meso**
                                         Beziehungen zwischen
                                         Organisationen

Meso-Makro
Beziehungen von Individuen/
Gruppen zu Organisationen

Mikroebene   Soziales Handeln von Individuen

In der Meso-Makro-Perspektive wird das Verhältnis von Organisationen zur
Gesellschaft und ihren Teilsystemen beleuchtet. Hier werden Organisationen
als Akteure betrachtet, die auf vielfältige Art mit ihrer Umwelt interagieren.
In Bezug auf PR könnten hier z.B. langfristige Effekte von Gesundheitskampagnen auf gesundheitsbezogene Wertvorstellungen einer Gesellschaft
und auf die öffentliche Meinung zu Krankheit und Gesundheit im Analyse-
fokus stehen.

Die Meso-Meso-Perspektive befasst sich mit dem Verhältnis von Organisationen untereinander. Ein Schwerpunkt der Forschung liegt in dieser Perspektive auf der wechselseitigen Wahrnehmung und Interaktion von Organisationen. In Bezug auf PR lassen sich hier beispielsweise die Versuche von
Wirtschaftsverbänden analysieren, über PR-Kommunikation auf politische
Parteien und Regierungen Einfluss zu nehmen.

Die Mikro-Meso-Perspektive beleuchtet schließlich das Verhältnis von Individuen und Kleingruppen zu Organisationen. In dieser Perspektive werden Organisationen als Strukturen betrachtet, innerhalb derer Individuen handeln. Individuen können sowohl Leistungen der Organisation empfangen – beispielsweise in ihrer Rolle als Kunden – aber auch erbringen – z.B. in ihrer Rolle als Mitarbeiter. Darüber hinaus können innerhalb von Organisationen diverse Interessengruppen unterschieden werden, die unterschiedliche, nicht immer an den offiziellen Organisationszielen ausgerichtete Ziele verfolgen und miteinander um Macht und Einfluss ringen. In der wissenschaftlichen Auseinandersetzung mit PR geht es hier u.a. um die Analyse der Konkurrenzsituation der PR zu benachbarten Funktionsbereichen wie dem Marketing und der Werbung sowie von Synergiepotenzialen, die sich mit diesen realisieren lassen.

Ausprägung der Meso-Perspektive in der PR-Forschung

Innerhalb der PR-Forschung liegen derzeit vor allem Ansätze vor, die sich mit der Mikro-Meso-Perspektive befassen. Vermehrt lässt sich Kritik an dieser Ausrichtung der PR-Forschung und an der damit häufig einhergehenden Vernachlässigung der Meso-Makro-Perspektive feststellen. So fordert beispielsweise Holtzhausen (2000: 95), dass „[a]s a discipline that has far-reaching effects on society, public relations needs to be understood and examined in a broader social, cultural, and political context rather than in a narrowly defined organizational function."

Ähnlich argumentiert auch Wehmeier, der vor einem zu instrumentellen Verständnis von PR warnt und eine Vernachlässigung der sozialen bzw. gesellschaftlichen Kontextuierung der PR durch die organisationsbezogene PR-Forschung konstatiert (vgl. Wehmeier 2006). Kritisiert wird hier eine Forschung, die ausschließlich darauf ausgerichtet ist, zu beantworten, wie PR möglichst effizient und effektiv Organisationen beim Erreichen ihrer Ziele unterstützen kann. Entsprechende organisationsbezogene PR-Ansätze beziehen die Makroebene und damit die Organisationsumwelt nur sehr punktuell mit ein und sind vor allem einseitig bezogen auf Aspekte, die die PR-treibende Organisation direkt tangieren. Damit geraten z.B. gesellschaftliche Effekte und Folgen von PR, die keinen direkten Einfluss auf die Zielerreichung der PR-treibenden Organisation haben, aus dem Blick. Die ausschließlich or-

ganisationsbezogene Analyse von PR erfasst PR-Wirklichkeit daher nur eingeschränkt und macht sie nicht zuletzt gegenüber normativ begründeter Kritik weitgehend immun. Gefordert ist demgegenüber eine Forschungsperspek-
tive, die PR als Organisationsfunktion betrachtet und dabei die gesellschaftliche Kontextuierung von PR-Kommunikation berücksichtigt. Das bedeutet
nicht nur und ausschließlich Fragen der Effizienz und Effektivität der PR für
die Auftrag gebenden Organisationen als Selektionskriterium zu verwenden,
sondern auch gesellschaftlich relevante Kommunikationsflüsse und -wir-
kungen, die zunächst einmal losgelöst von den Interessen der PR-treibenden
Organisation anzusehen sind. In theoretischer wie empirischer Hinsicht heißt
das, verstärkt von wissenschaftlichen Problemstellungen auf der analytischen
Makroebene auszugehen und diese im Hinblick auf ihre Beeinflussung durch
spezifische PR-Aktivitäten auf der Mesoebene zu untersuchen. Gefordert ist
damit eine PR-Forschung, die versucht, den Meso-Makro-Link herzustellen.

Im Folgenden werden zunächst zentrale und für die PR-Theoriebildung
bedeutsame PR-Ansätze erläutert, bevor im Anschluss ein eigener theoretischer Zugang zur PR als Organisationsfunktion vorgestellt wird.

3.2 Ausgewählte organisationsbezogene PR-theoretische Ansätze

Aus der Vielfalt und Vielzahl der vorliegenden organisationsbezogenen PR-
Ansätze werden im Folgenden in der deutschsprachigen Literatur vielfach
zitierte Ansätze herausgegriffen und überblicksartig vorgestellt. Die Übersicht verdeutlich die Vielfalt der theoretischen Zugänge zum Phänomen PR,
die sich vor allem in den unterschiedlichen verwendeten Basistheorien und
Begrifflichkeiten zeigt.

Das kybernetische Modell der PR nach Cutlip, Center und Broom

Neben den Modellen von Grunig und Hunt (→ 1.2) stammt ein weiterer
früher und in Deutschland stark rezipierter US-amerikanischer Ansatz von
Cutlip, Center und Broom (2000). Sie entwickelten erstmals 1985 ihr kyber-
netisches Modell der PR, in dem Rückkopplungen zwischen Umwelt und

Organisation im Mittelpunkt stehen. Genauer geht es um negatives Feedback, d.h. um Informationen über Umweltveränderungen, die sich für die Organisation limitierend auswirken (können). Die Autoren betrachten Organisationen als komplexe offene Systeme, die nicht nur auf Einflüsse aus der Umwelt reagieren, sondern zudem in der Lage sind, Umweltveränderungen vorauszusagen und aktiv zu beeinflussen. Das komplexe umweltoffene PR-System hat entsprechend eine interne und eine externe Wirkungsrichtung: Der PR wird neben der an den Organisationszielen orientierten Umweltbeeinflussung auch die Aufgabe zugesprochen, relevante Informationen aus der Umwelt in die Organisation einzuspeisen und so seine Anpassung an Umweltsituation zu ermöglichen. Dies dient letztlich der Bestandssicherung der Organisation (vgl. Cutlip et al. 2000: 234ff.; Kückelhaus 1998: 106).

Abbildung 11: Das kybernetische Modell der PR (Cutlip et al. 2000: 244)

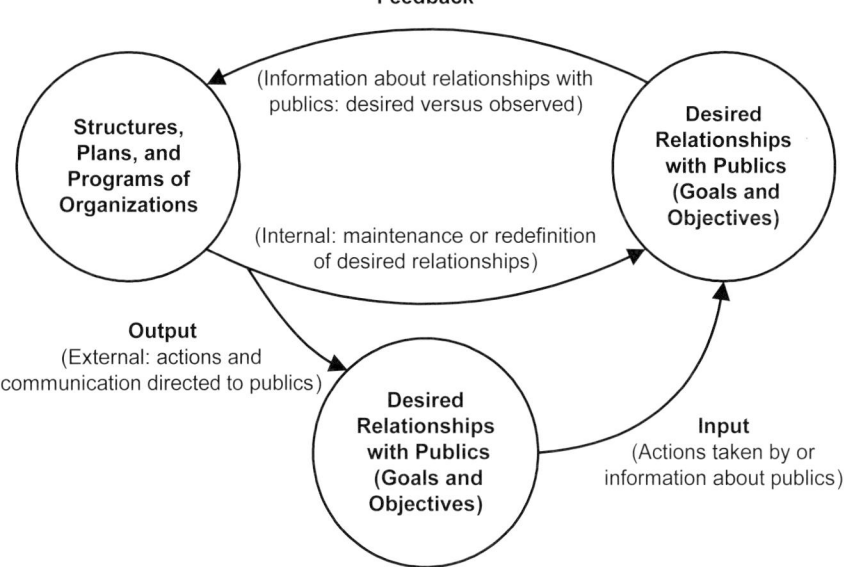

Die PR-Programme der Organisation, die sich im Modell im Output manifestieren, müssen kontinuierlich an die beobachtete Reaktion der Bezugsgruppen auf vorherige Kommunikationsangebote der Organisation angepasst

werden. Gleichzeitig werden die „Goals and Objectives", d.h. der gewünschte Zustand der Beziehungen, stets in Abhängigkeit von den beobachteten
Handlungen der Bezugsgruppen definiert bzw. an diese angepasst. Damit
wird die Rolle der PR im kybernetischen Modell als Regelungsfunktion deutlich, die kontinuierlich die Pläne und Programme der Organisation (Ist-Wert)
mit den „Goals and Objectives" (Soll-Wert) abgleicht und bei Abweichungen
das Systemverhalten, hier konkret den Output der PR-Abteilung sowie das
Verhalten der Organisation, anpasst.

Kunczik kritisiert diese Aufgabenbeschreibung der PR als „Ideologie
bzw. Utopie der manipulationsfreien, konsensfördernden Wirkung von PR"
(2010: 217). Richtig ist, dass Cutlip et al. zwar die Organisationsgebundenheit der PR erkennen, die möglichen Grenzen einer Bewältigung von Gefah-
ren- und Problemlagen in der Organisationsumwelt aber nicht hinreichend
thematisieren. Solche Grenzen sind etwa auszumachen, wenn ein Konsens
mit den divergierenden Interessen von Anspruchsgruppen oder konkurrierenden Organisationen nicht erzielt werden kann, da die entsprechenden Interessen zu weit auseinander liegen. Und so tendiert das kybernetische Modell
zu einer Überbetonung der seitens der PR zu leistenden Anpassung der Organisation an ihre Umwelt.

Der organisationsfunktionale Ansatz von Szyszka

Peter Szyszka (2009) stellt in seinem systemtheoretisch fundierten Ansatz
die Rolle der PR bei der Gestaltung von Organisation-Umwelt-Beziehungen
in den Mittelpunkt. PR-Management hat demnach die Aufgabe, für Organisationen, die prinzipiell unter öffentlicher Dauerbeobachtung stehen, „funktionale Transparenz" zu schaffen.

Szyszka hat einen eigenen, von der üblichen Verwendung abweichenden
PR-Begriff entwickelt (2009: 135f.; 139). Er differenziert den PR-Begriff auf
drei Ebenen: Public Relations als Dachbegriff versteht er als Netzwerk der
Beziehungen zwischen einer Organisation und ihren Bezugsgruppen. Davon
unterscheidet er Public Relations-Management als organisationale Managementfunktion zur Bearbeitung dieses Beziehungsnetzes. Unter Public Relati-
ons-Operationen versteht er schließlich spezifische, auf ausgewählte Teile
des Beziehungsnetzes ausgerichtete PR-Aktivitäten.

PR-Management wird dabei als spezifischer Typus des organisationalen Funktionssystems Kommunikationsmanagement aufgefasst. Nach Szyszka verfügen Organisationen über umfangreiche öffentliche Beziehungen und über potenzielle Publizität, d.h. sie sind per se Objekt von Thematisierungs- und Meinungsbildungsprozessen bei Bezugsgruppen. Da diese Formen der öffentlichen Beobachtung und Kommunikation auf existenzielle organisationale Handlungsspielräume zurückwirken können, bilden Organisationen die Funktion des Kommunikationsmanagements aus. Dieses stellt „ein organisationales Beobachtungs- und Regelungssystem" dar, das „aus der Beobachtung relationaler Differenzen zwischen einer Organisation und deren Bezugsgruppen sowie der Beobachtung von Diskrepanzen zwischen unterschiedlichen relationalen Differenzen organisational entscheidungsrelevante Informationen gewinnt." (Szyszka 2009: 143) Aufgabe des Kommunikationsmanagements ist es, öffentliche Beziehungen und öffentliche Thematisierungsprozesse zu beobachten und diese ggf. zu beeinflussen. Das Kommunikationsmanagement ist

> „dabei ein Beobachter 2. Ordnung, der die eigene Organisation, wie auch Beobachter der eigenen Organisation und deren Bedeutungszuweisungen überprüft und beim Vorliegen von Handlungsbedarf und der Verfügbarkeit notwendiger Ressourcen entsprechende Operationen als Mitteilungsaktivitäten entwickelt und einleitet." (Szyszka 2008: 173)

Ziel des Kommunikationsmanagements ist die Optimierung organisationaler Handlungsspielräume und organisationaler Prozesse. Um dies zu erreichen schafft PR „funktionale Transparenz", d.h. letztlich aus Sicht der Organisation so viel Transparenz wie nötig ist, um Chancen optimal zu nutzen oder Risiken zu minimieren.

PR als Konstruktion
wünschenswerter Images nach Merten und Merten/Westerbarkey

Die Konstruktion und Funktionen von Images stehen im Mittelpunkt des konstruktivistischen PR-Ansatzes von Klaus Merten (1992; vgl. auch Merten/Westerbarkey 1994). Der Grundgedanke der Erkenntnistheorie des radikalen Konstruktivismus besagt, dass Realitäten niemals objektiv sind, sondern vielmehr als subjektiv konstruiert anzusehen sind. Menschen schaffen sich ihre eigene Wirklichkeit; demnach gibt es so viele Wirklichkeiten, wie es Menschen gibt. Diesen Konstruktionsgedanken legt Merten seiner Definition von PR zu Grunde. Er definiert PR als „Prozeß intentionaler und kontingenter Konstruktion wünschenswerter Wirklichkeiten durch Erzeugung und Befestigung von Images in der Öffentlichkeit" (Merten 1992: 44). Die Struktur von Images (→ 4.2.2) beschreibt Merten als mehrfach reflexive, auf der Unterstellung von Unterstellungen basierende Struktur.

 Reflexive Struktur von Images

> „Jeder Rezipient unterstellt (meint), daß eine Aussage A, die er zu einem Objekt O aus den Medien rezipiert, auch von anderen Rezipienten rezipiert wird und daß diese anderen Rezipienten ebenfalls unterstellen, daß andere Rezipienten diese Aussage rezipieren und – mehr oder minder identisch – diese Aussage dem bereits als vorhanden unterstellten Wissen hinzufügen. Analog unterstellt jeder Rezipient, daß nicht nur er ein ,Image' wahrnimmt, sondern dass andere Rezipienten ebenfalls unterstellen, daß andere Rezipienten die Wahrnehmung eines mehr oder minder ähnlichen Images unterstellen." (Merten 2000: 109)

Images realisieren sich also, so die Grundannahme, im Bewusstsein der Rezipienten als Reaktionen auf das Verhalten, den Auftritt oder die Kommunikation z.b. einer Organisation. Gemäß der konstruktivistischen Basisannahme, dass Menschen ihre Wirklichkeit subjektiv konstruieren und diese insofern niemals objektiv existiert, gibt es letztlich genauso viele Images, wie es Rezipienten eines bestimmten Imageobjektes gibt.

PR ist in dieser konstruktivistischen Perspektive primär der Erreichung partikularer Ziele verpflichtet. PR als „Konstruktionsbüros" (Merten 1992: 44) ist nach Merten bei der Konstruktion von Images allein auf die Erreichung ihrer Ziele ausgerichtet. Aspekte der Wahrheit und Wahrhaftigkeit haben in der radikalkonstruktivistischen Perspektive ebenso keine analytische Bedeutung wie die Authentizität der PR-Aussagen: Erlaubt ist und konstruiert wird, was von den Rezipienten akzeptiert wird. Merten (1992: 45) betont, dass das „Hantieren mit fiktionalen Elementen" im Rahmen der PR-Arbeit praktisch unbrauchbar wird, sobald die Rezipienten die Fiktionalität durchschauen beziehungsweise nicht mehr akzeptieren. Zerfaß sieht in dem Ansatz gleichwohl eine „sozialtechnologische Verkürzung" der PR:

> „Wenn Public Relations nur auf den Entwurf von Fiktionen, das Anschlußhandeln der Adressaten und die Durchsetzung partikularer Interessen abzielen, dann können

die allerortens feststellbaren Bemühungen um glaubwürdige Problemlösungen und die Wahrnehmung sozialer Verantwortung nur als Ablenkungsmanöver oder fruchtlose Sandkastenspiele gedeutet werden. Eine solche Interpretation verkennt jedoch, daß die Anliegen potentieller Kritiker nicht auf Dauer durch den Aufbau einer fiktionalen Realität zu befriedigen sind." (2010: 54)

Zweifel an der Reduzierbarkeit der PR auf eine sozialtechnologische Rolle bestehen auch insofern, als dass Organisationen ja faktisch soziale Verbindlichkeiten eingehen, die eben nicht – zumindest keineswegs immer – „sozialtechnisch" bearbeitet werden können.

Der flexible, situative Bezug der PR zu Wahrheit und Unwahrheit steht auch im Zentrum jüngerer Überlegungen Mertens zur PR als „Differenzmanagement zwischen Fakt und Fiktion durch Kommunikation über Kommunikation in zeitlicher, sachlicher und sozialer Perspektive." (Merten 2008: 55) (→ 1.1.3) Nach Merten sind „Public Relations darauf geeicht, die Wahrnehmung der Öffentlichkeit in ihrem Sinne zu manipulieren" (ebd.: 54). Dies geschieht durch eine situativ angepasste – differente – Kommunikation, die z.B. nach unterschiedlichen Zielgruppen differenziert, die versucht den Kommunikationszeitpunkt zu beeinflussen und die prüft, ob und inwieweit „wahre Fakten" kommuniziert werden können bzw. müssen oder eine strategisch dosierte Täuschung im Sinne des Auftraggebers und seiner Interessen zweckmäßiger erscheint.

Entwurf einer Theorie der Unternehmenskommunikation von Zerfaß

Einer der ersten deutschsprachigen Theoriebeiträge, der Public Relations konsequent als Organisationsfunktion betrachtet, stammt von Ansgar Zerfaß (1996; vgl. auch 2010). Die Besonderheit des Entwurfs einer Theorie der Unternehmenskommunikation von Zerfaß liegt in seinem Bemühen, betriebswirtschaftliche und publizistikwissenschaftliche Fragestellungen in einen konsistenten Theorierahmen zu integrieren. Zerfaß bricht mit der betriebswirtschaftlichen Fokussierung allein auf den Markt und stellt den doppelten Umweltbezug von Unternehmen – Markt und Gesellschaft – in den Mittelpunkt seiner theoretischen Konzeption. Beziehungen zum Markt und zum gesellschaftspolitischen Umfeld sind für Zerfaß gleichrangig – entsprechend wird PR nicht als eine untergeordnete Funktion des Marketings, sondern als gleichberechtigtes funktionales Element der integrierten Unternehmenskom-

munikation ausgewiesen. In Anlehnung u.a. an Grunigs (1984) Überlegung-
en zur Relevanz von Bezugsgruppen für Organisationen entwickelt Zerfaß
ein Arenen-Modell, das drei Handlungsfelder – das organisationsinterne, gesellschaftspolitische sowie das soziokulturelle und politisch-administrative
Handlungsfeld – der Unternehmenskommunikation systematisiert (siehe
Abb. 12). Zugleich unterscheidet Zerfaß nach sozial-räumlichen Kriterien
zwischen einem „Nahbereich" und einem „Fernbereich". Während im Nahbereich vor allem kontinuierlich kommuniziert und argumentiert werden
muss, wird bezogen auf den Fernbereich eher eine situationsbezogene Inter-
ventionsstrategie verfolgt. Zudem besteht PR für Zerfaß aus Argumentation,
Information und Persuasion.

Abbildung 12: Handlungsfelder und Teilbereiche der
             Unternehmenskommunikation nach Zerfaß (2010: 289)

Zerfaß beschreibt als die drei zentralen Elemente der Unternehmenskommunikation die Organisationskommunikation, die Marktkommunikation und
die Public Relations. Die interne Kommunikation, die Zerfaß irritierender-
weise und im Widerspruch zur allgemeinen Begriffsverwendung (→ 1.1.2)
als „Organisationskommunikation" bezeichnet (vgl. Zerfaß 2010: 289), ist
nach innen auf die Organisationsöffentlichkeit ausgerichtet. Sie umfasst

sowohl direkte Kommunikation zwischen den verfassungskonstituierenden Organisationsmitgliedern als auch Kommunikation, die der laufenden Strukturierung und Steuerung des Leistungsprozesses dient. Deutlich wird hier das breite und umfassende Verständnis von Unternehmenskommunikation, die nicht nur geplante, strategisch gesteuerte Formen der internen Kommunikation inkludiert, sondern alle Formen der Kommunikation, die zur Aufgabenerfüllung in gewinnorientierten Organisationen erforderlich sind. Denn als Unternehmenskommunikation bezeichnet Zerfaß „sämtliche Kommunikationsprozesse in und von erwerbswirtschaftlichen Unternehmen" (ebd.: 20). Darunter fallen „alle kommunikativen Handlungen von Organisationsmitgliedern, mit denen ein Beitrag zur Aufgabendefinition und -erfüllung in gewinnorientierten Wirtschaftseinheiten geleistet wird" (ebd.: 287). Dieses Verständnis von Unternehmenskommunikation geht weit über die Auffassung von Unternehmenskommunikation als Gesamtheit der gemanagten Kommunikation in und von gewinnorientierten Organisationen hinaus.

Marktkommunikation und Public Relations bilden zusammen die externe Unternehmenskommunikation. Während die Marktkommunikation (Marketing) sich primär auf das marktliche Umfeld bezieht, richtet PR seine Strategien auf das gesellschaftspolitische Umfeld (politisch-administrative und soziokulturelle Öffentlichkeiten) aus. PR zielt darauf ab, durch soziale Integration „prinzipielle Handlungsspielräume zu sichern und konkrete Strategien zu legitimieren" (Zerfaß 2010: 317). Diskussionswürdig erscheint die direkte Zuordnung einzelner Kommunikationsbereiche zu konkreten Sphären bzw. Umweltsegmenten in Zerfaß' Modell: So findet hier primär auf die Marktöffentlichkeit und marktverbundene Zielgruppen ausgerichtete Produkt-PR ebenso keinen Platz wie Marketingaktivitäten, die auf das gesellschaftspolitische Umfeld oder auch die Organisationsöffentlichkeit ausgerichtet sind.

Weitere allgemeine organisationsbezogene PR-theoretische Ansätze haben in jüngerer Zeit Otfried Jarren und Ulrike Röttger (2009) (→ 3.3.1) und Stefan Wehmeier zusammen mit Howard Nothaft (2009) (→ 3.3.2) vorgelegt.

3.3 PR als beobachtungsbasierte Reflexionsinstanz

Betrachtet man die Vielzahl der vorliegenden organisationsbezogenen PR-Ansätze – von denen hier nur einige wenige zentrale vorgestellt werden konnten – so zeigt sich zum einen, dass zahlreiche Ansätze primär eine Referenz auf ökonomische Organisationen aufweisen und daher nur eingeschränkt in der Lage sind, die Funktionen und Leistungen der PR für Organisationen unterschiedlichster Art zu beschreiben. In diesem Sinne sind viele der vorliegenden Ansätze nicht hinreichend abstrakt. Zum anderen wird deutlich, dass zahlreiche Ansätze zwar auf ähnliche oder gleiche, oftmals systemtheoretisch basierte Begriffe und Konzepte zurückgreifen, diese aber teils sehr unterschiedlich inhaltlich verstehen und verwenden. Begriffliche Konsistenz ist also auch bei systemtheoretischen PR-Ansätzen und -Theorien nur eingeschränkt zu finden. Es fehlt unter anderem eine wechselseitige Bezugnahme der vorliegenden Ansätze.

Der im Folgenden vorgestellte Ansatz, der PR aus einer organisationsbezogenen Perspektive als beobachtungsbasierte Reflexionsinstanz beschreibt, setzt an den genannten Defiziten an und versucht (1) eine hinreichend abstrakte und damit organisationstyp- und handlungsfeldübergreifende Beschreibung von PR zu liefern und (2) die Basis für ein konsistentes, systemtheoretisch fundiertes Begriffsverständnis zu erarbeiten, das geeignet ist, das vorherrschende personenbezogene „Ansatzdenken" zu überwinden.

Die weithin geteilte Feststellung, dass die Unausweichlichkeit von Fremdbeobachtungen für PR-treibende Organisationen in funktional differenzierten Gesellschaften ein bedeutsames Problem darstellt, bildet den Ausgangspunkt der folgenden Überlegungen zur PR als beobachtungsbasierte Reflexionsinstanz. Die Tatsache, dass Organisationen potenziell unter öffentlicher Dauerbeobachtung stehen und dass sie dabei mit einer Vielzahl unterschiedlicher Fremdbeobachtungen konfrontiert sind, lässt Legitimation im Sinne gesellschaftlicher Akzeptanz für sie zu einer fragilen Größe werden. Zentrale Aufgabe der PR im organisationalen Kontext ist es, Legitimation zu schaffen und zu stabilisieren, wozu sie auf Prozesse der Beobachtung, Reflexion und Steuerung zurückgreift. In der Literatur werden in diesem Zusammenhang sowohl die Begriffe der Legitimation, der in der Regel einen Prozess beschreibt und der Begriff der Legitimität, der einen Zustand bezeichnet, verwendet. Im Folgenden wird in der Regel der Legitimationsbegriff verwendet, um zu verdeutlichen, dass die Herstellung gesellschaftlicher Akzeptanz einen kontinuierlichen Prozess darstellt: Organisationen erreichen nicht einmalig Legitimität und behalten diese fortan, sondern müssen sich fortwährend aktiv um diese bemühen.

3.3.1 Legitimation als Schlüsselbegriff und Zielgröße der PR als Organisationsfunktion

In funktional differenzierten Gesellschaften werden Organisationen beobachtet – in guten wie in schlechten Zeiten, ob sie es wollen oder nicht. Insoweit sind sie Objekte von Fremdbeobachtungen und darauf aufbauenden Fremdbeschreibungen. Unter Fremdbeschreibungen sind die in der Umwelt einer Organisation angefertigten und für diese auch wahrnehmbaren Beschreibungen bzw. Thematisierungen ihrer selbst zu verstehen. Fremdbeobachtungen und Fremdbeschreibungen sind stets systemspezifisch gebunden und unterliegen damit den je systemspezifischen Kriterien des beobachtenden Systems. Daraus folgt: Sie konzentrieren sich auf die spezifischen Leistungen, die die Organisation (als beobachtetes System) für das je beobachtende System erbringt. Damit sind Fremdbeobachtungen und -beschreibungen weder in der Lage, ein umfassendes, „wahres" Bild z.B. der beobachteten Organisation zu zeichnen, noch sind sie aufgrund ihrer perspektivischen Gebundenheit „objektiver" als die Selbstbeschreibungen der Organisation. Im Unterschied zu Selbstbeschreibungen müssen Fremdbeschreibungen im beobachteten System nicht anschlussfähig sein, d.h. es besteht kein Zwang zur Rücksichtnahme auf das beschriebene System:

> „[D]ie Fremdbeschreibung gehört einem anderen System an, und mit Bezug auf das beschriebene System hat sie dort, wenn man so will, freie Hand. Sie muß jedenfalls nicht an diejenigen Abstraktionen anschließen, die dieses System benutzt, um sich selber zu beobachten und zu beschreiben. So kann ein externer Beobachter die Tätigkeit von Richtern als Kalorienverbrauch, als Ablenkung von Eheproblemen oder als Beitrag zur Reproduktion von Schichtung beschreiben, und all dies mag zutreffend sein. Ob die Selbstbeschreibung des Rechtssystems dem folgen kann, ist dagegen eine andere Frage." (Kieserling 2004: 50)

Als Objekte von Fremdbeobachtungen und darauf basierenden Fremdbeschreibungen sind Organisationen stets mit unterschiedlichen Werthaltungen und Leitdifferenzen der Beobachtung konfrontiert – und genau hier liegt das Grundproblem der PR in funktional differenzierten Gesellschaften: In einzelnen Funktionssystemen werden je spezifische Realitätsdefinitionen sowie Normen und Werte erzeugt, die tendenziell unvereinbar bleiben. Aufgrund des Verlustes universeller, allgemeingültiger Integrations- und Ordnungskriterien wie beispielsweise „Vernunft" oder religiösem Glauben kommt es zu einer Vervielfältigung der gesellschaftsinternen Beobachtungsperspektiven und der daran anschließenden Realitätsdefinitionen. Dabei zeigt sich, dass tendenziell

> „[k]eine der Beobachtungs- und Beschreibungsperspektiven, die die funktional differenzierte Gesellschaft strukturell ermöglicht, [.] den anderen vorgeordnet werden [kann]. Keine Beschreibung ist die einzig gültige bzw. gesellschaftsweit richtige, weil die moderne Gesellschaft sozialstrukturell über keine privilegierte Position, keine zentrale Instanz und keine Spitze mehr verfügt, von der aus verbindliche Reflexionen angerfertigt werden könnten." (Kneer 2001: 320)

Das Grundproblem, mit dem sich die PR in funktional differenzierten Gesellschaften auseinanderzusetzen hat, besteht damit in der Unvermeidbarkeit und Unausweichlichkeit von selektiver Fremdbeobachtung und Fremdbeschreibung ihrer Organisation. Der Umgang mit vielfältigen Fremdbeobachtungen und -beschreibungen ist für Organisationen zum erfolgskritischen Faktor geworden und wird in seiner Bedeutung vermutlich noch steigen. (Vgl. dazu ausführlich Preusse 2011) PR wird im Umgang mit Fremdbeobachtungen und -beschreibungen eine herausgehobene Rolle zugeschrieben. Als Ziel der PR wird in diesem Zusammenhang häufig benannt, eine weitgehende Harmonisierung bzw. Übereinstimmung zwischen Selbst- und Fremdbeschreibungen zu erzielen, um organisationale Handlungsspielräume zu erhalten und zu vergrößern und Organisationsinteressen letztlich erfolgreicher durchsetzen zu können (vgl. Jarren/Röttger 2009: 33f.; Hoffjann 2007: 128). Exemplarisch konkretisieren lässt sich dieses Grundproblem an einem Modell des Kommunikationswissenschaftlers Peter Szyszka (vgl. Szyszka 2004: 161ff.; 2009: 141f.), der verschiedene Meinungsmärkte, verstanden als „thematisch gebundene Systeme der Fremdbeobachtung" (ebd. 2009: 142), differenziert. Diese Meinungsmärkte lassen sich nach Szyszka aufgrund marktspezifischer Eigenheiten unterscheiden. Neben einem allgemeinen öffentlichen Meinungsmarkt, der an grundlegenden gesellschaftlichen Informationsinteressen ausgerichtet ist, werden spezifische Meinungsmärkte (Mitglieder, Finanzen, Politik, Leistungsabnehmer) differenziert, die sich jeweils anhand ihres Beobachtungsinteresses, ihrer Themenstruktur, marktspezifischer Werte sowie Interpretationsprogramme unterscheiden (siehe Abb. 13).

Abbildung 13: Öffentliche Kommunikation als System von
Meinungsmärkten (Szyszka 2009: 142)

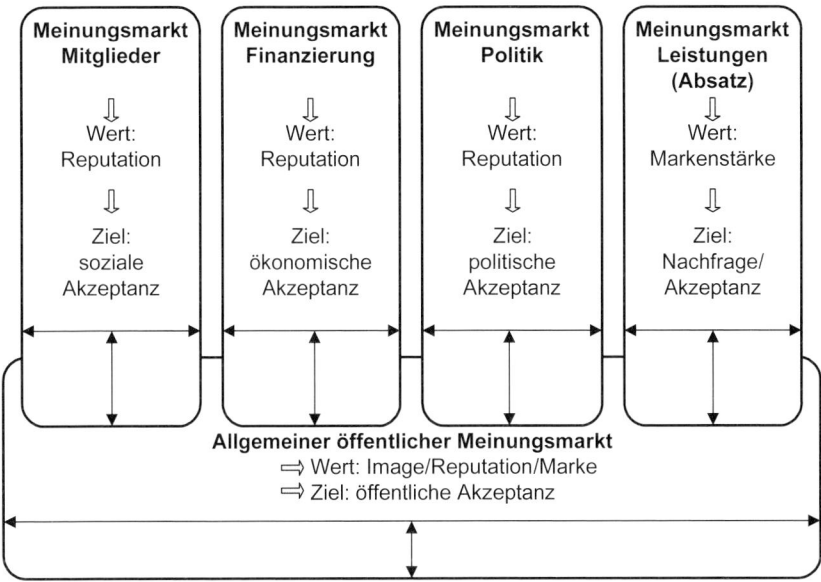

Greifbar werden die organisationsbezogenen Konsequenzen der Konfrontation mit einer Vielzahl an externen Beschreibungen in der Herausbildung von Erwartungslücken zwischen Organisationen und ihren Stakeholdern: Die Ansprüche und Erwartungen, die unterschiedliche Stakeholder aus je spezifischen Beobachtungsperspektiven an Organisationen stellen, können organisationsseitig nie gleichzeitig und nur selten vollständig erfüllt werden und erscheinen zudem im Regelfall als widersprüchlich. Es kommt zu Erwartungslücken, die sich beispielsweise in der unterschiedlichen Interpretation von Fakten oder unterschiedlichen Zielvorstellungen im Hinblick auf den Umgang mit Themen zeigen.

Mit Blick auf den Organisationstypus Unternehmen folgt aus der öffentlichen Dauerbeobachtung und der Konfrontation mit einer Vielzahl unterschiedlicher Fremdbeschreibungen, dass auch langfristiger ökonomischer Er-

folg tendenziell nicht mehr nur über Beschaffungs- und Absatzmärkte zu erzielen ist, sondern die Berücksichtigung der Wertvorstellungen und Rahmenbedingungen der Umwelt in der Unternehmensstrategie erfordert. Dies
wird insbesondere in der Managementforschung mit der Idee der gesell-
schaftlichen/öffentlichen Exponiertheit von Unternehmungen beschrieben,
die bis hin zu ihrer Charakterisierung als „quasi-öffentliche Institution"
(Ulrich 1977) geht. So wird ökonomischen Organisationen heute vermehrt
soziale und ökologische Verantwortung abverlangt. Vielfach zählt nicht allein die Qualität oder der Preis eines Produktes, sondern NGOs und auch
Konsumenten prüfen z.b. kritisch die Produktionsbedingungen: Wurde die
Natur belastet, haben Kinder mitgearbeitet oder wurden elementare Menschenrechte verletzt? Unternehmerischer Erfolg hängt in modernen Gesellschaften also verstärkt auch davon ab, inwieweit Wirtschaftsorganisationen
Erwartungen von Bezugsgruppen an ihr Handeln erfüllen und sich und ihr
Handeln im gesellschaftspolitischen Umfeld legitimieren können: „Ein Unternehmen besteht solange, wie es im Markt Geld mit Gewinn umsetzt und
dies von der Öffentlichkeit hingenommen bzw. gewünscht wird." (Becker
1998: 187) Grundsätzlich gelten diese Konsequenzen, die durch einen allgemeinen Wertewandel der Gesellschaft und ein gestiegenes Risikobewusstsein
zusätzlich befördert werden, auch für andere Organisationstypen.

Für die PR stellt sich daher die zentrale Aufgabe der Schaffung, des
Ausbaus und der Stabilisierung von Legitimität. Legitimation im Sinne einer
allgemeinen gesellschaftlichen Akzeptanz gewinnt dabei nicht nur für Unternehmen, sondern für Organisationen generell – wenn auch in unterschiedlichem Ausmaß – als Erfolgsfaktor zunehmend an Bedeutung. So müssen z.B.
zunehmend auch Vereine und Hilfswerke ihre Aktivitäten und die Art und
Weise, in der Spendengelder investiert werden, öffentlich legitimieren. Aufgabe der PR ist es in diesem Zusammenhang, sicherzustellen, dass die Ziele
und Interessen der Organisation als legitim angesehen werden und besten-
falls als gemeinsames bzw. gesellschaftliches Interesse bzw. als „aus übergeordneten gemeinsamen Zielen folgend" wahrgenommen werden (Fuchs-
Heinritz 1994: 395). Für Organisationen, deren Existenz und deren Interessen von der Umwelt als legitim angesehen werden, erhöht sich die Wahrscheinlichkeit, dass ihre Entscheidungen akzeptiert werden und dies auch,
wenn sie im Konflikt mit anderen Interessen stehen (vgl. Hoffjann 2007:

128). Es steigt die Wahrscheinlichkeit, dass Bezugsgruppen auch Entscheidungen der Organisation akzeptieren, von deren Richtigkeit sie nicht völlig
überzeugt sind. Zugleich sorgt Legitimation auch dafür, dass Organisationen
nicht jede einzelne Entscheidung begründen und rechtfertigen müssen, sondern ihnen ein gewisser Vertrauensvorschuss seitens der Stakeholder bzw.
der Öffentlichkeit gewährt wird. Über die Herstellung und Sicherung von
Legitimität erhält bzw. erhöht Public Relations damit die Freiheitsgrade von
Entscheidungen für Organisationen und schafft so die kommunikativen Voraussetzungen für den Organisationserfolg. Letztlich geht es dabei um die
Existenzsicherung der Organisation.

> „Die Funktion von Public Relations ist demnach die Legitimation der Organisations-
> funktion gegenüber den als relevant eingestuften Bezugsgruppen in der Gesellschaft.
> Da PR und Legitimation kein Selbstzweck sind, sondern fehlende Legitimität zu
> einem Kaufboykott oder zur Einreichung einer Klage führen kann, machen sie
> immer nur Sinn in Relation zum Organisationserfolg. Denn Unternehmen müssen
> damit rechnen, dass Einzelne ihre ablehnende Haltung durch Kaufboykotte oder den
> Gang zum Gericht äußern." (Hoffjann 2009: 304)

Um Legitimität zu sichern bzw. legitimationsschädigende Konflikte zu
vermeiden, beobachtet PR die eigene Organisation ebenso wie die Organisationsumwelt und versucht auf diesem Weg, konfligierende Erwartungs-
strukturen möglichst frühzeitig zu erkennen. Mit anderen Worten: PR leistet
unter Bezugnahme auf die Leitdifferenz legitim/nicht-legitim einen Beitrag
zur Selbst- und Umweltbeobachtung der Organisation. Hoffjann (ebd.: 305)
unterscheidet in diesen Zusammenhang zwei mögliche Strategien der PR zur
Sicherung von Legitimität. Zum einen besteht diese in dem Versuch im Falle
einer legitimationsrelevanten Konfliktkonstellation, die Erwartungs-
strukturen von Bezugsgruppen durch Selbstdarstellung und gezielte PR-
Kommunikation im Sinne der Organisation zu beeinflussen. In den Fällen, in
denen die Legitimation der gesamten Organisation gefährdet scheint oder
eine Beeinflussung der Erwartungen und Positionen von Bezugsgruppen
nicht möglich ist, besteht die Strategieoption der PR darin, organisationsintern Einfluss auf die Organisationspolitik zu nehmen, um so den legiti-
mationsgefährdenden Konflikt zu entschärfen. Beispiele für derartige interne
PR-Beratungsleistungen sind laut Hoffjann

> „der Ausstieg aus der Kernenergie, um den Fortbestand des Unternehmens nicht zu
> gefährden; der Verzicht auf die Versenkung der Ölplattform, um den Absatz nicht
> zu gefährden; eine Strukturierung und damit höhere Investitionen in CSR-Aktivi-

täten, um künftige Konflikte mit Stakeholdern zu vermeiden bzw. das Vertrauen in das Unternehmen zu erhöhen; ein Verzicht auf Kinderarbeit in Südamerika, um Diskussionen mit Verbraucherschutzorganisationen zu beenden." (ebd.: 309)

3.3.2 Beobachtung, Reflexion und Steuerung als zentrale PR-Funktionen

Die Leistungen, die PR im Kontext der Schaffung und Stabilisierung von Legitimität erbringt, werden in der Literatur zum Teil mittels der drei abstrakten Begriffe „Beobachtung", „Reflexion" und „Steuerung" beschrieben. Die dazu vorliegenden Ansätze stehen aber bislang weitgehend unverbunden nebeneinander und es besteht keineswegs Konsens darüber, wie die einzelnen Begriffe genau verstanden werden sollen. Im Folgenden werden die Begriffe Beobachtung, Reflexion und Steuerung, mit denen sich die Funktionen und Leistungen der PR im organisationalen Kontext abschließend beschreiben lassen, auf systemtheoretischer Basis konkretisiert und in ihrem Zusammenhang dargestellt (vgl. dazu ausführlich Preusse 2011). Genauer noch geht es um (1) Beobachtung der eigenen Organisation (Selbstbeobachtung zweiter Ordnung) und Beobachtung der Organisationsumwelt (Umweltbeobachtung), (2) Institutionalisierung von Reflexionsprozessen sowie (3) Versuche der Selbst- und Umweltsteuerung. Durch diese Systematik wird es möglich, die alltagsweltliche Feststellung, dass PR stets in irgendeiner Form versucht, die Organisationsumwelt zu beeinflussen und ihre Beobachtung der Umwelt in die Organisation einzubringen, abstrakt und vor allem organisationstypübergreifend zu fassen. Zudem bietet die gewählte Perspektive den Vorteil, die der Her- und Bereitstellung von PR-Mitteilungen vorgelagerten (Beobachtungs-)Prozesse stärker als dies bislang in der Mehrzahl der vorliegenden PR-Ansätze der Fall ist, in den Blick nehmen zu können. Somit erweitert der hier vorgeschlagene Ansatz eine outputorientierte Perspektive um prozesshafte Elemente und kann so den Beitrag der PR zum Management von Organisationen aufzeigen.

Beobachtung als Grundlage der PR-Kommunikation

Ganz allgemein kann PR unter Rückgriff auf den Beobachtungsbegriff als ein Beobachter zweiter Ordnung konzipiert werden, der sich mit den „aus Prozessen der Selbst- und Fremdbeobachtung und -beschreibung resultierenden Differenzen und Diskrepanzen sowie den daraus ableitbaren organisationalen Konsequenzen" (Szyszka 2009: 146) auseinandersetzt. Als Beobachter zweiter Ordnung beobachtet PR wie die Organisation sich selbst und ihre Umwelt beobachtet und wie die Organisation seitens der Umwelt beobachtet wird.

Für das Verständnis von PR als Beobachter zweiter Ordnung sind dabei einige systemtheoretische Grundannahmen bedeutsam. Die Feststellung, dass Fremdbeobachtungen und Fremdbeschreibungen stets systemspezifisch gebunden sind und jeweils den systemspezifischen Kriterien des beobachtenden Systems unterliegen, hat bereits einen zentralen Aspekt von jedweder Beobachtung deutlich gemacht: Wie Fremdbeobachtungen weist auch jede Selbst- und Umweltbeobachtung von Organisationen einen blinden Fleck auf.

 Blinder Fleck

„Menschen beobachten wir mit Hilfe von Unterscheidungen wie männlich/weiblich oder alt/jung, Temperatur mit Hilfe der Unterscheidung warm/kalt, Gefühle mit Hilfe der Unterscheidung Hass/Liebe usw. Im Vorgang der Unterscheidung beobachten wir das Unterschiedene (einen Mann oder eine Frau), nicht aber den Unterscheidungsvorgang und die dabei verwendeten Unterscheidungskategorien. Diese bilden den so genannten blinden Fleck jeder Unterscheidung, den wir erst bei einem neuerlichen Unterscheidungsvorgang beobachten können – auf Kosten eines neuen blinden Flecks. Dieses Argument erlaubt es, unterschiedliche Formen des Beobachtens voneinander zu unterscheiden. In Wahrnehmungsvorgängen handeln wir als sogenannte Beobachter erster Ordnung, die etwas beobachten und beschreiben. Wenn wir Beobachter erster Ordnung beim Beobachten beobachten, agieren wir als Beobachter zweiter Ordnung, aber auch wir können wieder von einem Beobachter dritter Ordnung beobachtet werden – und alle beobachten auf Kosten ihres blinden Flecks." (Schmidt/Zurstiege 2007: 27)

Der blinde Fleck ist für die Erkenntnismöglichkeiten des beobachtenden Systems – hier Organisationen bzw. ihr Subsystem PR – ebenso konstitutiv wie die perspektivische Gebundenheit jeder Beobachtung: Organisationen unterliegen in ihren Beobachtungen je eigenen Beobachtungskriterien, die sowohl durch die Zugehörigkeit zu einem bestimmten gesellschaftlichen Teilsystem als auch durch organisationale Charakteristika geprägt sind. Die Blindheit und perspektivische Gebundenheit kann von Organisationen ex-post beobachtet werden, nämlich im Zuge von Beobachtungen von Beobachtungen. Mit diesen sogenannten Beobachtungen zweiter Ordnung ändern sich Erkenntnismöglichkeiten des beobachtenden Systems. Die Beobachtung von eigenen als auch umweltseitigen Beobachtungen erster Ordnung versetzt Systeme in die Lage, deren perspektivische Gebundenheit zu erkennen und vorhandene Kontingenzen, Wahrscheinlichkeiten und Risiken der Beobachtung zu bemerken (vgl. u.a. Luhmann 1991).

Umweltbeobachtung

Wie deutlich geworden ist, liegt das übergeordnete Ziel der PR in der Legitimation ihrer Auftrag gebenden Organisation. In den seltensten Fällen wird heute in modernen, ausdifferenzierten Gesellschaften Organisationshandeln dauerhaft und quasi aus sich heraus als legitim angesehen. Die Komplexität der Organisationsumwelten und die Dynamik und Vielgestaltigkeit der Erwartungshaltungen in der Organisationsumwelt lassen Legitimität zu einer fragilen Größe werden. Eine zentrale Aufgabe der PR besteht daher darin, das Organisationsumfeld kontinuierlich zu beobachten, Chancen und Risiken zu identifizieren und aufzuzeigen, welche Auswirkungen diese für die Organisation und deren Legitimation haben können (vgl. Jarren/Röttger 2009).

Es wird die weit verbreitete Annahme geteilt, dass PR eine organisationale Grenzstellenposition inne hat, aus der sich grundsätzlich zwei Wirkungsrichtungen ergeben: Nach außen dient sie der Legitimation der Organisation und ihrer Interessen gegenüber relevanten Umweltsystemen und stellt folglich aus Organisationssicht ein Mittel der Umweltkontrolle dar (vgl. Steiner/Jarren 2009; Hoffjann 2009). Nach innen erbringt sie Informations- und Vermittlungsleistungen, mittels derer die im Rahmen systematischer Umweltbeobachtung gewonnenen legitimationsrelevanten Informationen in die Reproduktionskreisläufe der Organisation eingespeist werden, so dass sie von der Organisation als entscheidungsrelevante Informationen verarbeitet werden können. Diese „window-in"-Leistungen der PR beruhen auf einer kontinuierlichen Beobachtung des Organisationsumfeldes, um mögliche

Problemfelder sowie Chancen zu identifizieren und deren mögliche Folgen für das Unternehmen zu analysieren. Entsprechend lassen sich die spezifischen, unverzichtbaren und nicht austauschbaren Leistungen der PR nicht rein outputorientiert z.B. über die Beeinflussung der öffentlichen Meinung (→ 2.2.1) und die Imagekreation (→ 4.2) beschreiben. Der Beitrag der PR zum Organisationserfolg ist insbesondere auch auf der Ebene des Inputs zu sehen, d.h. in der Fähigkeit zur umfassenden Beobachtung verschiedener Umweltsysteme im Interesse der jeweiligen Organisation.

Voraussetzung für die umfassende Umweltbeobachtung ist eine strukturelle Offenheit der PR, die ihre weitreichende Anschlussfähigkeit an unterschiedliche Umweltsysteme ermöglicht. PR beobachtet die Organisationsumwelt gemäß der Leitdifferenz „legitim/illegitim", unterliegt dabei aber wie alle anderen Organisationseinheiten auch organisationsspezifischen Relevanzkriterien (vgl. Hoffjann 2007: 138). Auch ihre Beobachtung weist damit zwangsläufig blinde Flecke auf.

Die PR muss ihre Beobachtungsergebnisse so in organisationale Reproduktionskreisläufe einspeisen, dass sie als entscheidungsrelevante Informationen intern verarbeitet werden können, um schließlich die Handlungsoptionen von Organisationen auch unter wechselnden situativen Einflüssen zu sichern und zu erweitern. Mit anderen Worten: PR muss eine Übersetzungsleistung erbringen. So kann PR beispielsweise durch eine umfassende Ermittlung der Erwartungen und Ansprüche von Stakeholdern dazu beitragen, dass die Folgen von Entscheidungen intern sorgfältig erwogen und hinsichtlich ihrer Folgen für die Organisation bewertet werden.

> „Indem PR als Grenzstelle externe konfligierende oder handlungsbezogene Ansprüche in die Organisation trägt und diese quasi stellvertretend in der Organisation vertritt, nimmt sie regelmäßig eine unbequeme Rolle ein, die durch eine starke organisationsstrukturelle Positionierung abgesichert sein muss und zudem ein hohes Maß an Vertrauen seitens der Organisation in die Leistungen und die Loyalität der Öffentlichkeitsarbeit verlangt." (Röttger et al. 2003: 49)

PR fungiert jedoch nicht nur als „Übersetzungsabteilung" für die im Rahmen der Umweltbeobachtung generierten Informationen, sondern hat idealtypisch zudem eine intern ausgerichtete Beratungs- und Feedbackfunktion, mit der Anpassungsleistungen der Organisation initiiert werden sollen, wenn nur auf diesem Weg die Legitimation der Organisationsexistenz und ihrer Ziele erreicht werden kann.

Selbstbeobachtung zweiter Ordnung

Die Beobachtung der Auftrag gebenden Organisation, d.h. die Selbstbeobachtung zweiter Ordnung stellt neben der Umweltbeobachtung eine wesentliche Leistung der PR dar. Diese ist für Organisationen vor allem aus
zwei Gründen relevant: Zum Einen dient sie als Basis der Erstellung von
Selbstbeschreibungen, zum Anderen verschafft sie Organisationen – in Verbindung mit Umweltbeobachtung – Reflexionspotenzial. Grundsätzlich gilt
dabei, dass die Durchführung von Selbstbeobachtungen in Organisationen
nicht auf die PR beschränkt ist – vielmehr können prinzipiell alle Organisationsmitglieder Selbstbeobachtungen durchführen. Ein gewisses Maß an
rudimentärer Selbstbeobachtung ist stets Grundbestandteil jeder System-
operation und insofern ständig „mitlaufende Selbstreferenz" (Luhmann 1984:
604). Sie erfolgt unbewusst und unreflektiert. Von dieser basalen Selbstreferenz bzw. Selbstbeobachtung erster Ordnung, die die konstitutive Selbstbe-
züglichkeit der Elemente eines sozialen Systems beschreibt, ist die Selbstbeobachtung zweiter Ordnung zu unterscheiden: Selbstbeobachtungen zweiter
Ordnung – d.h. die Unterscheidung und Bezeichnung der eigenen, zeitlich
zurückliegenden Beobachtungen – ermöglichen dem beobachtenden System
das Erkennen der Motive und Modalitäten von Beobachtungen erster Ordnung. Dadurch wird die perspektivische Gebundenheit der Beobachtungen
erster Ordnung deutlich und so die eigenen Operationen überprüfbar (vgl.
Luhmann 1984: 234f.). Selbstbeobachtungen zweiter Ordnung erlauben dem
System damit, sich mit sich selbst auseinanderzusetzen.

Selbstbeobachtungen sind – wie alle Beobachtungen – selektiv, stets nur
Momentaufnahmen und daher flüchtig. Es gilt folglich, ihrer momenthaften
Existenz entgegenzuwirken. Um aus Selbstbeobachtungen tatsächlich auch
Selbsterkenntnisse ziehen zu können, die dann für weitere Systemoperatio-
nen nutzbar sind, müssen sie fixiert werden. Dies geschieht zwar nicht ausschließlich, aber üblicherweise in Form von Texten. Mit ihrer Fixierung werden Selbstbeobachtungen zu Selbstbeschreibungen. Erst durch ihre verbale
oder textliche Manifestation stehen Selbstbeobachtungen für systeminterne
Anschlusskommunikation zur Verfügung.

Selbstbeschreibungen sind organisationseigene Produkte, die nicht oder
nur unter speziellen Bedingungen von außen – z.B. durch PR-Agenturen –

importiert werden können. Herger verdeutlicht dies am Beispiel von Leitbildern, wenn er feststellt, dass die Zusammenarbeit mit externen Agenturen

„in diesem Themenfeld mit Vorsicht anzugehen [ist]. Die Organisationskultur muss von den externen Partnern grundlegend verstanden werden, um die Akzeptanz des Leitbildes zu erreichen. Auch kann die Verbindung zu den organisationalen Prozessen kaum über eine Agentur erreicht werden. Diese Leistung ist von den Organisationsmitgliedern in täglicher Kleinarbeit zu erbringen und hat in der Regel eine niedrigere Visibilität." (2006: 108f.)

Selbstbeschreibungen können in „explizite" und „implizite" Selbstbeschreibungen unterschieden werden: Explizite Selbstbeschreibungen liegen vor, wenn sie nach innen und ggf. auch nach außen explizit kommuniziert werden – beispielsweise in Form von „mission statements", Leitbildern, Geschäftsprinzipien oder Satzungen. Als implizit sind diejenigen Selbstbeschreibungen zu bezeichnen, die gleichsam verdeckt bzw. internalisiert existieren und häufig nur bestimmten Teilbereichen in der Organisation bekannt sind, wie beispielsweise Strategiepapiere oder Verfahrenshinweise für untere Führungsebenen. (Vgl. Seidl 2005: 97ff.)

Beobachtungsoperationen interner PR-Funktionsstellen

Weniger abstrakt lassen sich zusammenfassend die Beobachtungsprozesse der PR wie in Abb. 14 dargestellt veranschaulichen.

Abbildung 14: Beobachtungsoperationen interner PR-Funktionsstellen
(Röttger 2005: 16)

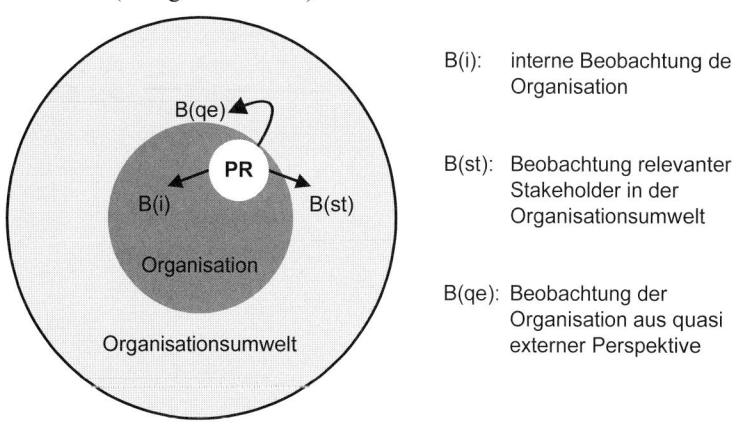

B(i):   interne Beobachtung der
Organisation

B(st): Beobachtung relevanter
Stakeholder in der
Organisationsumwelt

B(qe): Beobachtung der
Organisation aus quasi
externer Perspektive

Der PR obliegt als Bestandteil der Organisation die interne Beobachtung (Selbstbeobachtung) der Organisation (B(i)) sowie die Beobachtung relevanter Stakeholder in der Organisationsumwelt aus Perspektive der Organisation (Umweltbeobachtung; B(st)). Konkrete Verfahren der Umweltbeobachtung, die üblicherweise in Scanning und Monitoring unterschieden werden, werden in der Literatur zum Issues Management beschrieben (→ 5.2.2.1). Um der Organisation Reflexionsprozesse zu ermöglichen und Input für Entscheidungen im Umgang mit den Divergenzen zwischen Selbst- und Fremdbeobachtungen sowie -beschreibungen zu liefern, versucht PR zudem die Perspektive externer Stakeholder zu antizipieren. PR beobachtet dazu die organisationsbezogene Fremdbeobachtung bzw. beobachtet die Organisation im Sinne einer Simulation der Fremdperspektive durch die Brille der Stakeholder (B(qe)). Hier zeigt sich das zentrale Dilemma der PR: Sie muss die Organisation quasi aus einer externen Perspektive beobachten, ist aber Teil der Organisation selbst. Folglich sind entsprechende Perspektivenwechsel immer nur eingeschränkt und nur phasenweise möglich. Entscheidend ist es, diejenigen Fremdbeobachtungs- und Fremdbeschreibungsperspektiven zu erkennen, die in positiver (Chancen) und negativer (Risiken) Hinsicht als besonders relevant für deren Legitimität und damit für die organisationale Existenzsicherung einzustufen sind.

Reflexion

Der Begriff der „Reflexion" bzw. „Reflexierung" erlebt in jüngster Zeit eine gewisse Konjunktur in PR-theoretischen Ansätzen. Die Vorstellungen, was genau unter Reflexion zu verstehen ist, variieren jedoch von Autor zu Autor. Jarren und Röttger stellen den Begriff „Reflexierung" in den Kontext der Umweltbeobachtung, auf deren Basis legitimations- bzw. organisationsrelevante Informationen aus der Organisationsumwelt in die organisationale Systemreproduktion eingespeist werden, wodurch wiederum die „Reflexierung der Organisation" ermöglicht werde. Das dahinter liegende Ziel wird vor allem darin gesehen, eine Übereinstimmung zwischen Fremd- und Selbstbeschreibung zu erzielen, um damit Organisationsinteressen besser und begründeter durchsetzen zu können (vgl. Jarren/Röttger 2009: 45). Eine näher an der Luhmann'schen Systemtheorie liegende Auslegung des Reflexionsbegriffs findet sich bei Kussin, der PR-Stellen als „Reflexionszentren multireferentieller Organisationen" (Kussin 2009: 119) beschreibt, die

> „in besonderer Weise Beobachtungsleistungen für die Organisation [erbringen], indem sie Divergenzen zwischen Selbst- und Fremdbeschreibungen für die Organisation beobachtbar machen und damit Orientierungspunkte für die Modifikation von Entscheidungen und Selbstbeschreibungen zur Verfügung stellen." (Kussin 2009: 118)

Im engeren systemtheoretischen Kontext ist Reflexion als spezifische Dimension der *Selbst*beobachtung zweiter Ordnung zu verstehen, die auf das gesamte System, nicht nur einzelne Prozesse, sowie seine Beziehungen zur Umwelt bezogen ist und der Überprüfung der eigenen System-Umwelt-Unterscheidung dient. Im Zuge der Reflexion kann ein System seine Umweltbedingungen und -abhängigkeiten beobachten und gegebenenfalls in den eigenen Operationen berücksichtigen. In Erweiterung dieser Überlegungen wird hier dafür plädiert, als Basis von Reflexion sowohl Selbst- als auch Umweltbeobachtung anzunehmen: „In reflection, the organizational system sees itself as if from outside and reenters the distinction between system and environment within the system." (Holmström 2009: 191) Insoweit entsprechen Reflexionsprozesse den oben geschilderten „Beobachtungen aus quasi-externer Perspektive".

Damit ein Organisationssystem die Fähigkeit zur Reflexion erwerben kann, ist die Ausdifferenzierung von Strukturbereichen (Stellen und Rollen) erforderlich, die für reflexive Selbstbeobachtung zuständig sind. Hierzu ist die PR-Abteilung geradezu prädestiniert.

Steuerung

Der Begriff der Steuerung wird im Zusammenhang mit Public Relations nur selten verwendet, wohl vor allem deshalb, weil Steuerung assoziative Bezüge zu Manipulation, Propaganda und anderen als unzulässig angesehenen Formen der (Massen-)Beeinflussung nahe legt. Der hier verwendete Steuerungsbegriff bezieht sich demgegenüber nicht primär auf manipulative Formen. Er bezeichnet im Sinne einer sozialwissenschaftlichen Steuerungstheorie vielmehr ganz allgemein das „Einwirken eines Systems auf ein anderes, wodurch dessen Verhalten, Struktur, Funktion oder Eigenschaften entsprechend dem Programm oder Algorithmus des steuernden Systems festgelegt oder verändert werden" (Haufe 1989: 993). In der Steuerungstheorie wird üblicherweise Information – neben Recht bzw. Regeln und Normen, Geld und Wissen – als eine Steuerungsressource angesehen. Hier wird hingegen davon gesprochen, dass PR vorranging auf die Steuerungsressource Kommunikation zurück greift. Denn es sind nicht allein Informationen, die PR einsetzt, sondern sie verknüpft Informationen vielfach mit spezifischen Formen der Interaktion. PR ist dabei nur einer von vielen organisationalen Versuchen der Steuerung von Umweltsystemen. Als durchaus problematisch erweist sich hier für die PR, dass Kommunikation zwar vielseitig einsetzbar, hinsichtlich ihrer Wirkungen aber immer nur partiell evaluierbar ist. Insofern ist Kommunikation nur eingeschränkt als ein hierarchisches und wirkungssicheres Steuerungsmittel geeignet. PR bzw. Kommunikation wird aus diesem Grund häufig in Verbindung mit anderen Steuerungsmitteln durch die Organisation eingesetzt (vgl. Jarren/Röttger 2009).

Umweltsteuerung

Idealtypisch kann zwischen einem Verständnis von Steuerung, das die Beziehungen von Organisation und Umwelt als unilineare Kausalitätsannahme von Ursache und Wirkung auffasst, und einem Steuerungsbegriff unterschieden werden, der diese Beziehung als eine auf Wechselseitigkeit beruhende Interaktionsstruktur begreift. Es ist heute weitgehend unstrittig, dass simple Steuerungsbegriffe im Sinne einer Input-Output-Kausallogik der Komplexität von Organisationen und Organisationsumwelten nicht gerecht werden. Steuerungsversuche haben in der Regel nur dann Aussicht auf Erfolg, wenn es ihnen gelingt, als extern induzierte „Irritationen" die interne Selbststeuerung des zu steuernden Systems anzuregen. Ein direkter Zugriff auf Systeme in der Organisationsumwelt ist dagegen äußerst unwahrscheinlich.

Die Vorstellung einer unilinearen Kausalität von Ursache und Wirkung findet sich beispielsweise dort, wo von der großen Präsenz einer Kampagne in den Medien direkt auf deren Wirkung bei einzelnen Zielgruppen geschlossen wird (ohne diese direkt zu befragen). Ähnliches gilt für die Unterstellung eines proportionalen Zusammenhangs zwischen dem Umfang der eingesetzten Steuerungsressourcen und dem Erfolg dieser Steuerungsversuche, ohne dabei vorhandene weitere Einflussfaktoren zu berücksichtigen. Ganz nach dem Motto: Je größer die PR-Abteilung, desto höher ist der Einfluss auf Medien bzw. Medienberichterstattung. Gegen diese Annahme sprechen unter anderem systemtheoretisch inspirierte Überlegungen zur Autonomie des Journalismus. So kann beispielsweise ein einziger, aus welchen Gründen auch immer kritisch eingestellter Journalist in erheblichem Ausmaß negative Aktivitäten entfalten, denen auch durch die schlichte Erhöhung der Anzahl der PR-Verantwortlichen auf Organisationsseite nicht beizukommen ist.

 Direkte, persuasive Kommunikation als Wirkungsziel der PR

„Aus soziokybernetischer Perspektive ist zu diagnostizieren, dass viele der existierenden PR-Theorien noch immer direkte, persuasive Kommunikation als das Wirkungsziel von Public Relations identifizieren. Krude interpretiert, gehen sie implizit oder explizit davon aus, dass der modus operandi der Öffentlichkeitsarbeit der ist, mit verschiedenen Gruppen zu ‚kommunizieren' – und zwar insofern, als dass man Kunden, Mitarbeiter, Aktionäre, Anrainer und andere Stakeholder dazu bringt, etwas zu denken, sagen oder tun, was dem PR-Manager in seiner Kommunikationsplanung vorschwebt. Die Wirkung wird dabei manchmal indirekt, vermittels Journalisten, manchmal aber auch direkt und ohne Umwege angestrebt. Sie basiert manchmal auf geschickter Rhetorik (Überredung), manchmal auf der Kraft des einleuchtenden Arguments (Überzeugung) – immer verbindet aber ein Pfeil den Kommunikator mit dem Rezipienten, und der Pfeil bedeutet: Wirkung." (Nothhaft/Wehmeier 2009: 162)

Eine zentrale Rolle nimmt der Steuerungsbegriff in den PR-theoretischen Überlegungen von Nothhaft und Wehmeier ein. Das Ziel der Autoren besteht darin, auf Basis der Soziokybernetik „das grundlagentheoretische Fundament für eine fortgeschrittene Theorie des Kommunikationsmanagement vorzuzeichnen." (ebd.: 168) Ausgangspunkt ihrer Überlegungen ist die in Anlehnung an Klassiker der Kybernetik vorgenommene Beschreibung von Organisationen und ihrer Umwelten als „komplexe" soziale Systeme, die von „trivialen" und „komplizierten" sozialen Systemen zu unterscheiden sind (siehe Tab. 9).

Tabelle 9: Triviale und komplexe Systeme (vgl. Nothhaft/Wehmeier 2009: 154)

Merkmal	Triviale Systeme	Komplexe Systeme
Variablen	wenige gerichtet	mittel bis viele unterschiedliche
Wissensbereich	klassische Naturwissenschaften	Wahrscheinlichkeitsberechnungen, komplexe Prozesse in Verhandlungssystemen
Zeitdimension/ Reversibilität	linear, reversibel	nicht-linear, irreversibel, nicht dekomponierbar
Prognosen	sehr genau	wenn überhaupt statistische Wahrscheinlichkeit

Bei trivialen Systemen, wie z.B. Maschinen, bestimmt der Input, der über eine gleichbleibende Operation verarbeitet wird, den Output. Triviale Systeme sind daher aufgrund der Linearität und Serialität in hohem Maße berechenbar. In komplexen Systemen sind Ursache und Wirkung demgegenüber nur lose miteinander verknüpft. Komplexe Systeme verarbeiten Input intern eigenständig, autonom und nach ihrer eigenen Logik. Sie können entsprechend nicht einfach und gezielt von außen umgepolt oder verändert werden und Prognosen hinsichtlich der Systementwicklung in der Zukunft sind stets mit einem Unsicherheitsfaktor behaftet. Auch das Kommunikationsmanagement bzw. die PR ist regelmäßig mit komplexen Systemen, wie z.B. Organisationen oder der Öffentlichkeit, konfrontiert. Dies hat zur Folge, dass die Ergebnisse ihrer Steuerungsversuche in die Organisationsumwelt nicht exakt vorhersagbar sind. Nothhaft und Wehmeier schlagen daher das Konzept der Kontextkontrolle bzw. Kontextsteuerung vor:

> „Unter Kontextkontrolle ist kontinuierliches, kreatives Arbeiten an Bedingungen zu verstehen, die dazu führen, dass sich günstige, im besten Fall sogar die gewünschten Resultate nach und nach von selbst, auf Grund der Eigendynamiken des Systems einstellen. Das heißt zum einen, dass der Kommunikationsmanager, wie der Gärtner, die Eigengesetzlichkeiten des Systems bis zu einem Grad kennen, ja kontinuierlich beobachten, lernen und wiedererlernen muss. [...] zum anderen aber auch, dass er sich von der Vorstellung vollständiger Kontrolle verabschieden muss." (2009: 163)

Mittels Kontextkontrolle lassen sich folglich Bedingungen schaffen und erhalten, die es ermöglichen, „dass sich günstige oder sogar gewünschte ‚Resultate' gemäß ihrer Eigengesetzlichkeiten, entlang der Systemdynamiken entwickeln. Ein Image zu kultivieren anstatt es zu konstruieren; Vertrauen fördern statt es zu bauen." (ebd.: 168f.)

Selbststeuerung

Die interne Steuerung bzw. organisationale Selbststeuerung durch PR kann als Pendant zur externen Kontextsteuerung durch PR modelliert werden (vgl. Hoffjann 2009). Während im Zuge der externen Kontextsteuerung versucht wird, die Erwartungen, Meinungen und Einstellungen von Akteuren in der Organisationsumwelt zu beeinflussen, versucht PR im Zuge der internen Steuerung, die Organisationspolitik zu beeinflussen und so letztlich, die Organisation zu verändern. Der Selbststeuerungsaspekt der PR ist daher zu verstehen als Steuerung der Organisationsleitung, d.h. der Einflussnahme auf organisationspolitische Entscheidungen. Voraussetzung dieser Einflussnahme auf die Organisationsführung ist zum einen die Fähigkeit der PR, interne Beratungsleistungen erbringen zu können und zum anderen die Nachfrage dieser Beratungsleistungen durch die Organisationsführung. Als organisationale Selbststeuerungen können alle diejenigen Steuerungen bezeichnet werden, die einen Entscheidungsbedarf auf der Ebene der Organisationsleitung verursachen. Dazu zählt z.B. die Entscheidung eines Unternehmens auf die Verwendung bestimmter, in der Öffentlichkeit als sozial oder ökologisch problematisch angesehener Herstellungsverfahren zu verzichten, um den Fortbestand des Unternehmens nicht zu gefährden. Aber auch die Investition in Maßnahmen zur Verbesserung des Betriebsklimas und der Arbeitsbedingungen, die helfen sollen, Unzufriedenheit der Mitarbeiter zu vermeiden bzw. die Mitarbeitermotivation zu verbessern, können als Formen der Selbststeuerung angesehen werden. Geht man von der Legitimation der Organisation als oberstem Zielwert der PR aus, kann festgestellt werden, dass „Selbststeuerung und Kontextsteuerung funktional äquivalente Strategien zur Legitimation eines Unternehmens" (ebd.: 309) sind, denn beide Steuerungsformen sind prinzipiell in der Lage, Legitimation zu schaffen oder zu sichern.

Insbesondere in US-amerikanischen Ansätzen wird die interne Steuerungsleistung der PR betont. Stellvertretend hierfür steht die normative Höherbewertung des „two-way symmetrical model" von Grunig et al. (→ 1.2) gegenüber asymmetrischen Formen der PR und die mit ihm verbundene

Funktionszuschreibung, dass PR organisationsintern als „advocates of the publics' interests" (Dozier et al. 1995: 13) auftreten solle. Auch in kybernetischen Modellen werden die von PR sicherzustellenden Anpassungsleistungen von Organisationen an Umwelterwartungen betont ($\rightarrow$ 3.2). Demgegenüber ist die interne Steuerungsleistung in der deutschsprachigen Forschung vergleichsweise oberflächlich berücksichtigt worden – hier dominiert die Perspektive auf PR in ihrer extern ausgerichteten Kommunikatorrolle.

PR als beobachtungsbasierte Reflexionsinstanz

PR als Organisationsfunktion lässt sich über die drei zentralen Begriffe Beobachtung, Reflexion und Steuerung theoretisch beschreiben. Aus Sicht der Organisation können die Leistungen der PR zusammenfassend auf drei zentrale Aspekte fokussiert werden: (1) PR leistet unter Bezugnahme auf die Leitdifferenz legitim/illegitim einen Beitrag zur Selbst- und Umweltbeobachtung der Organisation. (2) Auf Basis von Selbst- und Umweltbeobachtung und dem dadurch möglichen systematischen Abgleich von Selbst- und Fremdbeschreibungen vergrößert PR die Reflexionskapazität von Organisationen und ermöglicht organisationale Reflexionsprozesse. (3) PR beeinflusst die Bedingungen und Prozesse der organisationalen Entscheidungsfindung, die mit Blick auf mögliche Steuerung durch Kommunikation grundsätzlich drei alternative, sich aber nicht ausschließende Szenarien umfasst: Es kann eine Entscheidung zugunsten des Versuchs der Umweltsteuerung und/oder zu Gunsten des Versuchs der organisationalen Selbststeuerung getroffen werden. Schließlich kann auf Basis der beschriebenen Beobachtungs- und Reflexionsprozesse die Entscheidung getroffen werden, auf Steuerungsversuche auf Basis der Ressource Kommunikation zu verzichten (vgl. hierzu ausführlicher Preusse 2011).

Der hier skizzierte theoretische Ansatz, der PR als Organisationsfunktion unter Rückgriff auf die drei Kernbegriffe der Beobachtung, Reflexion und Steuerung analysiert, bietet vor allem den Vorteil, die der Her- und Bereitstellung von PR-Mitteilungen vorgelagerten Prozesse der Beobachtung, Reflexion und Entscheidung stärker in den Blick zu nehmen.

Kapitelzusammenfassung

- Sowohl in der deutschsprachigen als auch in der US-amerikanischen PR-Forschung lassen sich zahlreiche theoretische Ansätze ausmachen, die PR als Organisationsfunktion betrachten. Organisationen als lange Zeit vernachlässigte Bezugsgröße der Kommunikationswissenschaft rücken damit verstärkt in den Fokus der theoretischen Auseinandersetzung mit Public Relations.

- Vorliegende organisationsbezogene PR-Ansätze lassen sich vor allem hinsichtlich der verwendeten Basistheorien und Begrifflichkeiten unterscheiden. Obwohl zahlreiche Ansätze dabei zwar auf ähnliche oder gleiche Begriffe und Konzepte zurückgreifen, werden diese teils doch sehr unterschiedlich verstanden und verwendet. Die mangelnde begriffliche Konsistenz ist vor allem dahingehend problematisch, dass selbst systemtheoretisch orientierte PR-Ansätze und -Theorien nur eingeschränkt mit einander in Bezug zu setzen sind und damit weitestgehend unverbunden nebeneinander stehen. Zudem lassen die meisten Ansätze einen starken Bezug zu ökonomischen Organisationen erkennen und sind damit nicht in der Lage, PR organisationstypübergreifend zu beschreiben.

- An diesem Defizit ansetzend wird ein neuer Ansatz vorgestellt, der – ausgehend von der Unausweichlichkeit von Fremdbeobachtungen für PR-treibende Organisationen und der in diesem Zusammenhang zu einer zunehmend fragiler werdenden Größe der gesellschaftlichen Legitimität von Organisationen – PR als beobachtungsbasierte Reflexionsinstanz beschreibt. Die Begriffe der Beobachtung, Reflexion und Steuerung als der Her- und Bereitstellung von PR-Mitteilungen vorgelagerte Prozesse werden dabei in den Mittelpunkt gestellt.

Literatur

Allmendinger, Jutta/Thomas Hinz (2002): Perspektiven der Organisationssoziologie. In: Jutta Allmendinger/Thomas Hinz (Hg.): Organisationssoziologie. Kölner Zeitschrift für Soziologie und Sozialpsychologie. Sonderheft 42. Wiesbaden: 9-28

Becker, Thomas (1998): Die Sprache des Geldes. Grundlagen strategischer Unternehmenskommunikation. Opladen

Cutlip, Scott M./Allen H. Center/Glen M. Broom (2000): Effective Public Relations. 8. Aufl. Upper Saddle River/NJ

Donges, Patrick (2008): Medialisierung politischer Organisationen. Parteien in der Mediengesellschaft. Wiesbaden

Dozier, David M./Larissa A. Grunig/James E. Grunig (1995): Manager's Guide to Excellence in Public Relations and Communication Management. Mahwah/NJ

Fuchs-Heinritz, Werner (1994): Legitimation. In: Werner Fuchs-Heinritz/Rüdiger Lautmann/Otthein Rammstedt/Hanns Wienold (Hg.): Lexikon zur Soziologie. 3. Aufl. Opladen: 395

Grunig, James E./Todd Hunt (1984): Managing Public Relations. New York u.a.

Haufe, Gerda (1989): Steuerung. In: Dieter Nohlen/Rainer-Olaf Schultze (Hg.): Politikwissenschaft. Theorien, Methode, Befunde. München: 993

Herger, Nikodemus (2006): Vertrauen und Organisationskommunikation. Identität, Marke, Image, Reputation. Wiesbaden

Hoffjann, Olaf (2007): Journalismus und Public Relations. Ein Theorieentwurf der Intersystembeziehungen in sozialen Konflikten. 2. erw. Aufl. Opladen/Wiesbaden

Hoffjann, Olaf (2009): Public Relations als Differenzmanagement von externer Kontextsteuerung und unternehmerischer Selbststeuerung. In: Medien&Kommunikationswissenschaft. 57, 3: 299-315

Holmström, Susanne (2009): On Luhmann: Contingency, Risk, Trust and Reflection. In: Oyvind Ihlen/Betteke van Ruler/Magnus Fredriksson (Hg.): Public Relations and Social Theory. New York: 187-211

Holtzhausen, Derina R. (2000): Postmodern Values in Public Relations. In: Journal of Public Relations Research. 12, 1: 93-114

Jarren, Otfried/Ulrike Röttger (2009): Steuerung, Reflexierung und Interpenetration: Kernelemente einer strukturationstheoretisch begründeten PR-Theorie. In: Ulrike Röttger (Hg.): Theorien der Public Relations. Grundlagen und Perspektiven der PR-Forschung. 2., aktual. u. erw. Aufl. Wiesbaden: 29-49

Kieserling, André (2004): Selbstbeschreibung und Fremdbeschreibung. Beiträge zur Soziologie soziologischen Wissens. Frankfurt a. M.

Kneer, Georg (2001): Reflexive Beobachtung zweiter Ordnung. Zur Modernisierung gesellschaftlicher Selbstbeschreibungen. In: Hans-Joachim Giegel/Uwe Schimank (Hg.): Beobachter der Moderne. Beiträge zu Niklas Luhmanns "Die Gesellschaft der Gesellschaft". Frankfurt a. M.: 301-332

Kückelhaus, Andrea (1998): Public Relations: Die Konstruktion von Wirklichkeit. Kommunikationstheoretische Annäherungen an ein neuzeitliches Phänomen. Opladen, Wiesbaden

Kunczik, Michael (2010): Public Relations. Konzepte und Theorien. 5. überarb. u. erw. Aufl. Köln/Weimar/Wien

Kussin, Matthias (2009): PR-Stellen als Reflexionszentren multireferentieller Organisationen. In: Ulrike Röttger (Hg.): Theorien der Public Relations. Grundlagen und Perspektiven der PR-Forschung. 2. akt. u. erw. Aufl. Wiesbaden: 117-133

Luhmann, Niklas (1984): Soziale Systeme. Grundriß einer allgemeinen Theorie. Frankfurt a. M.

Luhmann, Niklas (1991): Wie lassen sich latente Strukturen beobachten? In: Paul Watzlawick/Peter Krieg (Hg.): Das Auge des Betrachters. Beiträge zum Konstruktivismus. Festschrift für Heinz von Foerster. München: 61-74

Malik, Fredmund (1992): Strategie des Managements komplexer Systeme. Ein Beitrag zur Management-Kybernetik evolutionärer Systeme. 4. Aufl. Bern

Merten, Klaus (1992): Begriff und Funktionen von Public Relations. In: pr-magazin. 23, 11: 35-46

Merten, Klaus (2000): Das Handwörterbuch der PR. Bd. 1 A-Q. Frankfurt/Main

Merten, Klaus (2008): Zur Definition von Public Relations. In: Medien&Kommunikationswissenschaft. 56, 1: 42-59

Merten, Klaus/Joachim Westerbarkey (1994): Public Opinion und Public Relations. In: Klaus Merten/Siegfried J. Schmidt/Siegfried Weischenberg (Hg.): Die Wirklichkeit der Medien. Eine Einführung in die Kommunikationswissenschaft. Opladen: 188-211

Nothhaft, Howard/Stefan Wehmeier (2009): Vom Umgang mit Komplexität im Kommunikationsmanagement. Eine soziokybernetische Rekonstruktion. In: Ulrike Röttger (Hg.): Theorien der Public Relations. Grundlagen und Perspektiven der PR-Forschung. 2. akt. u. erw. Aufl. Wiesbaden: 151-171

Preusse, Joachim (2011): Public Relations als beobachtungsbasierte Steuerungsentscheidung. Dissertation Universität Münster

Röttger, Ulrike (2005): Kommunikationsmanagement in der Dualität von Struktur. Die Strukturationstheorie als kommunikationswissenschaftliche Basistheorie. In: Medienwissenschaft Schweiz. 2/2005: 12-19

Röttger, Ulrike (2010): Public Relations - Organisation und Profession. Öffentlichkeitsarbeit als Organisationsfunktion. Eine Berufsfeldstudie. 2., durchges. Aufl. Wiesbaden

Röttger, Ulrike/Jochen Hoffmann/Otfried Jarren (2003): Public Relations in der Schweiz. Eine empirische Studie zum Berufsfeld Öffentlichkeitsarbeit. Konstanz

Schmidt, Siegfried J./Guido Zurstiege (2007): Kommunikationswissenschaft. Systematik und Ziele. Reinbek bei Hamburg

Seidl, David (2005): Organisational identity and self-transformation. An autopoietic perspective. Aldershot

Steiner, Adrian/Otfried Jarren (2009): In the twilight of democracy: public affairs consultants in Switzerland In: Journal of Public Affairs. 9/2009: 95-109

Szyszka, Peter (2004): PR-Arbeit als Organisationsfunktion. Konturen eines organisationalen Theorieentwurfs zu Public Relations und Kommunikationsmanagement. In: Ulrike Röttger (Hg.): Theorien der Public Relations. Grundlagen und Perspektiven der PR-Forschung. Wiesbaden: 149-168

Szyszka, Peter (2008): Organisationsbezogene Ansätze. In: Günter Bentele/Romy Fröh-
lich/Peter Szyszka (Hg.): Handbuch der Public Relations.Wissenschaftliche
Grundlagen und berufliches Handeln. Mit Lexikon. 2., kor. und erw. Aufl.
Wiesbaden: 161-176

Szyszka, Peter (2009): Organisation und Kommunikation: Integrativer Ansatz einer Theorie zu Public Relations und Public Relations-Management. In: Ulrike Röttger
(Hg.): Theorien der Public Relations. Grundlagen und Perspektiven der PR-Forschung. 2. akt. u. erw. Aufl. Wiesbaden: 135-150

Ulrich, Peter (1977): Die Großunternehmung als quasi-öffentliche Institution. Stuttgart

Wehmeier, Stefan (2006): Dancers in the dark: The myth of rationality in public relations.
In: Public Relations Review. 32, 3: 213-220

Zerfaß, Ansgar (1996): Unternehmensführung und Öffentlichkeitsarbeit. Grundlegung einer Theorie der Unternehmenskommunikation und Public Relations. Opladen

Zerfaß, Ansgar (2010): Unternehmensführung und Öffentlichkeitsarbeit. Grundlegung einer Theorie der Unternehmenskommunikation und Public Relations. 3., akt.
Aufl. Wiesbaden

4 Zentrale Bezugsgrößen der PR

In diesem Kapitel werden mit Vertrauen und Glaubwürdigkeit, Image sowie Reputation wichtige Bezugsgrößen der PR-Praxis vorgestellt und theoretisch fundiert. Zudem wird das Dialogpostulat der PR dargestellt, das in der wissenschaftlichen wie praxisbezogenen Literatur als spezifische Anforderung an die konkrete Ausgestaltung von PR-Programmen und -Maßnahmen diskutiert wird.

Jenseits konkreter, vergleichsweise eindeutig messbarer Ziele wie beispielsweise der Steigerung der Medienresonanz oder des Bekanntheitsgrades von Organisationen verfolgt PR eine Reihe übergeordneter, meist langfristig angelegter Ziele. Dazu zählt die gesellschaftliche Akzeptanz (Legitimation) von Organisation, die in → 3.3.1 erläutert wurde, wie auch insbesondere die Einflussnahme auf organisationsextern angefertigte Fremdbeschreibungen wie z.B. Images oder die Reputation (→ 4.2; 4.3). Darüber hinaus ist die Festigung oder Steigerung von Glaubwürdigkeit und Vertrauen in Organisationen und deren Produkte eine zentrale Zielgröße der PR. Vertrauen wird als Voraussetzung für möglichst positive Fremdbeschreibungen angesehen.

4.1 Vertrauen und Glaubwürdigkeit

Vertrauen und Glaubwürdigkeit sind eine wesentliche Grundlage für den Aufbau sowie die Erhaltung oder Verbesserung der Reputation von Organisationen. Beide Begriffe werden häufig synonym benutzt. Bentele und Seidenglanz schlagen vor, Glaubwürdigkeit als Teilphänomen von Vertrauen zu konstruieren, das vor allem den Aussagen von Personen zugeschrieben wird (vgl. 2008: 346f.). Demgegenüber wird Vertrauen auch Gegenständen (z.B. bestimmten Autos), Organisationen (z.B. Unternehmen) und Institutionen (z.B. Sozialversicherungssystemen oder der parlamentarischen Demokratie) entgegen gebracht.

Vertrauen

Vertrauen „reduziert Komplexität (sachlich), schafft stabile Rahmenbedingungen für Handlungs- und Interaktionsprozesse (sozial) und dient als zentraler Mechanismus der Kontinuierung sozialer Ordnung und des Aufbaus sowie der Aufrechterhaltung stabiler sozialer Beziehungen (zeitlich)." (Endress 2002: 11) Das Konstrukt Vertrauen ist nach Niklas Luhmann und Matthias Kohring in engem Zusammenhang mit dem Faktor Risiko zu betrachten. Demnach ist die Wahrnehmung von Risiko eine notwendige Voraussetzung für Vertrauen (vgl. Kohring 2004). Vertrauen ist ein Mechanismus zur Lösung von Risikoproblemen, die in Folge von erhöhter Komplexität und mangelndem Wissen entstehen. Vertrauen ermöglicht insofern „die selektive Verknüpfung von Fremdhandlungen mit Eigenhandlungen unter der Bedingung einer nicht mittels Sachargumenten legitimierbaren Tolerierung des wahrgenommenen Risikos." (Kohring 2004: 128)

Bereits seit den 1950er Jahren beschreiben PR-Praktiker wie Carl Hundhausen (1951), Georg-Volkmar Graf Zedtwitz-Armin (1961) oder Albert Oeckl (1964) einen besonderen Stellenwert der PR im Kontext des Vertrauensaufbaus bzw. -erhalts von Organisationen. In wissenschaftlicher Hinsicht lassen sich zum Vertrauen eine Vielzahl an fachspezifischen Zugängen finden – von der Soziologie über die Psychologie und Politikwissenschaft bis zur Kommunikationswissenschaft. In der Kommunikationswissenschaft wurde Vertrauen bislang eher vereinzelt und in nicht aufeinander Bezug nehmenden Arbeiten analysiert. Dies gilt auch für Analysen zu Vertrauen im Kontext von Organisationen und ihrer Kommunikation. Insgesamt dominiert nach wie vor eine Forschungsrichtung, die verwandte Fragen der Glaubwürdigkeit von Medien und Informationsquellen in das Zentrum des Erkenntnisinteresses stellt.

Grundlegende kommunikationswissenschaftliche Beiträge zum Thema Vertrauen stammen von Günter Bentele (1992), der sich insbesondere mit öffentlichem Vertrauen befasst hat und Matthias Kohring (2004), der sich mit theoretischen und methodischen Fragen des Vertrauens in Journalismus beschäftigt. Darüber hinaus haben Ulrike Röttger und Sarah Zielmann (2009) einen theoretischen Entwurf der PR-Beratung vorgelegt, in dem Vertrauen als zentrales Element von Beratungssystemen beschrieben wird.

Theoretische Modellierung von Vertrauen

Theoretisch bedeutsam ist vor allem der funktionalistische Ansatz von Niklas Luhmann (2000) und die darauf aufbauende Theorie des Vertrauens von Matthias Kohring (2004). Bedeutung erlangt Vertrauen vor allem in Situationen doppelter Kontingenz. Damit sind Situationen gemeint, in denen alle beteiligten Akteure mehrere Handlungsalternativen haben und neben der Vielfalt eigener Handlungsmöglichkeiten gegenseitige Unsicherheit über die vom Gegenüber tatsächlich realisierte Handlung besteht. Vertrauen gewinnt damit seine Problemlösungskraft in sozialen Situationen, die durch unvollständiges Wissen über das zukünftige Handeln anderer Akteure gekennzeichnet sind. Vertrauen reduziert zwar die durch die eigene und fremde Handlungskontingenz entstehende Unsicherheit auf ein verarbeitbares Maß – absolute Sicherheit allerdings entsteht nicht. Insofern stellt die Schenkung von Vertrauen stets eine „riskante Vorleistung" (Luhmann 2000: 23) dar und ist eine Als-Ob-Unterstellung, die auch enttäuscht werden kann.

Vertrauen realisiert sich zwischen Vertrauenssubjekten und Vertrauensobjekten in sogenannten Vertrauensrelationen. Vertrauensrelationen implizieren eine Delegation von Handlungsverantwortung seitens des Vertrauenssubjektes, trotz des damit verbundenen Risikos, das nicht durch anderweitige Mechanismen abgesichert ist. Die Übertragung von Handlungsverantwortung ist seitens des Vertrauenssubjektes mit spezifischen Erwartungen an das Vertrauensobjekt verbunden und ist dann erfolgreich, wenn das Vertrauensobjekt die an sie gerichteten Leistungserwartungen erfüllt.

Zur Notwendigkeit von Vertrauen für Organisationen

In einer von Globalisierung, Wertewandel und den damit verbundenen Modernisierungsrisiken geprägten Welt sowie daraus resultierender Handlungs- und Planungsunsicherheit sind Organisationen aller Art zunehmend auf die Zuschreibung von Vertrauen angewiesen. Vertrauen schafft und erhält organisationale Handlungsspielräume. Vertrauen ist zu beschreiben als „Erwartung in die Kontinuität von Haltungen, Entscheidungen und Verhalten einer

Organisation bzw. einer Bezugsgruppe in sachlicher, zeitlicher und sozialer Dimension" (Szyszka 2009: 141). Organisationen, denen von ihrer Umwelt Vertrauen entgegen gebracht wird, können sich dem permanenten Beobachtungs- und Legitimationsdruck zumindest partiell entziehen. Damit Organisationen mittels Kommunikation das Vertrauen von Stakeholdern herstellen und beeinflussen können, muss ihre Kommunikation kontinuierlich und konsistent sein, denn: „Vertrauenswürdig ist, wer bei dem bleibt, was er bewusst oder unbewusst über sich selbst mitgeteilt hat." (Luhmann 2000: 48) Meist wird daraus gefolgert, dass dialogische, offene PR-Formen im Mittelpunkt der PR-Aktivitäten stehen müssen, wie sie sich insbesondere im Modell der „symmetrischen Kommunikation" nach Grunig und Hunt (1984) (➔ 1.2) und im Konzept der „verständigungsorientierten Öffentlichkeitsarbeit" (➔ 4.4) äußern.

 Vertrauenserwerb durch Public Relations

„Im Rahmen eines solchen Vertrauenserwerbs oder -erhalts durch Public Relations wird offensichtlich mehr benötigt als der Einsatz einer beliebigen Reihe von Kommunikationstechniken. Auch verstärkte Informationsaktivitäten oder ausschließlich ‚richtige' Informationen führen nicht automatisch zu größerem Vertrauen. Perspektivisch gesehen sind es weniger traditionelle Elemente der Einwegkommunikation, die die Vertrauensbildung nachhaltig unterstützen, sondern vor allem dialogische Formen, offenes Kommunikationsverhalten (Transparenz), die Fähigkeit zu selbstkritischer Betrachtung und zur Revision von (als falsch erkanntem) Verhalten. Dialog ist dabei nicht nur als Austausch von Argumenten zu verstehen, sondern als kommunikative Auseinandersetzung mit anderen Positionen, die auch die Möglichkeit einschließt, das eigene Verhalten zu korrigieren." (Bentele/Seidenglanz 2008: 357)

Generell gilt, dass Stakeholder an allen Marken- bzw. Unternehmenskontaktpunkten mit Organisationen konsistente Erfahrungen machen sollten – vom direkten Erleben organisationaler Leistungen über das Verhalten der Organisationsmitglieder bis hin zu der rezipierten Medienberichterstattung über Themen, die mit der jeweiligen Organisation in Verbindung stehen. Insofern spielt die Integration der organisationalen Kommunikationsmaßnahmen und

-funktionen eine entscheidende Rolle bei der Herstellung von Vertrauenswürdigkeit auf Seiten der Organisation (→ 5.3.1) Im Rahmen der PR ist also
zwischen der nach innen gerichteten Herstellung von Vertrauenswürdigkeit
und den nach außen gerichteten Versuchen der Herstellung von Vertrauens-
bereitschaft seitens der Stakeholder zu unterscheiden.

 Weiterführende Literatur

> Röttger, Ulrike/Andreas Voss (2008): Internal Communication as
> Management of Trust Relations. A theoretical framework. In: Ans-
> gar Zerfass/Betteke van Ruler/Krishnamurthy Sriramesh (Hg.):
> Public Relations Research. European and International Perspec-
> tives and Innovations. Festschrift for Günter Bentele. Wiesbaden:
> 163-178

4.2   Image

Eines der in der Praxis wie in der Wissenschaft am häufigsten genannten
Ziele der PR-Kommunikation ist die Bildung, Festigung oder Modifikation
von – möglichst positiven und unverwechselbaren – Images. Der Imagebegriff ist wissenschaftlich allerdings nicht eindeutig zu fassen, was insbesondere an der Vielzahl der an seiner Erforschung mitwirkenden Disziplinen und
der fast unüberschaubaren Anzahl an Definitionsversuchen liegt. Nahezu jeder Wissenschaftler, der sich mit Images und Prozessen der Imagebildung
beschäftigt, definiert den Begriff anders. Auch in der Alltagssprache ist der
Begriff mit vielfältigen Bedeutungsinhalten versehen und wird meist willkür-
lich verwendet.

Angesichts der Weite und prinzipiellen Unabgeschlossenheit des Imagebegriffs bestehen in der Literatur Zweifel an seiner Relevanz als analytisch-
theoretischem Begriff. Grunig (1993: 267) sieht ein Problem des Imagebegriffs darin, dass weder in der Praxis noch in der Wissenschaft durchgängig
zwischen dem Bild, das ein Imageobjekt von sich selbst hat und nach außen
vermitteln will einerseits, sowie andererseits dem Bild, das sich die Umwelt
von einem Imageobjekt macht, unterschieden wird. Insofern suggeriere der

Begriff, dass Organisationen unabhängig von ihrem Handeln ein Image kreieren und auf ihre Umwelt projizieren könnten. Kirchner (2001: 116) hingegen sieht vor allem ein Abgrenzungsproblem zu den Konstrukten „Reputation" und „Marke", die ihrer Beobachtung nach auf denselben psychologischen Konzepten beruhen und denen dieselben kognitiven und affektiven Mechanismen (Selektivität, Vereinfachung, Verallgemeinerung und Überverdeutlichung) zu Grunde liegen. Insofern handele es sich um „Worthülsen für dasselbe multidimensionale Konstrukt". Eine Abgrenzung zu den verwandten sozialpsychologischen Konzepten „Meinung", „Einstellung", „Vorurteil" und „Stereotyp" ist problematisch, vorliegende Abgrenzungsversuche können immer nur partiell überzeugen. Zu widersprüchlich sind die wissenschaftlichen Perspektiven sowohl auf die einzelnen Konzepte als auch auf die jeweiligen Abgrenzungskriterien.

Image

Images können verstanden werden als stark vereinfachte, typisierte und mit Erwartungen verbundene individuelle Vorstellungsbilder von Imageobjekten, d.h. Personen, Organisationen oder Gegenständen.

Angesichts der skizzierten Unschärfe des Imagebegriffs sind auch die angewandten Operationalisierungsverfahren vielfältig – abhängig davon, was im Einzelfall unter einem „Image" verstanden wird und konkret gemessen werden soll. Die meisten Verfahren der Imagemessung versuchen diejenigen Images, die Rezipienten von einem Imageobjekt haben, zu erfassen, d.h. deduktiv die wichtigsten Ausprägungen zu definieren und dann den Grad, mit dem sie zutreffen oder nicht zutreffen, zu erheben.

4.2.1 Grundmerkmale des Imagebegriffs

Nahezu alle begrifflichen Deutungen von Images (lat. „imago" = Erscheinung, Bild, Abbild) rekurrieren auf den Begriff „Bild" bzw. „Abbild", aus dem sich begriffliche Verästelungen wie „Leitbild", „Selbst- und Fremdbild", „Stereotyp" oder „Klischee" ergeben.

Bereits Albert Oeckl (1964: 347) beschrieb Image als „Vorstellungsbild, das sich als eine Summe von Meinungen, Vorurteilen, Erfahrungen oder Erwartungen bei Einzelnen oder Gruppen oder der Öffentlichkeit über eine natürliche oder juristische Person oder irgendein anderes Objekt entwickelt hat." Die Mehrzahl der Imagedefinitionen stellt zentral auf die subjektiv-kognitive Komponente der Imagebildung ab, verortet Images also im wahrnehmenden Individuum. Ein Image kann in diesem Sinne als individuelle Vorstellung aufgefasst werden, die sich ein Individuum von einem beliebigen Phänomen – beispielsweise Personen, Gegenständen oder Ideen – macht.

 Merkmale von Images

Zusammenfassend können folgende allgemeine Merkmale von Images herausgestellt werden, die in den meisten Definitionen Verwendung finden (vgl. u.a. Herger 2006: 162):

- Komplexität: Images sind mehrdimensional strukturiert.
- Ganzheitlichkeit: Ein Image enthält subjektive Vorstellungen, Einstellungen und Erfahrungen sowie „objektive" Tatbestände. Images setzen sich aus kognitiven (Wahrnehmung) und affektiven (Emotionen) Einzelfaktoren zusammen, die zu einem individuellen Gesamteindruck verdichtet werden und sich oft in Werturteilen ausdrücken.
- Verfestigung in der Zeit: Anfänglich entwickeln sich Images eher dynamisch, im Zeitverlauf neigen sie dazu, sich zu (stereotyp) verfestigten Strukturen zu entwickeln, die zwar stabil, aber dennoch korrigier- und manipulierbar sind.
- Orientierungs- und Entlastungsfunktion: Images erleichtern Individuen die soziale Orientierung und reduzieren Unsicherheit. Ihnen wohnt als Leitvorstellung eine Tendenz zur Pauschalierung und Stereotypisierung der Imageobjekte inne.
- Verhaltens- und Handlungsrelevanz: Images können die Erwartungen an ein Imageobjekt und das Verhalten gegenüber diesem beeinflussen.

Ein häufig zitiertes, oft als Ausgangspunkt für empirische Studien genutztes Begriffsverständnis stammt von Uwe Johannsen, der 1971 die erste systematische deutschsprachige Zusammenschau unterschiedlicher Imagekonzepte vorgelegt hat. Demnach ist ein Image

> „ein komplexes, anfänglich mehr dynamisches, im Laufe seiner Entwicklung sich (stereotyp) verfestigendes und mehr und mehr zur Stabilität und Inflexibilität neigendes, aber immer beeinflussbares mehrdimensionales System, dessen wahre Grundstrukturen dem betreffenden 'Imageträger' oft nicht voll bewußt sind" (Johannsen 1971: 35).

Der Imagebegriff wird in der Literatur anhand von unterschiedlichen Gegensatzpaaren differenziert: Bentele (2001) unterscheidet beispielsweise zwischen „Selbstimage" (Selbstbild) und „Fremdimage" (Fremdbild). Das Selbstimage bezieht sich in der Regel auf das Bild, das individuelle und kollektive Akteure wie Personen oder Organisationen von sich selbst haben. Das Fremdimage ist demgegenüber das Bild, das andere von einer Person oder Organisation haben. Beide Imagetypen können noch einmal nach vermutetem (I_v), tatsächlichem (Ist-Zustand: I_t) und erwünschtem (Soll-Zustand: I_e) Zustand unterschieden werden (siehe Abb. 15).

Abbildung 15: Imagetypen (Bentele 2001: 5)

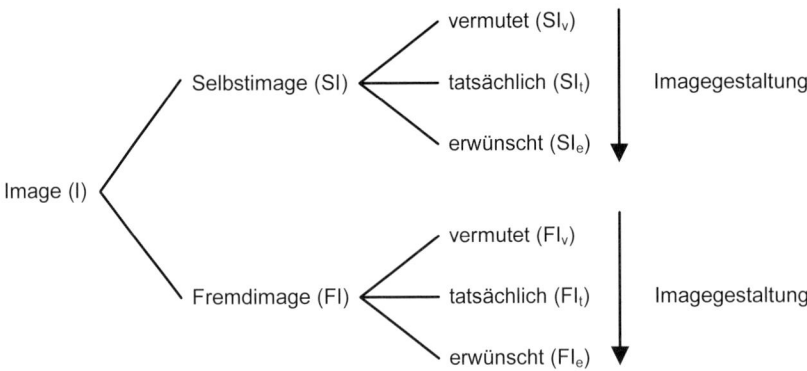

Der Prozess der Imagegestaltung bewegt sich nach Bentele idealtypisch vom vermuteten zum tatsächlichen und dann zum erwünschten Selbst- und Fremdimage. Die Möglichkeiten der Imagegestaltung sind allerdings nicht beliebig, wie Bentele am Beispiel der Nationenimages verdeutlicht:

„Die Gründe liegen in der relativen Autonomie der sozialen Sachverhalte und Ereignisse innerhalb einer Nation […], in dem nur begrenzten Einfluss institutionalisierter Informationsquellen (Primärkommunikatoren wie Politiker, Öffentlichkeitsarbeit/ PR) auf das Mediensystem und in der Existenz weiterer Informationsquellen, die vom politischen System überhaupt nicht steuerbar sind." (Bentele 2001: 6)

Die Differenzierung von Primär- und Sekundärimages weist darauf hin, dass das zu kommunizierende Selbstbild einer Organisation nie ganz losgelöst ist von dem Hintergrund, vor dem sie agiert. Dazu zählen ökonomische, kulturelle und soziale Rahmenbedingungen, aber auch die mit einer spezifischen Branche oder einem bestimmten Land verbundenen kollektiven Vorstellungen. Primärimages beschreiben nach Buss und Fink-Heuberger das kommunizierte Eigenbild einer Organisation, Sekundärimages hingegen das aus einem organisationsübergreifenden Kontext resultierende Image, das gleichsam auf das Primärimage abfärbt und von der einzelnen Organisation kaum beeinflusst werden kann (vgl. 2000: 58).

4.2.2 Der Imagebegriff in der Kommunikationswissenschaft und in der Marketing-Forschung

Zu den wissenschaftlichen Disziplinen, in denen der Imagebegriff eine Rolle spielt, zählen neben der kommunikationswissenschaftlichen PR-Forschung insbesondere die Marketingforschung, die Sozial-, Gestalt- und Werbepsychologie sowie die Medienwirkungsforschung. Im Folgenden werden ausgewählte disziplinäre Zugänge überblicksartig vorgestellt.

Kommunikationswissenschaftliche Ansätze

Ein erster kommunikationswissenschaftlicher Zugang zum Imagebegriff stammt von Walter Lippmann (1922), der den Imagebegriff im Zusammenhang mit dem Stereotype-Begriff verwendet.

Lippmann, Walter (1922): Public Opinion, Chapter IX

„For when a system of stereotypes is well fixed, our attention is called to those facts which support it, and diverted from those which contradict. […] If […] we see life as through a class darkly, our stereotypes of what the best people and the lower classes are like will not be contaminated by understanding. What is alien will be rejected, what is different will fall upon unseeing eyes. We do not see what our eyes are not accustomed to take into account. Sometimes consciously, more often without knowing it, we are impressed by those facts which fit our philosophy.

This philosophy is a more or less organized series of images for describing the unseen world. But not only for describing it. For judging it as well. And, therefore, the stereotypes are loaded with preference, suffused with affection or dislike, attached to fears, lusts, strong wishes, pride, hope. Whatever invokes the stereotype is judged with the appropriate sentiment. Except where we deliberately keep prejudice in suspense, we do not study a man and judge him to be bad. We see a bad man. We see a dewy morn, a blushing maiden, a sainted priest, a humorless Englishman, a dangerous Red, a carefree bohemian, a lazy Hindu, a wily Oriental, a dreaming Slav, a volatile Irishman, a greedy Jew, a 100% American. In the workaday world that is often the real judgment, long in advance of the evidence, and it contains within itself the conclusion which the evidence is pretty certain to confirm."

In der Kommunikationswissenschaft hat sich Klaus Merten mit dem Imagebegriff auseinandergesetzt (→ 3.2). Er sieht ein Image als „konsonantes Schema kognitiver und emotiver Struktur, das sich der Mensch von einem Objekt (Person, Organisation, Produkt, Idee, Ereignis) erzeugt. […] Images sind als subjektive Konstruktionen zu betrachten, die der Mensch sich vor allem für solche Objekte erzeugt, hinsichtlich derer er über kein direkt zugängliches Wissen, keine unmittelbare oder eine zu geringe Erfahrung verfügt, um sich ein konkretes ‚Bild zu machen'." (Merten 1992: 43)

Images erfüllen nach Merten in modernen ausdifferenzierten Gesellschaften, in denen die Möglichkeiten persönlicher Wirklichkeitserfahrung

abnehmen und der Einfluss medienvermittelter Information steigt, zentrale
Selektions- und Entscheidungsfunktionen, „indem komplexe Objekte auf
eingängige, subjektive Muster reduziert werden" (Derieth 1995: 99). Images
als kognitiv wie emotional geprägte Wirklichkeitsvorstellungen des Individu-
ums, können, so die Grundannahme des Ansatzes, von Organisationen durch
gezielte Maßnahmen (kommunikative Strategien) beeinflusst werden:

> „Sie können vorsätzlich, kontingent, das heißt je nach Bedarf, kurzfristig und öko-
> nomisch am Reißbrett entworfen und durch geeignete Strategien an die Öffent-
> lichkeit vermittelt werden: Exakt dies ist die Aufgabe der Public Relations." (Merten
> 1992: 43)

Die Schlussfolgerungen, die aus einem solchermaßen konstruktivistischen
Imagebegriff gezogen werden können, sind allerdings widersprüchlich und
es gelingt dem Ansatz im Ergebnis nicht, diesen Widerspruch aufzulösen: So
kann beispielsweise aus der Aussage, dass Images als subjektive Konstruktionen „weder stabil noch objektiv, sondern veränderbar und selektiv […]"
(ebd.) sind, sowohl der Schluss gezogen werden, dass Rezipientenimages
durch die PR leicht veränder- oder gar manipulierbar sind. Aber auch die ge-
genteilige Schlussfolgerung ist möglich, dass jeglicher Versuch der PR, in
den Köpfen der Rezipienten mittel- bis langfristig stabile Images zu erwir-
ken, von Vornherein zum Scheitern verurteilt ist, da Images eben per se in-
stabil und durch den Einzelnen mehr oder weniger beliebig veränderbar sind.
Es bleibt darüber hinaus unklar, ob und inwieweit die PR die Images in den
Köpfen der Rezipienten tatsächlich steuernd beeinflussen kann. Dass die organisationsseitig konstruierten Images dem entsprechen, was Rezipienten tatsächlich über die Organisation denken, ist gerade vor dem Hintergrund der
zu Grunde gelegten Erkenntnistheorie des radikalen Konstruktivismus eher
unwahrscheinlich. Vielmehr sind hier so viele Images erwartbar, wie es Rezipienten eines bestimmten Imageobjektes gibt.

Der Imagebegriff in der Marketingforschung

Der Aufbau und die Absicherung von Produkt-, Unternehmens- und Bran-
chenimages gelten angesichts gesättigter Märkte und weitgehend austausch-
barer Produkte als eines der Hauptanliegen des Marketing und vor allem der
Werbung. Images werden im Marketing ein (1) Abbildcharakter und eine (2)
Verhaltenssteuerungsfunktion zugeschrieben, die letztlich in bestimmte, von
der Organisation intendierte Handlungen wie dem Kauf eines Produktes

münden soll. Insofern sind Images im Marketing zweckgerichtete Instrumente. In der Marktforschung werden Images eingesetzt, um das Kaufverhalten von Konsumenten zu verstehen und auch zukünftig prognostizieren zu können (vgl. Tropp 2004).

Die marketingwissenschaftliche Auseinandersetzung mit Images stützt sich auf den einstellungsorientierten Imagebegriff aus der Sozialpsychologie sowie der psychologischen Markt- und Konsumentenforschung. Einstellungen werden von der Marketingforschung für die Erklärung und Prognose des Verhaltens von (potenziellen) Kunden und für die Positionierung von Angeboten herangezogen. Die Grenzen zwischen „Einstellung" und „Image" verschwimmen im einstellungsorientierten Imagebegriff allerdings nahezu völlig (vgl. Meffert et al. 2008: 121).

Im Rahmen der identitätsorientierten Markenführung (vgl. u.a. Burmann/Meffert 2005), dem aktuell prominentesten Markenansatz, Ansatz, der die derzeitige Markendiskussion am stärksten prägt, wird der Identitäts- und Imagebegriff aus klassischen CI-Konzepten auf die Markenführung übertragen. Wie viele andere Begriffe ist jedoch auch der Markenbegriff in der Literatur nicht konsentiert. Unterschiedliche Forschungsdisziplinen, die sich mit Marken befassen, tragen mit ihren vielfältigen Definitionsversuchen zu einer großen begrifflichen Unklarheit bei. Die mit Abstand größte Bedeutung hat das Markenkonstrukt in der Marketingpraxis von Unternehmen. Darüber hinaus wird das Markenkonzept von unterschiedlichen wissenschaftlichen Disziplinen auch auf Städte, politische Organisationen oder Personen des öffentlichen Lebens übertragen. Auf wissenschaftlicher Ebene werden das Markenkonstrukt und insbesondere der Ansatz der identitätsorientierten Markenführung vor allem mit dem Münsteraner Marketing-Professor Heribert Meffert in Verbindung gebracht.

Marke

Marken sind in der Psyche des Konsumenten verankerte, unverwechselbare Vorstellungsbilder von einem Produkt, einer Dienstleistung oder einer Organisation (vgl. Meffert 2000: 847).

Idealtypisch können drei Perspektiven auf den Markenbegriff unterschieden werden:

- Das *instrumentelle* Markenverständnis ist stark mit dem Namen Hans Domizlaff verknüpft, der in den 1920er Jahren den Begriff der „Markentechnik" etablierte. Im Wesentlichen geht es in diesem Markenverständnis um die Kennzeichnung von Produkten (Domizlaff 1951).

- Darauf aufbauend entwickelte sich ein *funktionales* Markenverständnis, in dem Markenartikel nicht mehr länger als Merkmalsbündel, sondern als spezifische Vermarktungsform verstanden werden. Fraglich ist in diesem Verständnis vor allem, wie betriebliche Funktionen ausgestaltet sein müssen, um den Absatz zu erhöhen.

- Das *wahrnehmungsbezogene* Markenverständnis fokussiert die Nachfrager. Produkte gelten dann als „Marke", wenn sie vom Konsumenten als eine solche wahrgenommen werden.

Das identitätsorientierte Markenverständnis grenzt sich von Ansätzen ab, die Marke entweder nur als ein Merkmalsbündel oder aber ausschließlich als Vorstellungsbild in den Köpfen der Konsumenten definieren. Es basiert auf der Annahme, dass für die Bedeutung der Marke gleichermaßen die Wahrnehmung der Kunden (Outside-in-Perspektive) als auch die Substanz der Marke, d.h. die Gestaltung des Nutzenbündels durch den Anbieter (Inside-out-Perspektive) bedeutsam sind. Im Zentrum steht entsprechend die Betrachtung der wechselseitigen Beeinflussung von unternehmensexternem Markenimage und unternehmensinterner Markenidentität. (Vgl. Burmann/ Meffert 2005: 51f.) Markenidentität wird definiert als „diejenigen raum-zeitlich gleichartigen Merkmale der Marke, die aus Sicht der internen Zielgruppen in nachhaltiger Weise den Charakter der Marke prägen." (Burmann et al. 2003: 16) Die Markenidentität steht für das Konzept der Marke und verdeutlicht die charakteristischen Merkmale einer Marke, aufgrund derer sich die Marke dauerhaft von anderen unterscheidet. Das Markenimage stellt demgegenüber das Fremdbild der Marke dar und „ist das Ergebnis der individuellen, subjektiven Wahrnehmung und Dekodierung aller von der Marke ausgesendeten Signale." (ebd.: 6)

Die konzeptionelle Durchführung der identitätsorientierten Markenführung erfolgt zweiteilig: Zum einen muss das Selbstbild im Sinne eines Aussagenkonzepts, das auf der angenommenen Kernkompetenz der Marke und der Markenphilosophie basiert, definiert werden. Zum anderen muss das gewünschte Fremdbild im Sinne eines Akzeptanzkonzepts festgelegt werden. Die Intensität der Wechselbeziehungen und das Ausmaß an Übereinstimmungen zwischen Selbstbild und Fremdbild entscheiden über den Erfolg der identitätsorientierten Markenführung.

4.3 Reputation

Der Reputationsbegriff ist in den letzten Jahren verstärkt in das Zentrum sowohl der PR-Praxis als auch der kommunikationswissenschaftlichen PR-Forschung gerückt. Organisationsbezogene Auseinandersetzungen mit dem Konstrukt Reputation fanden allerdings lange Zeit überwiegend in der Betriebswirtschaftslehre statt, so dass der Begriff bisher vor allem in Bezug auf Unternehmen reflektiert und operationalisiert worden ist. Im engeren betriebswirtschaftlichen Kontext ist Reputation ein immaterieller Vermögenswert, dessen Wirkungen auf Stakeholder langfristige Wettbewerbsvorteile versprechen. Dass sich Reputation zu einem Kernbegriff der PR-Forschung entwickelt und das Reputationsmanagement zunehmende Bedeutung in der Unternehmenspraxis gewinnt, hängt mit der dadurch ermöglichten Erweiterung organisationaler Handlungsspielräume zusammen:

> Reputation „bündelt vertrauensvolles und kontinuierliches Handeln mit Bezug auf die Reputationsträger, sie reduziert die Komplexität hinsichtlich deren Auswahl, sie befreit von Kontrolle und lässt allfällige Machtpositionen als legitim erscheinen. Das Umgekehrte gilt freilich ebenso: Reputationsverlust destabilisiert durch Vertrauenszerfall das Handeln, erhöht dessen Komplexität und delegitimiert hierarchische Strukturen." (Eisenegger/Imhof 2009: 253)

4.3.1 Reputationsdimensionen und -typen

Ebenso wie mit dem Konstrukt Image setzen sich auch mit dem Konstrukt Reputation unterschiedliche Fachdisziplinen auseinander. Während sich die Betriebswirtschaftslehre vor allem mit der Entwicklung unterschiedlicher Messmodelle für (Unternehmens-) Reputation beschäftigt, bemüht sich die Kommunikationswissenschaft zunächst um eine soziologisch hinreichend komplexe Begriffsbildung.

Reputation

Reputation kann bezeichnet werden als „das öffentliche Ansehen, das eine Person, Institution, Organisation oder allgemeiner ein (Kollektiv-)Subjekt mittel- oder langfristig genießt und das aus der Diffusion von Prestigeinformation an unbekannte Dritte über den Geltungsbereich persönlicher Sozialnetze hinaus resultiert." (Eisenegger 2005: 24f.)

Die verwandten Konstrukte Image und Reputation werden in der Literatur teils synonym, teils mit unterschiedlicher Bedeutung benutzt. Die am häufigsten genannten Abgrenzungskriterien sind (1) die Beeinflussungsrichtung zwischen beiden Konstrukten, (2) ihre zeitliche Existenzdauer und (3) ihr Individualitätsgrad (vgl. Prauschke 2007: 50ff.). Am plausibelsten scheint eine Unterscheidung anhand des Individualitätsgrades. Demnach ist unter einem Image die individuelle Meinung bezüglich eines Imageobjektes zu verstehen, es kann folglich so viele Images geben, wie es Rezipienten des entsprechenden Objektes gibt. Die Reputation ist hingegen als Aggregation von (medien-)öffentlich artikulierten Images zu verstehen und damit als Ergebnis des öffentlichen Austausches individueller Wahrnehmungen, Erfahrungen und Bewertungen von Organisationen. Images sind analytisch also auf einer individuellen, Reputation auf einer kollektiven Ebene anzusiedeln. Daher müssen sich individuelles Image und öffentlich kommunizierte Reputation nicht unbedingt entsprechen – beispielsweise kann man aufgrund individueller Negativerfahrungen ein schlechtes Image von einer Organisation haben, während sie allgemein eine gute Reputation besitzt. Regelmäßig werden aber mehrheitlich positive Images zu einer tendenziell positiven Reputation führen. Ein weiterer Unterschied besteht darin, dass Images auch auf Gegenstände bezogen sein können, während Reputation nur individuellen und kollektiven Akteuren zugeschrieben wird (vgl. Eisenegger 2005: 23).

Grundlegend kann der Reputationsbegriff – angelehnt an das Drei-Welten-Konzept von Jürgen Habermas – in die drei Typen funktionale, soziale und expressive Reputation gegliedert werden (vgl. Eisenegger/Imhof 2009). Zentral für diesen soziologischen Ansatz ist die Annahme, dass es mit der objektiven Welt des „Wahren", der sozialen Welt des „Guten" und der subjektiven Welt des „Schönen" drei Welten gibt, in denen sich gesellschaftliche Akteure bewähren müssen (vgl. Habermas 1988). Diese drei Welten sind durch eine je spezifische Handlungs- und Bewertungsrationalität charakterisiert.

Tabelle 10: Funktionale, soziale und expressive Reputation (Eisenegger/ Imhof 2009: 249)

	Funktionale Reputation	**Soziale Reputation**	**Expressive Reputation**
Reputations-bezug (Bezugswelt)	*Objektive Welt* leistungsbasierter Funktionssysteme; Welt kognitiv beschreibbarer Ursache-Wirkungs-Relationen	*Soziale Welt* moralischer und normativer Standards	*Subjektive Welt* idivdueller Wesenheit und Identität
Reputations-indikatoren	Kompetenz, Erfolg	Integrität, Sozialverantwortlichkeit, Legalität und Legitimität	Attraktivität, Einzigartigkeit, Authentizität
Bewertungsstil	Kognitiv-rational (Kennzahlen)	Normativ-moralisierend	Emotional-ästhetisierend
Reputations-instanzen	Akteure mit kognitivem Weltbezug: Experten, Wissenschaftler, Analysten, Fachmedien	Akteure mit normativem Weltbezug: Moralische Unternehmer, Intellektuelle, politische & religiöse Gruppierungen, Kontrollbehörden, NGOs, Massenmedien	Akteure mit ästhetischem Weltbezug: Kommunikations-, Marketing-, Stilberater, Kunstschaffende, Designer, Spin Doctors, Massenmedien

Die abgeleiteten Reputationstypen unterscheiden sich folgendermaßen (vgl. Eisenegger 2005: 38, siehe Tab.10):

- Die *Funktionale Reputation* (Handlungsrationalität der objektiven Welt) orientiert sich an der Frage, ob die Organisation innerhalb ihrer Zwecksetzung erfolgreich ist. Diese Zwecksetzung wiederum ist abhängig von den spezifischen Sinnrationalitäten und Leistungszielen des gesellschaftlichen Funktionssystems, in dem Organisationen primär agieren. So erhalten beispielsweise Politiker und Parteien funktionale Reputation dafür, dass sie Entscheidungen durchsetzen und Wählerstimmen mobilisieren. Unternehmen gewinnen Reputation, wenn sie ökonomisch rentabel wirtschaften.

- *Soziale Reputation* (Handlungsrationalität der sozialen Welt) beschreibt das Vermögen von Organisationen, in Übereinstimmung mit moralischen und normativen Ansprüchen und spezifischen gesellschaftlichen Werthaltungen zu handeln. Weil dieser Reputationstypus durch Kriterien der Sozialmoral reguliert ist, unterliegt er gesamtgesellschaftlichen Bewertungsmaßstäben und hat auch über die partikulären Bewertungsziele der verschiedenen Funktionssysteme hinaus Gültigkeit.
- *Expressive Reputation* (Handlungsrationalität der subjektiven Welt) beschreibt die emotionale Faszinationskraft und wahrgenommene Authentizität einer Organisation. Sie beruht auf einer positiven emotionalen Verknüpfung bei Beobachtern und ist in diesem Sinne stark abhängig von der Beurteilung der funktionalen und sozialen Reputation.

Die Wirkungen von Reputation auf einzelne Stakeholdergruppen sind sehr vielfältig. Exemplarisch können genannt werden:
- Kunden: Festigung der Kundenbindung
- Mitarbeiter: besseres Recruitment, höhere Identifikation und Motivation
- Investoren: höhere Kauf- und Haltebereitschaft von Anteilen
- staatliche Akteure: geringeres Kontrollbestreben
- Massenmedien: geringere Skandalisierungsbereitschaft

4.3.2 Konzepte zur Messung von Reputation

Messkonzepte für Reputation sind aus Sicht der PR-Praxis erforderlich, weil nur messbare Größen gesteuert werden können. Generell verfolgt das Management der Reputation das Ziel, die Wahrnehmung der Organisation seitens aller Stakeholder durch Kommunikationsangebote so zu beeinflussen, dass deren Erwartungen an die Organisation bzw. deren Handeln so weit wie möglich im Einklang mit den Organisationszielen und -handlungen steht. Dabei sollte das Reputationsmanagement allerdings kein exklusiver Zuständigkeitsbereich der PR sein, sondern als übergeordnete Managementaufgabe verstanden werden, denn Reputationszuschreibung bezieht sich auf das gesamthafte organisationale Handeln und nicht nur organisationale Kommunikationsangebote. Insoweit handelt es sich um eine originäre Managementaufgabe unter Beteiligung der PR.

Für das Konstrukt „Reputation" liegt eine Vielzahl von Messkonzepten vor. Bei der Reputationsmessung wird üblicherweise erfasst, wer (z.b. Stakeholdergruppe) wem (z.b. Unternehmen) in welchen Dimensionen (z.b. Produktqualität, soziale Verantwortung) welche Reputation zuschreibt und welche Stakeholder welche Erwartungen und Ansprüche an die Organisation stellen. Dazu wird auf verschiedene Datenerhebungsmethoden der empirischen Sozialforschung wie Medienresonanzanalysen oder Befragungen zurückgegriffen. Aus den Daten werden über uni-, bi- und multivariate Analysemethoden Kennzahlen abgeleitet, die Aussagen über die „Höhe" und „Qualität" der Reputation machen. Zu den derzeit am weitesten verbreiteten Messkonzepten gehören der Harrris-Fombrun-Reputation-Quotient (RQ) (siehe grundlegend Wiedmann et al. 2007) und das darauf aufbauende RepTrak-Konzept (Reputation Institute 2011).

Abbildung 16: Harris-Fombrun-Reputation-Quotient (RQ) (vgl. Wiedmann et al. 2007: 325)

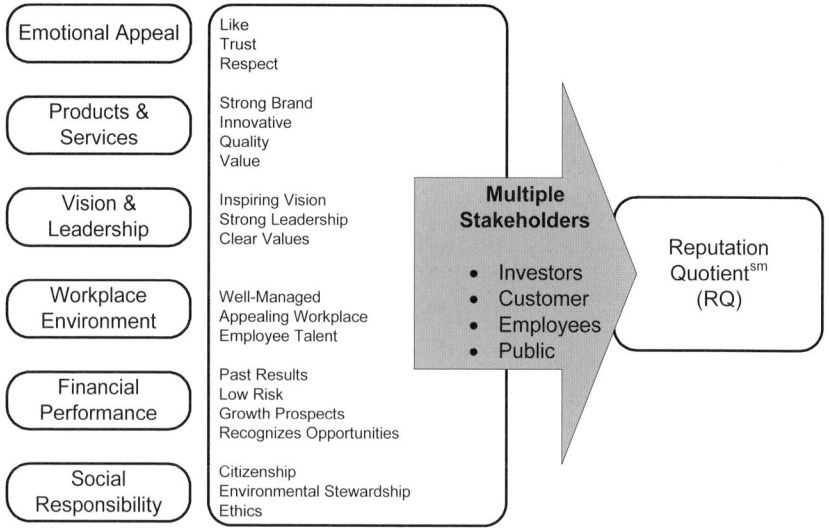

Weitere häufig zitierte und im Vergleich zum Reputation Quotient deutlich elaboriertere Messmodelle stammen im deutschsprachigen Raum von Ingenhoff und Schwaiger, bei denen Reputation nicht als ein Konstrukt betrachtet, sondern in verschiedene Faktoren unterteilt wird (siehe u.a. Ingenhoff/Sommer 2010; Schwaiger 2004).

Das von Charles Fombrun und dem Marktforschungsinstitut Harris Interactive entwickelte standardisierte, mehrdimensionale Messverfahren zur Ermittlung der Unternehmenskommunikation wird seit 1999 weltweit als Grundlage von Reputationsstudien angewendet. Anhand von Stakeholder-Befragungen werden in sechs Dimensionen bestimmte Attribute eingeschätzt, die letzlich zu einem Reputationswert verdichtet werden. Viele weitere Messkonzepte sind eng an diese Überlegungen angelehnt oder zumindest von ihnen beeinflusst. Im RepTrak-Konzept, der Weiterentwicklung des RQ, werden sowohl Medien als auch Stakeholder befragt. Dazu werden 23 „key performance indicators" in insgesamt sieben Dimensionen abgefragt. Diese Dimensionen sind: (1) Products & Services, (2) Innovation, (3) Workplace, (4) Governance, (5) Citizenship, (6) Leadership und (7) Performance. Angesichts seiner weltweiten Verbreitung ist das Konzept international vergleichsfähig. Kritisch wird bewertet, dass die sieben abgefragten Dimensionen unabhängig von Branchen und Ländern das gleiche Gewicht haben und letztlich nur auf Unternehmen angewendet werden können.

Gegen eine übergeordnete und alle Stakeholder umfassende Messung der Reputation einer Organisation wird eingewandt, dass ein einziges Messinstrument kaum in der Lage sein kann, die von Stakeholdergruppe zu Stakeholdergruppe und auch von Individuum zu Individuum variierenden Erwartungen und Ansprüche an sowie Bewertungen von Organisationen angemessen zu erfassen.

4.4 Dialog und das Konzept der Verständigungsorientierten Öffentlichkeitsarbeit

Im Rahmen der kommunikativen Krisenprävention als speziellem Handlungsfeld der PR, aber auch in der PR-Arbeit allgemein spielen dialog- und verständigungsorientierte Kommunikationsangebote eine herausgehobene Rolle.

4.4.1 Der Dialogbegriff im organisationalen Kontext

Seit Mitte der 1990er Jahre wird der Dialoggedanke verstärkt theoretisch-konzeptionell unterlegt. Dabei können mit Blick auf Organisationen drei miteinander verzahnte Perspektiven unterschieden werden: (1) Zum Ersten wird der Dialoggedanke insbesondere von Vertretern der Betriebswirtschaftslehre auf organisationspolitischer Ebene verortet und hier als Ausprägung eines gewandelten Selbstverständnisses von Organisationen im Kontext ihrer gesellschaftspolitischen Umweltbeziehungen beschrieben. Im Hinblick auf die PR wird der Dialoggedanke (2) zum Zweiten sowohl als generelle Handlungsmaxime der PR beschrieben und (3) zum Dritten insbesondere in der praxisbezogenen Literatur als Dialogpostulat im Sinne einer spezifischen Anforderung an die konkrete Ausgestaltung von PR-Konzepten, -Programmen und -Maßnahmen hervorgehoben. Die Verwendung des Dialogbegriffs in der PR-praktischen, aber auch in der wissenschaftlichen Literatur erfolgt allerdings oftmals unscharf.

Dialog

„Dialog" meint allgemein eine auf Wechselseitigkeit beruhende sprachliche Interaktion, deren kennzeichnendes Merkmal der Wechsel von Rede und Gegenrede unter Beteiligung von mindestens zwei Personen bzw. Personengruppen ist, die nicht zwingend face-to-face ablaufen muss. Der Rollenwechsel zwischen Kommunikator und Rezipient ist in Dialogen stets vorgesehen. Dialoge sind Kommunikationsprozesse, d.h. Handlungszusammenhänge, in denen die beteiligten Kommunikationspartner versuchen, sich durch aufeinander bezogene Mitteilungs- und Verstehenshandlungen gegenseitig zu beeinflussen.

Mit Bezug auf Organisationen kann die grundsätzliche Notwendigkeit zur Dialogbereitschaft mit Zerfaß (1996: 51) darin gesehen werden, dass eine möglichst positive Fremdwahrnehmung einer Organisation nicht instrumentell erzwungen, sondern nur vertrauensvoll – im Dialog – erworben werden kann. Diese Aussage zeigt bereits, dass sich nur schwerlich zwischen der Dialogorientierung der PR einerseits und der Gesamtorganisation andererseits trennen lässt.

Dialogtypen

Die Systematisierung von unterschiedlichen Dialogtypen ist vielfältig und variiert stark in Abhängigkeit von der wissenschaftlichen Disziplin, die sich mit dem Dialogbegriff beschäftigt. Zu nennen sind hier insbesondere die Linguistik, die Soziologie, die Sprachphilosophie und die Wirtschaftsethik. Peter Szyszka hat in Anlehnung an sprachphilosophische Unterscheidungen zwischen „zweckrational-strategischem Handeln" und „kommunikativem Handeln im Dialog" für die PR-Forschung eine dreiteilige Systematik vorgelegt (vgl. 1996: 102ff.). Er differenziert (1) einen Idealtyp, (2) einen Realtyp und (3) einen Fassadentyp des Dialogs, deren Übergänge fließend sind.

- *Idealtyp*: Hier wird „Dialog" als vollkommen ergebnisoffener Austauschprozess verstanden. Aus der Zugrundelegung eines solchen Dialogverständnisses in der PR folgt die Gefahr, dass die Organisations-

existenz in ihren Grundfesten bedroht wird, denn bei vollkommener Ergebnisoffenheit steht auch die eigene Position stets vollumfänglich zur
Debatte. Angesichts dieser grundlegenden Gefährdung der Organisationsexistenz muss der Idealtyp aus Sicht der PR letztlich als „Irrealtyp"
(ebd.: 103) eingestuft werden, kann doch auch eine Organisation nicht
von ihrem elementaren Partikularinteresse an der Selbsterhaltung abse-
hen.

- *Realtyp*: Hierbei handelt es sich um eine argumentative und inhaltliche
  Auseinandersetzung, bei der Ergebnisoffenheit und Ergebnisorientierung, so Szyszka, gleichzeitig möglich sind. Ein solches Dialogver-
  ständnis setzt auf Seiten der Organisation die Bereitschaft zur Veränderung eigener Positionen und deren Anpassung an Umwelterwartungen in
  gewissen Grenzen voraus. Die Ergebnisorientierung genießt im „Realtyp" zwar Vorrang gegenüber der Ergebnisoffenheit, prinzipiell kann
  der Verzicht auf die Durchsetzung bestimmter Partikularinteressen aus
  Organisationssicht aber höher gewichtet werden als ein kurz- oder mittelfristiger – unmittelbar ergebnisorientierter – strategischer Vorteil.
  Dies gilt insbesondere, wenn sich aus der Ergebnisoffenheit langfristige
  Vorteile für die Organisation ergeben können (vgl. ebd.: 103).

- Der *Fassadentyp* beschreibt Dialoge als Scheindialoge, bei denen der
  Dialogbegriff durch die PR zweckentfremdet und instrumentalisiert
  wird. Organisationen, die diesem Begriffsverständnis folgen, versuchen
  in ihrer PR-Arbeit von der überwiegend positiven Konnotationen des
  Dialogbegriffs zu profitieren, orientieren sich dabei aber ausschließlich
  an ihrem Partikularinteresse: „Von einer begrifflichen Fassadentechnik
  kann in jenen Fällen gesprochen werden, in denen derart benannte Kom-
  munikationssituationen ausschließlich zu besserer Informationsvermittlung bei der Durchsetzung kurz- und mittelfristiger Persuasionsziele
  dienen oder bewußt als Instrumente zur Blendung oder Ablenkung eingesetzt werden." (ebd.)

Der Systematisierungsvorschlag von Szyszka zeigt, dass der Dialogbegriff
ein vielschichtiges Konstrukt darstellt, das stets im Spannungsfeld von normativ wünschenswerten, idealtypischen Anforderungen und davon mehr oder
weniger stark abweichenden Erfordernissen der Organisationspraxis steht.
Unterschiedliche Dialogverständnisse lassen sich im Ergebnis auf einem

Kontinuum mit den zwei Extrempunkten (1) „völlige Ergebnisoffenheit" und (2) „weitgehende Ergebnisorientierung" verorten. Dabei arbeiten viele Autoren mit einem insofern abgeschwächten und pragmatischen Verständnis des Dialogprozesses, als dass im Ergebnis nicht zwingend Konsens entstehen muss, sondern z.B. auch Kompromisse oder Mehrheitsbeschlüsse als Erfolg gewertet werden.

 Dialog als normativer Zielwert der PR-Praxis

„Der Begriff des Dialogs als normativer Zielwert, als – auch semantisch – attraktive Kommunikationsform wurde von vielen Unternehmen, Verbänden, Parteien, politischen und anderen Institutionen gern benutzt, um Modernität, Offenheit und Transparenz in einer gesellschaftlichen Situation zu signalisieren, die eher von Krisen, Glaubwürdigkeits- und Vertrauensverlusten gekennzeichnet zu sein scheint. Teilweise ist die häufige Nutzung des Dialogbegriffs umgekehrt proportional zur Krisenanfälligkeit des gesellschaftlichen Bereichs, in dem er benutzt wird. […] Aus einer gewissen Distanz heraus zeigt es sich allerdings nicht selten, daß die benutzten Dialogbegriffe sich oft darauf beschränken, innerhalb von kommunikativen Einweginstrumenten eine Rückkopplungsmöglichkeit darzustellen." (Bentele et al. 1996: 11f.)

Risiken der Dialogbereitschaft für Organisationen

Aus einer analytisch-distanzierten Perspektive ist zu konstatieren, dass es sich bei der Dialogorientierung der PR-Praxis um einen in regelmäßigen Abständen wiederkehrenden Modebegriff handelt. Neben potenziellen Abnutzungserscheinungen ist aus drei weiteren Gründen vor einer Überstrapazierung des Dialogbegriffs in der PR-Praxis zu warnen.

- Zum Ersten kann die Signalisierung von grundsätzlicher oder themenspezifischer Dialogbereitschaft in der Organisationsumwelt im Einzelfall Ansprüche wecken, die ohne ein Dialogangebot gar nicht erwachsen wären, die Organisation also unnötigerweise unter Legitimierungsdruck setzen.

- Zum Zweiten führt das Signalisieren von Dialogbereitschaft – unabhängig vom Ausmaß ihrer Wahrhaftigkeit – mit hoher Wahrscheinlichkeit dazu, dass diese von einzelnen Stakeholdern auch tatsächlich und dauerhaft eingefordert wird. Auch wenn die Dialogbereitschaft thematisch oder zeitlich eingegrenzt wird, bleibt zumindest fraglich, ob kritische Bezugsgruppen in der Organisationsumwelt hier zwischen (zeitlich begrenzten) Themen und Gesamtorganisation unterscheiden. Insbesondere grundsätzliche Organisationsziele stehen aus Sicht der Organisation aber in der Regel gerade nicht zur Disposition und können nicht Gegenstand von Verhandlungen sein, um die Existenz der Organisation nicht in ihren Grundfesten zu gefährden.

▪ Zum Dritten kann auch ein im Sinne idealtypischer normativer Diskursideale hergestellter Konsens mit einer spezifischen Anspruchsgruppe zur Verschärfung der Diskrepanzen mit anderen Anspruchsgruppen führen – und wäre dann in der Gesamtsicht möglicherweise gar kontraproduktiv.

Aufgegriffen wird der Dialoggedanke sowohl im Konzept der Verständigungsorientierten Öffentlichkeitsarbeit von Roland Burkart, als auch im Symmetriepostulat von James E. Grunig und Todd Hunt. Das in → 1.2 dargestellte zweiseitige Modell der PR als symmetrische Kommunikation nach Grunig und Hunt (1984) impliziert dialogähnliche Kommunikationsbeziehungen, die auf ein wechselseitiges Verständnis im Sinne eines Interessenausgleiches zwischen Organisation und Teilöffentlichkeiten gerichtet sind.

4.4.2   Verständigungsorientierte Öffentlichkeitsarbeit

Ein auf der „Theorie des kommunikativen Handelns" von Jürgen Habermas basierender Ansatz ist das Konzept der Verständigungsorientierten Öffentlichkeitsarbeit (VÖA).

**„Theorie des kommunikativen Handelns"
von Jürgen Habermas**

Der Philosoph und Soziologe Jürgen Habermas wurde v.a. durch seine diskurs- und handlungstheoretischen Arbeiten bekannt. Im 1981 erstmals veröffentlichten zweibändigen Werk „Die Theorie des kommunikativen Handelns" setzt Habermas sich mit der Bedeutung kommunikativen Handelns für das soziale Leben in der modernen Gesellschaft auseinander. Dabei entwirft Habermas eine Theorie der Moderne, die sich mit dem Zusammenwirken kommunikativ strukturierter Lebenswelten und den ausdifferenzierten sozialen Funktionssystemen auseinandersetzt. Die normative Grundlage der Gesellschaft liegt nach Habermas in der Sprache, die als zwischenmenschliches Verständigungsmittel soziale Interaktion überhaupt erst ermöglicht. Verstehen und Verständigung durch kommunikatives Handeln sind hierbei oberstes Ziel. Als elementare Voraussetzungen für Verständigung identifiziert Habermas folgende universale Geltungsansprüche (vgl. Habermas 1988: 410ff.).

- *Verständlichkeit*: Kommunikationspartner beherrschen die Regeln der gemeinsamen Sprache; können verständlich formulieren
- *Wahrheit*: Annahme, dass Kommunikationspartner Aussagen über Wirklichkeit treffen, deren Existenz vom jeweils anderen anerkannt wird
- *Wahrhaftigkeit*: Kommunikationspartner nehmen an, dass der jeweils andere sie nicht täuschen will und seine tatsächlichen Absichten zum Ausdruck bringt
- *Richtigkeit*: Kommunikationspartner gehen davon aus, dass sie geltende Werte und Normen mit ihren verfolgten Interessen nicht verletzen

Das VOÄ-Konzept knüpft an die gesellschafts- und kommunikationstheoretischen Überlegungen von Jürgen Habermas an, indem es annimmt, menschliche Kommunikation sei grundsätzlich auf das Ziel wechselseitiger Verständigung angelegt (vgl. Burkart 2008: 224). In diesem Sinne liefert das Konzept sowohl Anregungen zur PR-Theoriebildung als auch handlungsbezoge-

ne Vorschläge für eine verständigungsorientierte Öffentlichkeitsarbeit. Anfang der 1990er Jahre publizierten Roland Burkart und Sabine Probst erstmals das VÖA-Konzept (vgl. Burkart/Probst 1991; Burkart 1993b). Entwickelt wurde das Konzept als Planungs- und Evaluationsinstrument von PR
am Beispiel der Analyse der Konfliktkommunikation zwischen der Niederös-
terreichischen Landesregierung und Bürgern, die gegen den geplanten Bau
von Sonderabfalldeponien protestierten. Kern der VÖA bilden Vorschläge,
wie elementare Interessenkonflikte zwischen Organisationen und ihren relevanten Teilöffentlichkeiten auf der Basis von Verständigung gelöst werden
können. Der PR fallen dabei die zentralen Funktionen der Initiierung, Beglei-
tung und Kontrolle dieser Verständigungsprozesse zu. Ziel verständigungsorientierter Öffentlichkeitsarbeit ist, Einverständnis und Konsens zwischen
Konfliktparteien zu schaffen. Aufgabe der PR ist dabei nicht, den eigentlichen Konflikt zu lösen, sondern die Bedingungen für die Lösung des Kon-
fliktes zu schaffen.

Vier Phasen der VÖA

Ziel verständigungsorientierter Öffentlichkeitsarbeit ist die Gewährleistung
„eines möglichst ‚störungsfrei' ablaufenden Kommunikationsprozesses zwischen dem PR-Auftraggeber und den jeweils relevanten Teilöffentlichkeiten"
(ebd.: 229f.). Laut Burkart ist dies gewährleistet, wenn auf folgenden Ebenen
der Kommunikation zwischen den Kommunikationspartnern Einverständnis
über die kommunikativen Geltungsansprüche herrscht:

▪ Hinsichtlich der zu thematisierenden Sachverhalte, muss den Kommuni-
  kationspartnern klar sein, *was* unter dem Sachverhalt zu verstehen ist.
  Zudem muss Konsens über den Wahrheitsgehalt von Behauptungen und
  Erklärungen der PR-auftraggebenden Organisation bestehen.
▪ Bezüglich der involvierten Kommunikatoren muss deutlich sein, *wer* innerhalb der Organisation die Verantwortung trägt und Einigkeit über die
  Vertrauenswürdigkeit der Organisation und deren Vertretern herrschen.
▪ Hinsichtlich der zu vertretenden Interessen muss nachvollziehbar sein,
  warum die Organisation bestimmte Interessen verfolgt und Konsens
  über die Legitimität dieser Interessen bestehen. (Vgl. Burkart 2008: 230,
  siehe Abb. 17)

Abbildung 17: PR-Kommunikation aus der VÖA-Perspektive (Burkart 2008:
230)

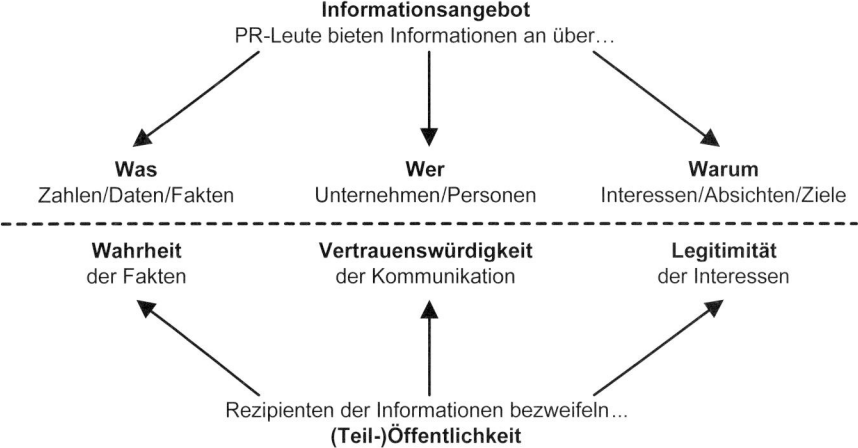

Der Kommunikationsprozess besteht im VÖA-Konzept aus den vier Phasen
Information, Diskussion, Diskurs und schließlich der Situationsdefinition
(vgl. Burkart 2008: 231ff.):

- Ein gleichberechtigter Verständigungsprozess und die intendierte ratio-
  nale und allgemein akzeptierte Urteilsfindung verlangt nach angemesse-
  ner *Information* aller Beteiligten. Aufgabe der Öffentlichkeitsarbeit ist
  daher in der Informationsphase, alle relevanten Informationen für den
  Verständigungsprozess zur Verfügung zu stellen.

- Sind mit der Informiertheit aller Beteiligten die inhaltlichen Grundbe-
  dingungen für einen Verständigungsprozess gewährleistet, fällt der Öffentlichkeitsarbeit in der *Diskussionsphase* die Aufgabe zu, Voraussetzungen für einen direkten Kontakt der Beteiligten auf der organisatorischen und motivationalen Ebene zu schaffen. Im Mittelpunkt der Diskussionen steht die Auseinandersetzung um die relevanten Sachverhalte,
  die vorgebrachten Interessen und deren Begründungen.

- Da das VÖA-Konzept speziell für konflikthaltige Situationen entwickelt
  wurde, in denen „einfache Lösungen" im Sinne von schnellen Konsens-
  entscheidungen der beteiligten Kommunikationspartner nicht zu erwar-
  ten sind, kann davon ausgegangen werden, dass die *Diskussionsphase*

nicht zu einem Einverständnis in der Sache führt. Für diese Situationen steht mit der Theorie des kommunikativen Handelns der Diskurs bereit, dessen Ziel es ist, ein „problematisch gewordenes Einverständnis durch Begründung wiederherzustellen" (Burkart/Probst 1991: 64) bzw. über problematisch gewordene Geltungsansprüche einen Konsens herzustellen.

- Idealerweise mündet der Diskurs um Verfahrensregeln in eine von allen Beteiligten akzeptierte *Situationsdefinition*: Sie beinhaltet ein Einverständnis über die vertretenen Sachargumente, die Vertrauenswürdigkeit der Handlungsträger und die Legitimität der vertretenen Interessen. Diese Situationsdefinition bildet die Grundlage für sich anschließende konkrete Handlungspläne. Nach Burkart liegt diese eigentliche Prüfung der Argumente außerhalb des Kompetenzbereiches der PR – ihre Rolle ist in dieser Phase rein verfahrensbegleitend und nicht ergebnisbeeinflussend.

Burkart hat bereits früh (1993a: 51) vor einer „Konsens-Illusion" gewarnt und darauf hingewiesen, dass eine geglückte Verständigung zwischen Organisationen und Teilöffentlichkeiten in der Praxis nicht immer erreicht werden kann. Bereits als Erfolg bezeichnet Burkart für derartige Situationen die Herstellung eines „rationalen Dissens", also letztlich Einigkeit über die Uneinigkeiten zwischen den Beteiligten. Trotz dieser Einschränkungen des Autors werden folgende Punkte in der PR-Forschung kritisch diskutiert (vgl. dazu mit weiteren Nachweisen Röttger 2010: 38ff.): Es wird dem Ansatz vorgeworfen, dass er die Interpretationsspielräume, die sich gerade bei komplexen Sachfragen aus gemeinsamen Situationsdefinitionen ergeben können, unterschätzt. Insofern sei das VÖA-Modell zwar ein normatives Idealmodell, in der Praxis aber aufgrund seiner optimistischen Annahmen schwer bis gar nicht umsetzbar und daher kaum anzutreffen. Zudem bleibt selbst in den (vermutlich seltenen) Idealfällen, in denen die beteiligten Konfliktparteien eine beidseitig akzeptierte Situationsdefinition erarbeiten können, zu fragen, ob die Verständigung über die Sachargumente, die Vertrauenswürdigkeit der Handlungsträger und die Legitimität der vertretenen Interessen eine tragfähige Grundlage für die sich anschließenden Handlungsprogramme bilden. Denn Planung und Durchführung der konkreten Handlungsprogramme obliegen der jeweils zuständigen Fachabteilung in den Organisationen und nicht explizit der PR.

Die Rolle der PR tangiert den umstrittensten Aspekt des VÖA-Konzeptes – der unauflösbaren Verschränkung von strategischer und verständigungsorientierter Kommunikation. Problematisch ist die Rolle der PR insofern, dass sie einerseits ein abhängiger Bestandteil einer interessenverfolgenden Organisation ist, und zugleich einen prinzipiell ergebnisoffenen Verständigungsprozess mit Teilöffentlichkeiten begleiten soll. Vor diesem Hintergrund wird dem Konzept der Vorwurf gemacht, eine Ideologie der Interessenfreiheit der PR zu propagieren, PR zur Ethik-Instanz zu erhöhen und dabei ihre Interessengebundenheit und real existierende Machtverhältnisse zu verschleiern. Knapp zusammengefasst lautet die Kritik:

> „Die PR-Praxis bekommt mit diesem Modell genau das, was sie seit ihren Anfängen predigt: Eine wissenschaftliche Fundierung der Idee, daß Öffentlichkeitsarbeit im Idealfall moralisches Handeln sei, und daß PR die Ethik-Instanz in einem kapitalistischen, auf Effizienz und Rationalität ausgerichteten 'global village' der Konzerne und Weltmärkte wären." (Dorer/Marschik 1995: 31)

Diese Kritik weist darauf hin, dass die Rezeption und Instrumentalisierung des VÖA-Konzepts durch die PR-Praxis nicht unproblematisch ist, wird es doch von ihr als eine Art universales Leitbild für eine ethisch einwandfreie Öffentlichkeitsarbeit dargestellt. Dies wiederum, so lässt sich vermuten, entspricht nicht Burkarts Intention seines situativen Konzepts. Allerdings stellt sich theorieimmanent dennoch die Frage, ob und inwieweit die Interessengebundenheit der PR und ihre strategische Orientierung mit Formen der verständigungsorientierten Kommunikation kompatibel sind. Während – nach Habermas – im Zuge verständigungsorientierter Kommunikation auf der Basis gemeinsamer Überzeugungen ein rational motiviertes Einverständnis hergestellt wird, stellt die strategische Kommunikation eine erfolgskalkulierte Einflussnahme auf Meinungen, Einstellungen und Haltungen dar. Einverständnis ist hier nicht Folge gemeinsamer Überzeugung, sondern Ergebnis von Sanktionen (vgl. Habermas 1988: 445ff.). Insofern wird das Konzept der VÖA von einigen Kritikern als „maximal ungeeignet" (Merten 2000: 8) eingestuft, um PR adäquat zu beschreiben. Indem PR als strategische Kommunikation einseitige Interessen vertritt und nicht grundlegend Entscheidungs- und Interessenstrukturen zur Disposition gestellt werden, kann kein Diskurs im Sinne der Theorie des kommunikativen Handelns geführt werden. Dieser Problematik scheint sich auch Burkart bewusst, indem er vom PR-Betreiber „ein gewisses Maß an Kompromißbereitschaft" fordert und feststellt, dass er

„offen sein [muss] für eventuelle Modifikationen innerhalb seines Interesses"
(Burkart 1993b: 224). Diese Formulierung beschreibt den Spagat zwischen
Strategie und Verständigung sehr treffend – ein bisschen Verständigung und
ein bisschen Ergebnisoffenheit sind aber in Diskursen und der Theorie des
kommunikativen Handelns nicht vorgesehen.

 Kapitelzusammenfassung

- Vertrauen und Glaubwürdigkeit stellen eine wesentliche Grundlage für den Aufbau sowie die Erhaltung oder Verbesserung des
  Images und der Reputation von Organisationen dar. Glaubwürdigkeit wird oftmals als Teilphänomen von Vertrauen verstanden, das vor allem den Aussagen von Personen zugeschrieben
  wird. Vertrauen ist vor allem in Situationen doppelter Kontingenz bedeutsam, d.h. in Situationen, in denen die Beteiligten
  mehrere Handlungsalternativen haben und neben der Vielfalt
  eigener Handlungsmöglichkeiten gegenseitige Unsicherheit
  über die vom Gegenüber tatsächlich realisierte Handlung besteht. Vertrauen gewinnt damit seine Problemlösungskraft in
  sozialen Situationen, die durch unvollständiges Wissen über das
  zukünftige Handeln anderer Akteure gekennzeichnet sind.
- Der Aufbau und die Festigung von – möglichst positiven und
  unverwechselbaren – Images bzw. die Gestaltung der Organisa-
  tionsreputation werden in der Praxis wie in der Wissenschaft
  als zentrale Ziele der PR beschrieben.
- Während Images als individuelle Vorstellungsbilder von Imageobjekten (Personen, Organisationen oder Gegenständen) anzusehen sind, bezieht sich Reputation auf das allgemeine öffentliche Ansehen eines Subjekts und noch konkreter auf die
  „Diffusion von Prestigeinformation an unbekannte Dritte über
  den Geltungsbereich persönlicher Sozialnetze hinaus." (Eisenegger 2005: 25)
- Dialog stellt eine weitere bedeutsame Bezugsgröße der PR dar.
  Aufgegriffen wird der Dialoggedanke u.a. im Konzept der Verständigungsorientierten Öffentlichkeitsarbeit (VÖA) von Ro-

land Burkart und im Symmetriepostulat von James E. Grunig und Todd Hunt. Das zweiseitige Modell der PR als symmetrische Kommunikation nach Grunig und Hunt (1984) impliziert dialogähnliche Kommunikationsbeziehungen, die auf ein wechselseitiges Verständnis im Sinne eines Interessenausgleiches zwischen Organisation und Teilöffentlichkeiten gerichtet sind. Das VÖA-Konzept orientiert sich an den gesellschafts- und kommunikationstheoretischen Überlegungen von Jürgen Habermas an und formuliert ein Verfahren zur Lösung elementarer Interessenkonflikte zwischen Organisationen und Teilöffentlichkeiten auf der Basis von Verständigung.

Literatur

Bentele, Günter (1992): Images und Medien-Images. In: Werner Faulstich (Hg.): Image, Imageanalyse, Imagegestaltung. 2. Lüneburger Kolloquium zur Medienwissenschaft. Bardowick: 152-176

Bentele, Günter (2001): Nationenimages als Teil der internationalen Kommunikation. In: Handbuch PR. 25. Juli 2001 (Gliederungspunkt 2001), 1-18

Bentele, Günter/René Seidenglanz (2008): Vertrauen und Glaubwürdigkeit. In: Günter Bentele/Romy Fröhlich/Peter Szyszka (Hg.): Handbuch der Public Relations.Wissenschaftliche Grundlagen und berufliches Handeln. Mit Lexikon. 2., kor. u. erw. Aufl. Wiesbaden: 346-361

Bentele, Günter/Horst Steinmann/Ansgar Zerfaß (1996): Dialogorientierte Unternehmenskommunikation? Eine Einleitung. In: Günter Bentele/Horst Steinmann/Ansgar Zerfaß (Hg.): Dialogorientierte Unternehmenskommunikation. Grundlagen, Praxiserfahrungen, Perspektiven. Berlin: 11-22

Burkart, Roland (1993a): PR als Konfliktmanagement. Wien

Burkart, Roland (1993b): Verständigungsorientierte Öffentlichkeitsarbeit. Ein Transformationsversuch der Theorie kommunikativen Handelns. In: Günter Bentele/ Manfred Rühl (Hg.): Theorien öffentlicher Kommunikation. Problemefelder, Positionen, Perspektiven. München: 218-227

Burkart, Roland (2008): Verständigungsorientierte Öffentlichkeitsarbeit. In: Günter Bentele/Romy Fröhlich/Peter Szyszka (Hg.): Handbuch der Public Relations. Wissenschaftliche Grundlagen und berufliches Handeln. Mit Lexikon. 2., kor. u. erw. Aufl. Wiesbaden: 223-240

Burkart, Roland/Sabine Probst (1991): Verständigungsorientierte Öffentlichkeitsarbeit: eine kommunikationstheoretisch begründete Perspektive. In: Publizistik. Vierteljahreshefte für Kommunikationsforschung. 36, 1: 56-76

Burmann, Christoph/Lars Blinda/Axel Nitschke (2003): Konzeptionelle Grundlagen des identitätsorientierten Markenmanagements. Arbeitspapier Nr.1 des Lehrstuhls für innovatives Markenmanagement. Bremen

Burmann, Christoph/Heribert Meffert (2005): Theoretisches Grundkonzept der identitätsorientierten Markenführung. In: Heribert Meffert/Christoph Burmann/Martin Koers (Hg.): Markenmanagement. Identitätsorientierte Markenführung und praktische Umsetzung. 2. vollst. überarb. u. erw. Aufl. Wiesbaden: 37-72

Buss, Eugen/Ulrike Fink-Heuberger (2000): Image Management. Frankfurt a. M.

Derieth, Anke (1995): Unternehmenskommunikation. Eine Analyse zur Kommunikationsqualität von Wirtschaftsorganisationen. Opladen

Domizlaff, Hans (1951): Die Gewinnung des öffentlichen Vertrauens. Ein Lehrbuch der Markentechnik. 2. Aufl. Hamburg

Dorer, Johanna/Matthias Marschik (1995): Whose Side are You on? Anmerkungen zu Roland Burkarts Konzept einer verständigungsorientierten Öffentlichkeitsarbeit. In: Günter Bentele/Tobias Liebert (Hg.): Verständigungsorientierte Öffentlichkeitsarbeit. Leipzig: 31-37

Eisenegger, Mark (2005): Reputation in der Mediengesellschaft. Konstitution - Issues-Monitoring - Issues-Management. Wiesbaden

Eisenegger, Mark/Kurt Imhof (2009): Funktionale, soziale und expressive Reputation - Grundzüge einer Reputationstheorie. In: Ulrike Röttger (Hg.): Theorien der Public Relations. Grundlagen und Perspektiven der PR-Forschung. 2., aktual. u. erw. Aufl. Wiesbaden: 243-264

Endress, Martin (2002): Vertrauen. Bielefeld

Grunig, James E. (1993): On the Effects of Marketing, Media Relations and Public Relations: Images, Agenda and Relationships. In: Wolfgang Armbrecht/Horst Avenarius/Ulf Zabel (Hg.): Image und PR. Kann Image Gegenstand einer PR-Wissenschaft sein? Opladen: 263-295

Grunig, James E./Todd Hunt (1984): Managing Public Relations. New York u.a.

Habermas, Jürgen (1988): Theorie des kommunikativen Handelns. Band 1: Handlungsrationaliät und gesellschaftliche Rationalisierung. Frankfurt a. M.

Herger, Nikodemus (2006): Vertrauen und Organisationskommunikation. Identität, Marke, Image, Reputation. Wiesbaden

Hundhausen, Carl (1951): Werbung um öffentliches Vertrauen. Essen

Ingenhoff, Diana/Katharina Sommer (2010): Spezifikation von formativen und reflektiven Konstrukten und Pfadmodellierung mittels Partial Least Squares zur Messung von Reputation. In: Jens Woelke/Marcus Maurer/Olaf Jandura (Hg.): Forschungsmethoden für die Markt- und Organisationskommunikation. Köln: 246-288

Johannsen, Uwe (1971): Das Marken- und Firmen-Image. Theorie, Methodik, Praxis. Berlin

Kirchner, Karin (2001): Integrierte Unternehmenskommunikation. Theoretische und empirische Bestandsaufnahme und eine Analyse amerikanischer Großunternehmen. Wiesbaden

Kohring, Matthias (2004): Vertrauen in Journalismus. Theorie und Empirie. Konstanz

Lippmann, Walter (1922): Public Opinion. o.O.

Luhmann, Niklas (2000): Vertrauen. Ein Mechanismus zur Reduktion sozialer Komplexität. 4. Aufl. . Bielefeld

Meffert, Heribert (2000): Marketing. Grundlagen der Absatzpolitik. Konzepte – Instrumente – Praxisbeispiele. 9. überarb. u. erw. Aufl. Wiesbaden

Meffert, Heribert/Christoph Burmann/Manfred Kirchgeorg (2008): Marketing. Grundlagen marktorientierter Unternehmensführung. Konzepte – Instrumente – Praxisbeispiele. 10. vollst. überarb. u. erw. Aufl. Wiesbaden

Merten, Klaus (1992): Begriff und Funktionen von Public Relations. In: pr-magazin. 23, 11: 35-46

Merten, Klaus (2000): Das Handwörterbuch der PR. Bd. 1 A-Q. Frankfurt/Main

Oeckl, Albert (1964): Handbuch der Public Relations. Theorie und Praxis der Öffentlichkeitsarbeit in Deutschland und der Welt. München

Prauschke, Christiane (2007): Das Management von Unternehmensreputation. Eine Untersuchung am Beispiel ehemaliger Staatsunternehmen. Göttingen

Reputation Institute (2011): RepTrak-Konzept. http://www.reputationinstitute.com/advisory-services/reptrak. Abgerufen am: 14.03.2011

Röttger, Ulrike (2010): Public Relations - Organisation und Profession. Öffentlichkeitsarbeit als Organisationsfunktion. Eine Berufsfeldstudie. 2., durchges. Aufl.
Wiesbaden

Röttger, Ulrike/Sarah Zielmann (2009): Entwurf einer Theorie der PR-Beratung. In: Ulrike Röttger/Sarah Zielmann (Hg.): PR-Beratung. Theoretische Konzepte und
empirische Befunde. Wiesbaden: 35-58

Schwaiger, Manfred (2004): Components and Parameters of Corporate Reputation. An
Empirical Study. In: Schmalenbach Business Review. 56, 1: 46-71

Szyszka, Peter (1996): Kommunikationswissenschaftliche Perspektiven des Dialogbegriffs. In: Günter Bentele/Horst Steinmann/Ansgar Zerfaß (Hg.): Dialogorientierte Unternehmenskommunikation. Grundlagen, Praxiserfahrungen, Perspektiven. Berlin: 81-106

Szyszka, Peter (2009): Organisation und Kommunikation: Integrativer Ansatz einer Theorie zu Public Relations und Public Relations-Management. In: Ulrike Röttger
(Hg.): Theorien der Public Relations. Grundlagen und Perspektiven der PR-Forschung. 2. akt. u. erw. Aufl. Wiesbaden: 135-150

Tropp, Jörg (2004): Markenmanagement: der Brand Management-Navigator, Markenführung im Kommunikationszeitalter. Wiesbaden

Wiedmann, Klaus-Peter/Charles Fombrun/Cees B.M. van Riel (2007): Reputationsanalyse
mit dem Reputation Quotient. In: Manfred Piwinger/Ansgar Zerfass (Hg.):
Handbuch Unternehmenskommunikation. Wiesbaden: 321-337

Zedtwitz-Arnim, Georg-Volkmar Graf von (1961): Tu Gutes und rede darüber. Public Relations für die Wirtschaft. Berlin u.a.

Zerfaß, Ansgar (1996): Dialogkommunikation und strategische Unternehmensführung. In:
Günter Bentele/Horst Steinmann/Ansgar Zerfaß (Hg.): Dialogorientierte Unternehmenskommunikation. Grundlagen, Praxiserfahrungen, Perspektiven. Berlin:
23-58

5 Prozesse und Aufgaben der PR

In diesem Kapitel wird mit dem Prozess strategischer PR zunächst die Grundlage für erfolgreiche PR-Arbeit dargestellt. Im Anschluss werden typische Aufgabenfelder der PR-Praxis beschrieben und praxisbezogene Vorschläge der Verknüpfung von PR und anderen organisationalen Kommunikationsfunktionen (Werbung, Marketingkommunikation) vorgestellt.

Public Relations wird heute in und für unterschiedliche Organisationen aus allen gesellschaftlichen Bereichen geleistet. Zuverlässige Zahlen zur quantitativen Bedeutung der unterschiedlichen Tätigkeitsfelder in der PR – u.a. staatliche Institutionen, Vereine und Verbände bzw. Nonprofit-Organisationen, Unternehmen und Agenturen – liegen allerdings nicht vor. Aus den unterschiedlichen Handlungsfeldern und Organisationstypen ergeben sich verschiedene Interaktionsformen der Organisationen mit ihrer jeweiligen Umwelt und damit unterschiedliche Funktionen, Aufgaben und Ziele der PR. Die Öffentlichkeitsarbeit für einen Sportverband unterliegt anderen Anforderungen als die PR für ein Pharmaunternehmen. Je nach Handlungsfeld, Organisationstyp und Zielgruppen der PR-Auftraggeber variiert daher die konkrete Bedeutung der verschiedenen PR-Aufgaben in der Praxis zum Teil erheblich. Größe, Grad der öffentlichen Beobachtung sowie das wahrgenommene Risikopotenzial der Produkte bzw. Dienstleistungen der Auftraggeberorganisation sind weitere Faktoren mit Einfluss auf die Gewichtung der einzelnen Aufgabenbereiche. Insofern ist es naheliegend vom Berufsfeld PR und nicht vom Beruf PR zu sprechen.

Entsprechend der heterogenen Ausgangsbedingungen und der vielfältigen Zielvorstellungen, mit denen PR in der Praxis konfrontiert ist, ist es kaum möglich, *die* Aufgaben der PR und *den* Arbeitsbereich des PR-Experten eindeutig und abschließend zu beschreiben. Im Folgenden sollen daher vor allem Kernfunktionen und Kernaufgaben der PR beschrieben und systematisiert werden, die typisch für eine Vielzahl von unterschiedlichen Tätigkeitsfeldern in der Öffentlichkeitsarbeit sind, um anschließend einzelne Arbeitsfelder genauer zu betrachten.

5.1 Elemente des Prozesses strategischer PR

Strategisch geplantes, systematisch ausgerichtetes Handeln gilt als grundlegende Voraussetzung erfolgreicher PR-Arbeit. Das PR-Konzept, verstanden als „Prozess der Konzepterstellung, der analytische, strategische und operative Fragestellungen nacheinander beantwortet" (Leipziger 2007: 214) wird als zentrales Element der Kommunikationsplanung angesehen. Grundsätzlich wird zwischen dem konzeptionellen Prozess (methodisch-systematische Planung zur Konzeptentwicklung) und dem Konzeptionspapier (schriftliche Dokumentation, die die zentralen Ergebnisse des konzeptionellen Prozesses festhält) unterschieden (vgl. Szyszka 2008: 61).

Die PR-Konzeption ist bislang fast ausschließlich als Verfahren der PR-Praxis betrachtet worden und kaum Gegenstand wissenschaftlicher Analyse gewesen. Als problematisch erweist sich vor allem eine aus der Praxis stammende und nicht einheitlich angewandte Terminologie. Es zeigt sich zudem, dass fast alle Konzeptionsmodelle weitgehend unhinterfragt das „Vier-Phasen-Schema" übernehmen, das in seinen Grundzügen auf Edward L. Bernays zurückzuführen ist. Bereits im Jahr 1923 hat Bernays PR-Beratung als systematischen Ablauf dargestellt und Elemente des Prozesses ausgeführt, die bis heute in den gängigen Konzeptionsmodellen wiederzufinden sind (vgl. Bernays 1929: 166ff.). Die Struktur der im Detail variierenden Modelle weist grundsätzlich folgende Typologie der Problemlösung auf (vgl. Bentele/Nothhaft 2007: 359):

▪ Analyse des Problems
▪ Entwicklung einer Vorgehensweise, die geeignet erscheint, das Problem zu lösen
▪ Durchführung der geplanten Vorgehensweise
▪ Überprüfung, ob und inwiefern das Problem beseitigt wurde

Schematisch wird dieser Prozess häufig anhand der vier Phasen Situationsanalyse, Strategie, Umsetzung und Evaluation (vgl. Abb. 18) dargestellt:

Abbildung 18: Phasen des Prozesses strategischer PR

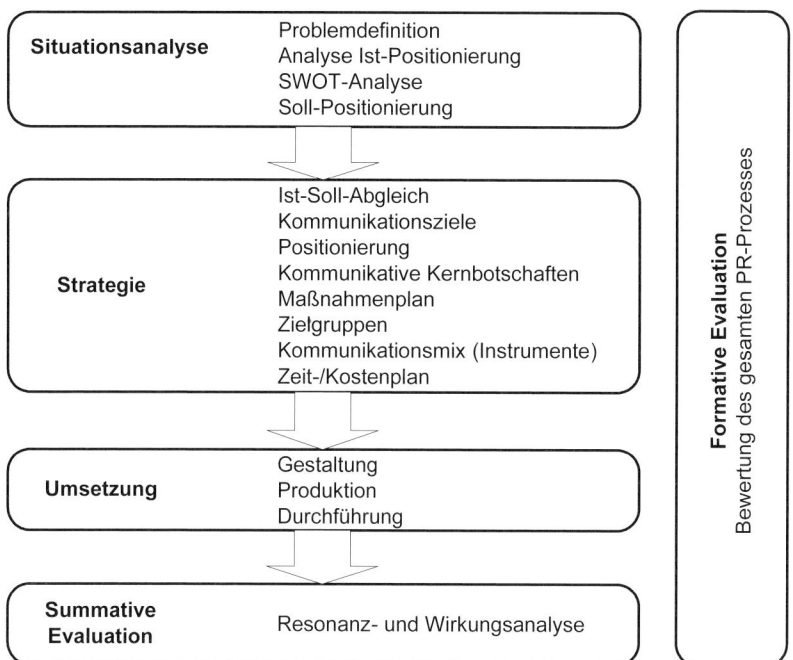

Es lassen sich darüber hinaus Konzeptionsmodelle mit bis zu 16 Schritten ausmachen, denen jedoch nicht grundlegend andere Denk- und Handlungs-schritte zugrunde liegen. Konzeptionsmodelle stellen letztlich eine Arbeits-hilfe für PR-Fachleute dar, die sie bei der Lösung eines konkreten Kommuni-kations-Problems systematisch anwenden können.

Die *(Situations-)Analyse* stellt in der klassischen Konzeptionslehre den ersten Schritt des Problemlösungsprozesses dar. Hier werden anhand von Primär- und Sekundärinformationen, beispielsweise mit Hilfe von Forschungsergeb-nissen aus Mitarbeiter- oder Kundenbefragungen, der Analyse von Wettbe-werbsdaten oder Stakeholder-Analysen Daten zusammengetragen und aufbe-reitet, die dazu dienen, die der Problemstellung zugrunde liegende Aufgabe zu verstehen.

Hauptinstrument der Situationsanalyse ist die SWOT-Analyse, wobei
SWOT für Strengths (Stärken), Weaknesses (Schwächen), Opportunities
(Chancen) und Threats (Risiken) steht (siehe Tab. 11). Stärken und Schwächen beziehen sich auf interne Faktoren, die die Organisation direkt beeinflussen kann. Sie definieren eine „IST-Situation". Chancen und Risiken konzentrieren sich auf externe Faktoren im relevanten Marktumfeld. Auf diese
Faktoren hat die Organisation keinen direkten Einfluss, diese können jedoch
in der Zukunft an Relevanz gewinnen. Eine SWOT-Analyse innerhalb eines
Kommunikationskonzeptes stellt vorwiegend kommunikationsrelevante Faktoren in den Mittelpunkt und ermöglicht eine Übersicht der Markt- und Or-
ganisationsrealität.

Tabelle 11: Allgemeiner Aufbau einer SWOT-Analyse
(Schmidbauer/Knödler-Bunte 2004: 95)

Stärken	Schwächen
Interne Faktoren, bei denen das Kommu-nikationsobjekt heute stärker ist als der Durchschnitt der Mitbewerber	Interne Faktoren, bei denen das Kommu-nikationsobjekt heute schwächer ist als der Durchschnitt der Mitbewerber
Chancen	**Risiken**
Externe Faktoren, die zukünftig Entwick-lungschancen für die Kommunikation be-inhalten	Externe Faktoren, die zukünftig Gefahren für die Kommunikation beinhalten

Ausgangspunkt der *Strategie*-Phase ist in der Regel ein sogenannter IST/
SOLL-Vergleich, mittels dessen existierende Defizite aufgezeigt werden sollen, um sie ihrerseits in Ziele umformulieren zu können. Ziele sind in diesem
Kontext stets als Kommunikationsziele, d.h. als mittels Kommunikation rea-
lisierbare Ziele zu verstehen. Weiteres Element der Strategiephase bilden die
Botschaften, verstanden als strategische Aussagen, die letztendlich in den
Köpfen der Zielgruppe verankert werden sollen. Die darauf folgenden Schritte der Ableitung von Handlungsoptionen für konkrete Maßnahmen und Instrumente sowie die Erstellung eines Maßnahmen-, Zeit- und Kostenplans
werden in einigen Konzeptionen auch unter dem Begriff *Taktik* separat aufgeführt. Maßnahmenpläne zeigen dabei auf, welche Maßnahmen gebündelt
werden können und ineinandergreifen sowie in wessen Verantwortlichkeit

einzelne Maßnahmen fallen. Zeitpläne koordinieren die zeitliche Anordnung der Maßnahmen, Kostenpläne führen die grundsätzlich und über die Zeit verteilten finanziellen Ressourcen auf (vgl. Merten 2000: 36; Bentele/Nothhaft 2007: 366f.).

Erst die tatsächliche *Umsetzung* zeigt letztlich, ob die geplanten Maßnahmen greifen und zur Lösung des Problems beitragen. Da jedoch nicht alle Konzeptionen am Ende auch realisiert werden, herrscht Uneinigkeit darüber, ob diese Phase noch als Teil einer Konzeption zu betrachten ist. Häufig wird die Umsetzungsphase daher auch als Operationalisierung verstanden, d.h. als Bestandteil der Planung, der die Maßnahmen soweit konkretisiert, dass sie in den wesentlichem Elementen realisierbar werden (vgl. Merten 2000: 36; Bentele/Nothhaft 2007: 367).

Abschließend gehören unterschiedliche Verfahren der *Evaluation* zum festen Bestandteil einer idealtypischen PR-Konzeption. Grundsätzlich wird dabei zwischen der summativen Evaluation, die die Analyse der erzielten Wirkungen umfasst und der formativen Evaluation, die sich auf alle Phasen des Konzeptionsprozesses bezieht, unterschieden (→ 5.2.2.3). Zum Einsatz kommen im Rahmen der Evaluation unterschiedliche Methoden der empirischen Sozialforschung und begrenzt auch Instrumente der Markt- und Mediaforschung: Meinungsumfragen, Zielgruppenbefragungen, Imageanalysen, Inhaltsanalysen der Medienberichterstattung (Medienresonanzanalysen) etc. Bestandteil einer systematischen Evaluation sind zudem die Budgetkontrolle und die Kosten-Nutzen-Analysen.

 ### Weiterführende Literatur

Bentele, Günter/Howard Nothhaft (2007): Konzeption von Kommunikationsprogrammen. In: Manfred Piwinger/Ansgar Zerfaß (Hg.): Handbuch Unternehmenskommunikation. Wiesbaden: 357-380

Szyszka, Peter/Uta-Micaela Dürig (2008) (Hg.): Strategische Kommunikationsplanung. Konstanz

Leipziger, Jürg (2007): Konzepte entwickeln. Handfeste Anleitungen für bessere Kommunikation. 2., aktual. Aufl. Frankfurt a.M.

5.2 Aufgabenfelder der Public Relations

Öffentlichkeitsarbeit ist ein Berufsfeld mit unscharfen Grenzen zu benachbarten Berufen und einer Vielseitigkeit an Arbeitsbereichen und Aufgabenfeldern. Diese Heterogenität und Konturlosigkeit ist typisch für ein Berufsfeld mit recht kurzer Geschichte, das in den vergangenen Jahren und Jahrzehnten eine relativ dynamische quantitative und qualitative Ausdifferenzierung erfahren hat. Prozesse der Selbstdefinition und Identitätsbildung sind zurzeit kennzeichnend für das Berufsfeld – diese führen dazu, dass zunehmend ein Kern zentraler und PR-spezifischer Aufgabenfelder und Arbeitsbereiche erkennbar wird und sich stabilisiert.

In praxisorientierten Handbüchern und seitens der Berufsorganisationen liegen sehr viele Systematisierungsversuche der vielgestaltigen PR-Aufgaben vor, die sich zwar in Details unterscheiden, im Kern aber sehr ähnliche Beschreibungen liefern. Die Deutsche Public Relations Gesellschaft (DPRG) fasst die Kernaufgaben der PR mittels der AKTION-Formel zusammen (DPRG 2011):

- Analyse, Strategie, Konzeption
- Kontakt, Beratung, Verhandlung
- Text und kreative Gestaltung (Informationsaufbereitung/ -gestaltung)
- Implementierung (Zeit- und Maßnahmenplanung, Budgetierung)
- Operative Umsetzung
- Nacharbeit, Evaluation

Mit Blick auf die idealtypischen Phasen des PR-Prozesses unterscheidet die DPRG fünf zentrale Grundfunktionen der Öffentlichkeitsarbeit (DPRG 1998: 17). Diese Grundfunktionen – Konzeption, Redaktion, Kommunikation, Organisation und Abwicklung, Controlling – skizzieren das Tätigkeitsspektrum der PR. Der konkrete Stellenwert einzelner Grundfunktionen und die damit verbundenen Tätigkeiten können je nach konkretem Stellenprofil sehr unterschiedlich gewichtet sein:

- *Konzeption* (Analysieren, Planen, Beraten):
  systematische – idealerweise empirisch basierte – Analyse der Ausgangssituation, Anfertigung von Stärken-Schwächen-Profilen, Identifikation von Zielgruppen und relevanten Issues, Festlegung von Kommunikationszielen und -aufgaben, Entwicklung von Strategien, Konzipie-

rung von PR-Programmen sowie Beratung der Organisationsleitung in PR-relevanten Fragestellungen

- *Redaktion* (Informieren, Gestalten):
  Recherchieren, Schreiben und Redigieren, Planung, Gestaltung und Produktion von organisationseigenen Medien wie z.B. Geschäftsberichten, Kunden- und Mitarbeiterzeitschriften oder Imagebroschüren sowie die zielgruppen- und medienspezifische Aufbereitung von Informationen (Text und Bild) für Massenmedien

- *Kommunikation* (nach innen und außen):
  Aufbau und kontinuierliche Pflege von Kontakten zu relevanten internen und externen Bezugsgruppen im Rahmen von persönlichen Besprechungen, Diskussionen, Versammlungen oder öffentlichen Veranstaltungen

- *Organisation* (Umsetzung und Abwicklung):
  zeitliche und inhaltliche Planung sowie Abstimmung der verschiedenen PR-Maßnahmen und -Instrumente; zentrale Tätigkeiten: Planung von Kommunikationsmaßnahmen – einschließlich der Zeit-, Kosten-, Verlaufs- und Personalpläne, Umsetzung sowie Dokumentation von abgeschlossenen Projekten; hierzu zählt auch die Koordination und Überprüfung der seitens von Fremdleistern (Grafiker, freie Journalisten, Druckereien etc.) erbrachten Arbeit

- *Controlling* (Aufzeigen, Steuern, Anpassen):
  systematische Bestimmung von Wirkungen, Qualität, Wert und Effektivität der PR-Maßnahmen und -Prozesse; Überprüfung der Zielerreichung und der Wirkungen von PR-Maßnahmen zwecks Optimierung von PR-Programmen

Sehr ähnlich beschreibt die RACE-Formel PR-Aufgaben:

> „Public relations activity consists of four key elements: Research – what is the problem; Action and planning – what is going to be done about it; Communication – how will the public be told; Evaluation – was the audience reached and what was the effect?" (Wilcox et al. 1997: 8)

Die genannten Schemata stellen eine erste Annäherung an die Aufgabenfelder der PR dar, sind jedoch letztlich unbefriedigend, da sie nicht in der Lage sind, originäre Aufgaben der PR zu beschreiben und PR-Aufgaben von denen benachbarter Berufe wie zum Beispiel der Werbung abzugrenzen. Denn AKTION- und RACE-Formel sind ebenso geeignet, das Tätigkeitsfeld eines

Werbefachmannes oder einer Werbefachfrau zu beschreiben. Bei den von der DPRG genannten fünf Grundfunktionen werden zudem unterschiedliche Klassifikationskriterien angewendet: Zum Teil beziehen sich die Funktionen auf einzelne Phasen des Modells strategischer PR (Konzeption, Controlling), zum Teil werden Arbeitsweisen und Handlungsverrichtungen (Redaktion, Organisation) als Grundfunktion beschrieben.

Im Folgenden werden zentrale Aufgabenfelder und Tätigkeiten der PR systematisch nach Bezugsgruppen, Themen bzw. „Beziehungsproblemen" und nach Instrumenten bzw. Kommunikationsformen unterschieden (vgl. Barthenheier 1988: 27; DPRG 1998: 16; Röttger 2008: 504f.).

Tabelle 12: Systematisierung der Arbeitsfelder der PR

Arbeitsfelder, definiert über		
Ziel-/Bezugsgruppen	Themen/Beziehungsprobleme	Instrumente/ Kommunikationsformen
Interne Kommunikation Presse-/Medienarbeit ...	Issues Management Krisen-PR Public Affairs Kommunikations-Controlling ...	OnlineKommunikation Kampagnen- kommunikation ...

5.2.1 Aufgabenfelder mit primärer Orientierung an Ziel-/Bezugsgruppen

5.2.1.1 Interne Kommunikation

Der Bereich der innerorganisationalen Kommunikation ist in der Literatur durch verschiedene Begriffe belegt, u.a. durch die Begriffe interne (Unternehmens-) Kommunikation, interne PR, Internal Relations, Mitarbeiterkommunikation oder Mitarbeiterinformation (vgl. Mast 2010: 255). Unter interner Kommunikation werden in der Literatur häufig alle Kommunikationsprozesse verstanden, die innerhalb von Organisationen aller Art – d.h. Unternehmen, staatlichen und nicht-staatlichen Organisationen, Verbänden, Vereinen etc. – zwischen aktuellen sowie ehemaligen Mitarbeitern geführt werden. Häufig werden auch Angehörige zu den Bezugsgruppen der internen Kommunikation gezählt (vgl. Mast 2010: 255). Es lassen sich dabei verschiedene Ausprägungen der Kommunikation in Organisationen differenzieren:

- Formelle/informelle Kommunikation
- Persönliche/medienvermittelte Kommunikation
- Vertikale/horizontale Kommunikation
- Top-Down-/Bottom-Up-Kommunikation
- Einweg-/Zweiweg-Kommunikation

Ein besonderer Typ der Kommunikation in Organisationen ist die seitens der Organisation gesteuerte interne Kommunikation, deren Aufgabe die Sicherstellung der Informationsvermittlung sowie Dialogführung zwischen der Organisationsleitung und den Mitarbeitern ist. Im Weiteren wird dem Verständnis von interner Kommunikation als strategisch geplanter Kommunikation gefolgt (→ 1.1.2). Mittels interner Kommunikation sollen den Mitarbeitern alle für ihre Tätigkeit relevanten Informationen bereitgestellt werden. Dabei geht es auch darum, zu gewährleisten, dass für die Mitarbeiter relevante Informationen als erstes über die interne Kommunikation und nicht über die Massenmedien vermittelt werden. Interne Kommunikation ist dabei nicht allein auf die Verbreitung von organisationsinternen Nachrichten und Neuigkeiten, sondern auch auf den Transfer von Erfahrungen, Kenntnissen und Meinungen ausgerichtet. Primäre Themen sind Informationen über das Organisationsgeschehen sowie die wirtschaftliche Lage der Organisation, Informationen über wichtige Ereignisse, organisatorische Änderungen, neue Produkte und Märkte, Zielsetzungen sowie personalpolitische Entscheidungen (vgl. Mast 2010: 256; Winterstein 1998: 10). Dialog spielt hier nicht zuletzt bei der Konflikt- und Krisenbewältigung bzw. der Ermittlung von Stimmungen und Emotionen eine zentrale Rolle.

Vorhandene Definitionen und Beschreibungen der internen Kommunikation sind häufig stark normativ unterlegt: So soll interne Kommunikation über umfangreiche Information der Organisationsmitglieder sowie die Organisation eines Dialogs zwischen Management und Mitarbeitern die Integration und Identifikation der Organisationsmitglieder fördern und damit letztlich ihre Motivation, Loyalität, Zufriedenheit und Leistungsbereitschaft erhöhen. Gleichwohl diese „Funktionskette" eine starke Simplifizierung darstellt und die Leistungsfähigkeit der internen Kommunikation kritisch zu prüfen ist, übernimmt sie wichtige koordinierende und steuernde Funktionen und unter-

stützt die Ausrichtung der organisationsinternen Handlungen und Interaktionen auf den Organisationszweck und die Organisationsziele hin.
Die in der internen Kommunikation eigesetzten Instrumente können in schriftliche (z.b. Mitarbeiterzeitschrift, Rundschreiben, Schwarzes Brett), interpersonale (z.b. Mitarbeitergespräch, Betriebsversammlung) sowie elektronische (z.b. Intranet, Corporate-TV) Instrumente unterscheiden werden (siehe Tab. 13).

Tabelle 13: Instrumente der internen Kommunikation (vgl. Mast 2010: 274)

	Kommunikationswege		
	Mündliche Kommunikation	**Schriftliche, gedruckte Kommunikation**	**Elektronische Kommunikation**
Gruppenübergreifende Kommunikation	Tagungen Konferenzen …	Mitarbeiterzeitschriften gedruckte Informationsdienste …	Corporate-TV Newsletter Intranet E-Mail …
Kommunikation in der Gruppe	Besprechungen, Workshops …	Protokolle Arbeitspapiere …	Intranet E-Mail …
Kommunikation zwischen Personen	Gespräch Zwischen Mitarbeiter und Manager Dialog zwischen Kollegen …	Briefe …	E-Mail …

 ## Weiterführende Literatur

Meier, Philip (2002): Interne Kommunikation im Unternehmen. Von der Hauszeitung bis zum Intranet. Zürich

Einwiller, Sabine/Franz Klöfer/Ulrich Nies (2008): Mitarbeiterkommunikation. In: Miriam Meckel/Beat F. Schmid (Hg.): Unternehmenskommunikation. Kommunikationsmanagement aus Sicht der Unternehmensführung. Wiesbaden: 223-260

5.2.1.2   Medienarbeit

Medienarbeit ist als Teilbereich der Public Relations zu verorten, der die Informations- und Kommunikationsbeziehungen einer Organisation zu den Medien bzw. zu Journalisten abdeckt. Auch wenn strategische PR nicht auf Medienarbeit reduziert werden kann, ist die systematische Pflege der Beziehungen zu Journalisten und Massenmedien nach wie vor ein zentrales Aufgabenfeld der PR. Ziel von Medienarbeit ist es, den Prozess der öffentlichen Meinungsbildung durch die Medien positiv zu beeinflussen bzw. Medien für bestimmte Themen, Organisationen oder Personen zu sensibilisieren (vgl. Meckel/Will 2008: 294; Will 2000: 56). Organisationen, die mit ihren Themen und Positionen wahrgenommen und in der öffentlichen Diskussion zu Wort kommen wollen, sind auf die Vermittlungsleistung der Medien angewiesen, denn Öffentlichkeit wird heute weitgehend über Medien hergestellt. Journalisten als potenzielle Multiplikatoren sind folglich eine zentrale Zielgruppe der PR. PR-Mitteilungen, die in der redaktionellen Berichterstattung aufgegriffen werden, erzielen nicht nur große Reichweiten, sondern profitieren zudem von der höheren Glaubwürdigkeit journalistischer Berichterstattung. Neben der Beziehungspflege zu Journalisten über persönliche Kontakte und Gespräche, ist es Aufgabe der Presse- und Medienarbeit, Medienmitteilungen zu schreiben und zu versenden, Pressekonferenzen und -gespräche zu organisieren, Anfragen von Journalisten zu beantworten sowie Gesprächspartner aus dem Unternehmen für Interviews zu vermitteln. Darüber hinaus wird die Produktion von sendefertigen Hörfunk- und Fernsehbeiträgen zunehmend Teil der Medienarbeit (vgl. Röttger 2008: 503f.). Erfolgreiche Medienarbeit setzt dabei einerseits fundierte Kenntnisse über die Medienlandschaft und den journalistischen Arbeitsablauf sowie die Pflege (persönlicher) Kontakte zu relevanten Medienvertretern voraus. Ebenso entscheidend für erfolgreiche Medienarbeit ist jedoch gleichzeitig die Identifikation und Differenzierung der Leser als Endzielgruppen, die mittels der Medien erreicht werden sollen (vgl. Meckel/Will 2008: 307).

Weitere PR-Aufgabenfelder, die sich an Ziel- bzw. Bezugsgruppen orientieren, sind u.a. die *Kundenkommunikation*, sowie die *Standortkommunikation*, die sich an die Standortbevölkerung und das direkte nachbarschaftliche Umfeld von Organisationen richtet.

5.2.2 Aufgabenfelder mit primärer Orientierung an Themen bzw. Beziehungsproblemen

5.2.2.1 Issues Management und Krisen-PR

Im Mittelpunkt des Issues Management steht die auf Grundlage von systematischer Beobachtung (Scanning, Monitoring) sowie Prognosetechniken und Meinungsanalysen durchgeführte Identifikation, Analyse und strategische Beeinflussung von öffentlich relevanten Themen (Issues), die die Handlungsspielräume einer Organisation sowie die Erreichung ihrer strategischen Ziele potenziell oder tatsächlich betreffen. Ziel ist die Früherkennung von möglichen Gefahren – aber auch Chancen – und die Einflussnahme auf die Entwicklung dieser Issues u.a. mittels Thematisierungs- und De-Thematisierungsstrategien. Issues Management schafft damit die informatorischen Grundlagen für eine proaktive Auseinandersetzung mit konflikthaltigen Sachverhalten und Chancenpotenzialen und betont die strategische Dimension der Public Relations. Issues Management bezieht sich im deutschsprachigen Raum in der Praxis primär auf die Abwehr von Risiken, Konflikten und Schäden, es ist aber nicht zwangsläufig auf diesen Bereich beschränkt: Bei einem weiten Issues Management-Verständnis wird das Chancenpotenzial und die Entdeckung und Besetzung imagefördernder und markenstabilisierender Themen betont.

Issues

Unter Issues werden Themen oder Sachverhalte verstanden,

- die öffentlich kontrovers diskutiert werden
- emotional gefärbt sind
- mit unterschiedlichen Ansprüchen auf Seiten der Stakeholder und der Organisation belegt sind
- einen Einfluss auf die Perzeption des Unternehmens haben
- einen Einfluss auf die Freiheitsgrade unternehmerischer Entscheidungen haben

(vgl. Röttger 2001; Liebl 1996: 8; Bonfadelli 1999: 223ff.; Lütgens 2001; Ingenhoff 2004)

Obwohl Issues allein schon aufgrund ihres namensgebenden Charakters beim Issues Management einen Schlüsselbegriff darstellen, wird der Begriff in der Literatur bislang sehr uneinheitlich verwendet. Häufig wird „issue" etwas unpräzise mit „Thema" übersetzt. Genauer ist es, Issues als potenziell oder tatsächlich öffentlich diskutierte Themen zu begreifen, die mit kontroversen Ansichten, Erwartungen, Wertvorstellungen oder Problemlösungen einer Organisation einerseits und deren jeweiligen Anspruchsgruppen andererseits verbunden sind.

Issues Management ist ein komplexes und ausdifferenziertes Verfahren der PR. Der Issues Management-Prozess entspricht im Grundsatz dem Modell strategischer PR und weist prinzipiell die gleichen Ablaufphasen auf: Situationsanalyse (Identifizierung und Analyse von Issues), Strategiephase (Wahl der Strategie zur Beeinflussung des Issues), Umsetzungsphase (Implementierung der Strategie zur Beeinflussung des Issues) und Evaluation (→ 5.1). Der Schwerpunkt des Issues Management liegt dabei zweifellos in der Identifikation und Bewertung von Issues.

Situationsanalyse: Im Rahmen der Identifizierung und Analyse von Issues ist es zunächst von grundlegender Bedeutung, sämtliche potenziell organisationsrelevanten Informationen zu sammeln und zu analysieren. Dabei sollten grundsätzlich alle verlässlichen Informationsquellen berücksichtigt werden, d.h. die Identifikation der Issues sollte nicht allein auf eine Medienanalyse beschränkt werden. Zum Einsatz kommen die Verfahren des Scanning und Monitoring: *Scanning* bezeichnet die induktive, d.h. weitgehend ohne Vorgaben erfolgende Beobachtung der Umwelt, die durch unterschiedliche formelle und informale Instrumente (z.B. Medieninhaltsanalysen, Beobachtung der Teilöffentlichkeiten, Datenbank- und Internetrecherchen, Expertengespräche) begleitet werden kann (vgl. Ingenhoff 2004: 76f.). Scanning verfolgt das Ziel, möglichst frühzeitig Entwicklungen im internen und externen Organisationsumfeld aufzudecken, die den Handlungsspielraum der Organisation betreffen oder einschränken können (vgl. Imhof/Eisenegger 2001: 263f.). Der Prozess des *Monitoring* bezeichnet im weiteren Verlauf der Informationsverdichtung die gezielte deduktive Beobachtung jener potenziellen Issues, die für die Organisation relevant werden können. Scanning und Monitoring sind zentrale Identifikations- und Analyseverfahren im Issues

Management-Prozess, wobei insbesondere das Monitoring nicht allein auf die Phase der Datenerhebung beschränkt ist, sondern den gesamten Issues Management-Prozess begleitet (vgl. Ingenhoff 2004: 78). Im Rahmen des Analyse- und Interpretationsprozesses geht es des Weiteren darum, anhand einer Klassifizierung der Issues zu verschiedenen Dimensionen zu einer Einschätzung ihrer Relevanz und Dringlichkeit zu kommen. Als weitere Methode neben dem Scanning und Monitoring wird hierbei auf das Verfahren des Forecasting zurückgegriffen. Auf Basis aktueller sowie vergangener Entwicklungen wird anhand von Prognosetechniken (z.B. Szenarioanalysen, Delphimethoden) eine Einschätzung über die zukünftige Entwicklung der identifizierten Issues vorgenommen. Diese Vorhersage kann jedoch aufgrund der Tatsache, dass Veränderungen oftmals einen unerwarteten Verlauf nehmen können, nur eine grobe Richtungsentwicklung beschreiben.

Abbildung 19: Portfoliomethode: Dimensionen zur Priorisierung von Issues (Ingenhoff 2004: 249)

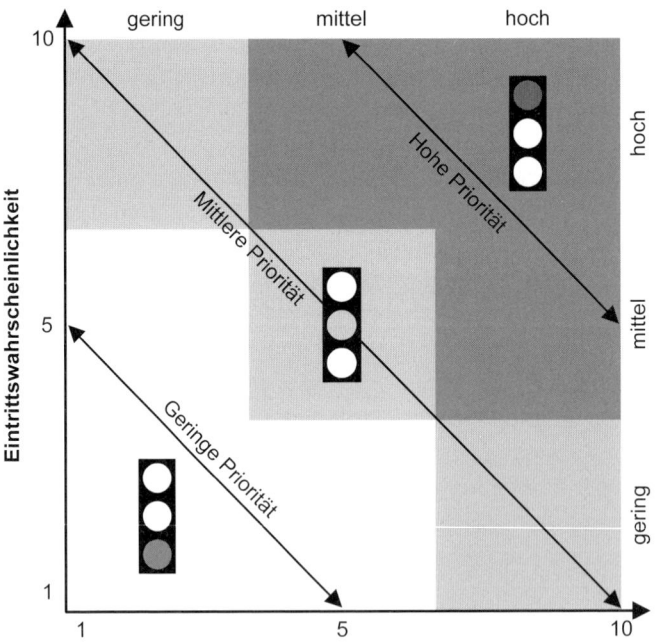

Da Organisationen nicht alle identifizierten Issues gleichzeitig bearbeiten können, erfolgt anhand von Bewertungskriterien und z. B. Portfolio-Techniken eine Priorisierung der Issues (siehe Abb. 19). Bei der Portfoliomethode werden Issues anhand von Dimensionen wie beispielsweise Auswirkungspotenzial und Eintrittswahrscheinlichkeit gewichtet und in eine Matrix übertragen. Ziel der Priorisierung es, diejenigen Issues herauszufiltern, die für die Organisation mit direkten Handlungsentscheidungen bzw. einer Positionierung verbunden sind, sowie jener Issues, die die Organisation vorerst lediglich weiter beobachtet.

Andere Organisationen setzen eine Bewertungsmatrix zur Priorisierung der Issues hinsichtlich ihrer Dringlichkeit ein. Tab. 14 zeigt das Beispiel eines Unternehmens, bei dem auf Grundlage von vier Dimensionen eine Bewertungsmatrix aufgestellt wurde. Dabei werden die Analysedimensionen für jedes Issue erhoben, gewichtet und schließlich zu einem Relevanzwert kumuliert (vgl. Ingenhoff 2004: 248). Sowohl Portfolio-Techniken als auch die Priorisierung anhand von Bewertungskriterien basieren auf subjektiven Einschätzungen und sind folglich mit dem Problem der Bewertungsunsicherheit verbunden. (Vgl. Ingenhoff 2004: 80; Ingenhoff/Röttger 2008: 327f.)

Tabelle 14: Priorisierungsmatrix zur Beurteilung der potenziellen Auswirkungen eines Issues (vgl. Ingenhoff 2004: 248)

Fragen zur Priorisierung des Issue	Eingeschätzter Einfluss auf die Organisation			
	Gering (0-3)	Mittel (4-7)	Hoch (8-10)	
1. Hat es Auswirkungen auf die Geschäftstätigkeit?				
2. Hat es Auswirkungen auf die finanzielle Position?				
3. Hat es Auswirkungen auf die öffentliche Wahrnehmung?				
4. Ist es wahrscheinlich, dass es in die Medien kommt?				
Index Total:				Relevanzwert

Strategiephase: Auf Grundlage der Analyse werden Handlungs- und Kommunikationsstrategien entwickelt, die als Voraussetzung für eine kohärente Positionierung und Vermittlung der Botschaften der Organisation gelten. Hierzu bildet sich in der Regel ein Team aus den verschiedenen, durch das Issue betroffenen Bereichen und Abteilungen, um die unterschiedlichen Aspekte des Issues zu beleuchten (vgl. Ingenhoff/Röttger 2008: 328). Konkret geht es in dieser Phase um die Aufbereitung und Beurteilung der bis dato gescannten, ausgewählten und interpretierten Issues, u.a. anhand festgelegter Positionspapiere, wobei der Prozess ergebnisoffen zu gestalten ist in dem Sinne, dass zuvor gespeicherte Interpretations- und Selektionsmuster bestätigt oder als unzureichend eingestuft werden können (vgl. ebd.: 336f.).

Umsetzungsphase: In dieser Phase werden externe (z.b. Pressemitteilungen, Kampagnen, Lobbying-Maßnahmen) und interne Maßnahmen (z.b. Produktveränderungen) umgesetzt, mit denen auf die als handlungsrelevant eingestuften Issues und deren Implikationen Bezug genommen werden soll. Involviert sind dabei erneut die vom Issue betroffenen Bereiche und Abteilungen, die von einem Leiter koordiniert werden (vgl. ebd.: 328).

Evaluation: Die Evaluation umfasst gleichermaßen eine summative (Ergebniskontrolle) und formative Evaluation, welche auf die Beurteilung des gesamten Issue Management-Prozesses ausgerichtet ist (→ 5.2.2.3). Gerade aufgrund der häufig zentralen Präventivfunktion des Issue Managements, bei der sich der Erfolg des Issue Management-Prozesses z.B. in der Nicht-Eskalation von öffentlichen Konflikten und folglich in der Nicht-Messbarkeit zeigt, stellt die Ergebniskontrolle im Rahmen der Evaluation eine große Herausforderung dar. Diesbezüglich fehlen bislang valide Indikatoren und Messmodelle.

Betrachtet man den Issue Management-Prozess in seiner Gesamtheit, so lässt sich – auch wenn die Entwicklung eines Issues stets kontext- und situationsabhängig ist – die zeitliche Dynamik des Issue-Verlaufs idealtypisch anhand eines Lebenszyklus-Modells beschreiben. In der wissenschaftlichen Literatur existieren dazu unterschiedliche Beschreibungen, die primär in der Anzahl der zu unterscheidenden Phasen sowie der Darstellung der Verlaufskurve variieren (vgl. Lütgens 2002: 56ff.; Ingenhoff 2004: 45f.). Exemplarisch wird hier das Lebenszyklus-Modell von Köcher und Birchmeier erläutert (siehe Abb. 20).

Abbildung 20: Issue-Lebenszyklus (Köcher/Birchmeier 1992)

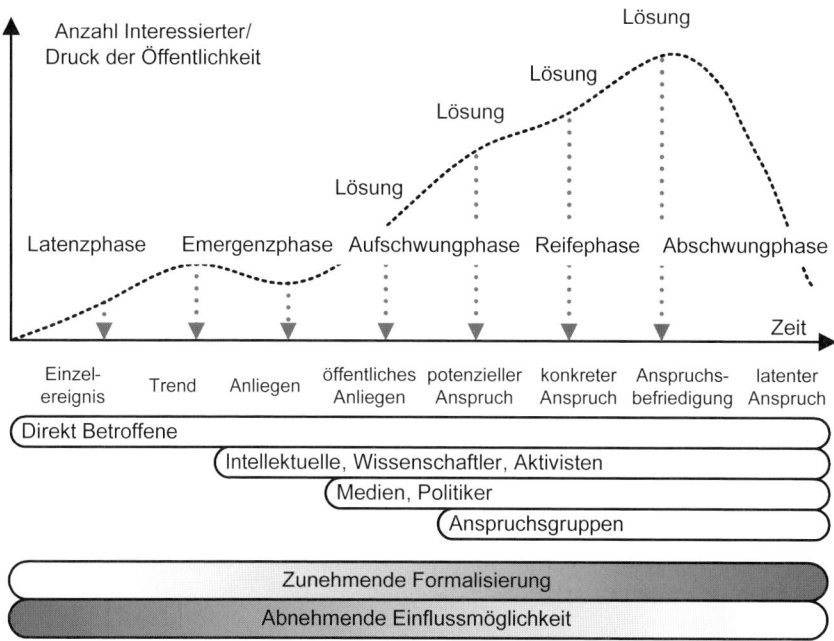

Der Issue-Lebenszyklus zeichnet sich insbesondere durch den Grad der öffentlichen Aufmerksamkeit aus, die einem Issue im Zeitverlauf entgegengebracht wird. Entscheidend ist dabei aus Organisationssicht, dass die Möglichkeiten der Einflussnahme auf den Verlauf des Issues mit der Zunahme öffentlicher Aufmerksamkeit und folglich mit der Zunahme der involvierten Personen und Organisationen stark sinkt. Während zu Beginn des Lebenszyklus die Aufmerksamkeit für das Issue und die Zahl der betroffenen bzw. interessierten Personen sehr gering sind, da in dieser Phase die allgemeine Öffentlichkeit von dem *latenten bzw. potenziellen Issue* noch keine Kenntnis genommen hat, konkretisieren sich in den folgenden *Emergenz-* und *Aufschwungsphasen* die Erwartungen. Das Thema gewinnt nun über den Kreis der direkt Betroffenen hinaus seitens weiterer Personen und Gruppen an Akzeptanz und Aufmerksamkeit – diese erste Öffentlichkeit entsteht in der Regel in wissenschaftlichen Fachdebatten. Durch die Akzeptanz weiterer Teilöffentlichkeiten, häufig durch den Transport des Issues in die allgemeine

Medienöffentlichkeit, und die Unterstützung durch Meinungsführer gewinnt das Issue weiter an Aufmerksamkeit. Durch unterschiedliche Teilnehmer an der Diskussion existieren häufig verschiedene Positionen. Seinen (kritischen) Höhepunkt hat der Issue-Lebenszyklus erreicht, wenn aktive und aktivistische Teilöffentlichkeiten sich in die öffentliche Diskussion einschalten und auf Lösung der konfligierenden Positionen drängen. In dieser Phase kann eine betroffene Organisation kaum noch auf den Issue-Verlauf sowie die Art und Weise, in der die öffentliche Debatte geführt wird, einwirken. Der idealtypische Lebenszyklus endet letztlich mit der *Reife-* und der *Abschwungphase*, welche anhand von ausgehandelten Regelungen und Sanktionierungen beobachtbar sind. Beide Phasen sind gekennzeichnet durch ein stark abnehmendes Interesse am Issue, womit dieses zum Non-Issue wird. Durch semantische Verbindungen zu ähnlichen Issues kann dieses jedoch jederzeit wieder aufleben. (Vgl. Crable/Vibbert 1986: 6f.; Ingenhoff 2004: 46f.; Ingenhoff/ Röttger 2008: 329f.)

Dabei muss ein Issue nicht zwangsläufig alle Phasen durchlaufen, sondern kann bereits zuvor aufgelöst werden, einzelne Phasen überspringen oder diese auch mehrfach durchlaufen (vgl. Crable/Vibbert 1986). Aufgrund der Vielzahl intervenierender Variablen und situationsspezifischer Einflussfaktoren kann die genaue Analyse eines Issue-Lebenszyklus nur aus der Ex-Post-Perspektive erfolgen. Als Vorhersageinstrument ist das Modell daher wenig geeignet.

Issues Management bietet Organisationen die Möglichkeit, frühzeitig Chancen und Risiken zu erkennen. Diese Funktion verdeutlicht den hohen Stellenwert des Issues Management im Vorfeld der Krisen-PR, deren Aufgabe die Verhinderung aber auch die kommunikative Bewältigung von Krisen- und Konfliktfällen ist. In diesem Kontext kann Issues Management als Instrument zur Krisenprävention und Früherkennung von Risiken und als Teil des Krisenmanagements im weiteren Sinne betrachtet werden (siehe Abb. 21).

Abbildung 21: Issues Management und Krisenmanagement im engeren und
weiteren Sinne (Ingenhoff 2004: 75)

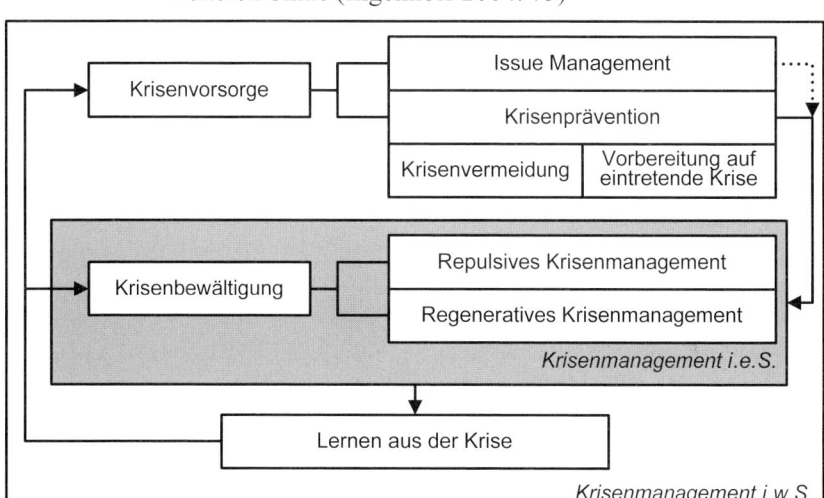

Der Begriff Krise wird sowohl in den Medien als auch in der Literatur mittlerweile fast inflationär gebraucht, so dass alle negativen Unregelmäßigkei-
ten und Zielabweichungen direkt als Krise bezeichnet werden. Im engeren
Sinne handelt es sich bei Krisen im Bereich von Organisationen um plötzlich
auftretende interne und externe Ereignisse von begrenzter Dauer, die die Erreichung der Organisationsziele gefährden können und in der Regel nur begrenzt beeinflussbar sind. Bezogen auf Unternehmen definiert Krystek Krisen als

> „ungeplante und ungewollte Prozesse von begrenzter Dauer und Beeinflussbarkeit
> sowie mit ambivalentem Ausgang. Sie sind in der Lage, den Fortbestand der gesam-
> ten Unternehmung substantiell und nachhaltig zu gefährden oder sogar unmöglich
> zu machen" (Krystek 1987: 6).

Die häufige Unvorhersehbarkeit krisenhafter Ereignisse sowie ein damit ein-
hergehendes gesteigertes Medieninteresse lassen Krisen-PR oftmals rein re-
aktiv erscheinen. Tatsächlich erfordern aber die verschiedenen idealtypischen
Krisenphasen (siehe Abb. 22) jeweils ein unterschiedlich aktives Kommunikationsverhalten.

Abbildung 22: Vier Phasen des Krisenmanagements (vgl. Roselieb 2002: 116)

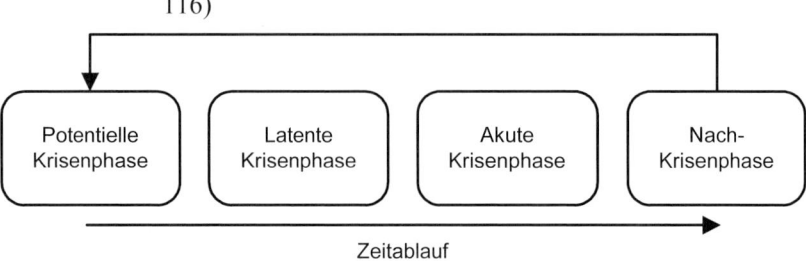

| Potentielle Krisenphase | Latente Krisenphase | Akute Krisenphase | Nach- Krisenphase |

Zeitablauf

Professionelles Krisenmanagement zeichnet sich gerade durch die Erkenntnis aus, dass bereits im Vorfeld – auf der Basis von Szenarien möglicher Krisen und Analysen der vorhandenen Risiko- und Krisenpotenziale – Zuständigkeiten, zentrale kommunikative Strategien und Verfahrensschritte zur Bearbeitung von Krisen festgelegt und Führungskräfte im Hinblick auf problematische Situationen kommunikativ geschult werden müssen. Krisen-PR setzt damit lange vor tatsächlichen Konfliktfällen an – vor allem der langfristige und kontinuierliche Aufbau von Vertrauen und von stabilen Beziehungen zu relevanten Anspruchsgruppen sind die Basis für eine erfolgreiche Kommunikation in Konflikt- oder Krisenlagen. Teil der Krisen-PR ist es zudem, möglichst frühzeitig erste Signale für Problemlagen wahrzunehmen und durch adäquate Kommunikationsarbeit Krisen, wenn möglich, zu verhindern. In Fällen, in denen eine Krise nicht abgewendet werden kann, gilt es in der latenten Krisenphase diese möglichst frühzeitig anhand geeigneter Frühwarnsysteme des Issues Management zu erkennen. Dem Großteil der Unternehmensumwelt ist die sich abzeichnende Krise in dieser Phase noch nicht bekannt, Aufgabe des Krisenmanagements ist es daher, die Informationen der Früherkennung auszuwerten und darauf aufbauend Maßnahmen zur Vermeidung einer akuten Krisenphase einzuleiten (vgl. Roselieb 2002: 120). Eine akute Krisenphase wird in dem Moment eingeleitet, in dem die Krise seitens der Unternehmensumwelt wahrgenommen wird. Dies kann einerseits durch eine misslungene Krisenvermeidung ausgelöst werden, andererseits im Falle einer sehr überraschend eintretenden Krise (beispielsweise Naturkatastrophe, Unfall), bei der das kritische Ereignis nicht vorherzusehen und somit nicht zu vermeiden war. In dieser Phase ist es primäre Aufgabe des Krisenmanagements, die

Krise anhand der im Idealfall in der Vor-Krisenphase präventiv geplanten Strategien und Maßnahmen zu bewältigen. In der Nach-Krisenphase geht es dann vor allem darum, die zurückliegende Krise kritisch zu analysieren, entsprechende Rückschlüsse für potenziell zukünftige Krisen zu ziehen und ggf. die Frühwarnsysteme zu optimieren.

 Weiterführende Literatur

> Ingenhoff, Diana/Ulrike Röttger (2008): Issues Management. Ein zentrales Verfahren der Unternehmenskommunikation. In: Miriam Meckel/Beat F. Schmid (Hg.): Unternehmenskommunikation. Kommunikationsmanagement aus Sicht der Unternehmensführung. 2., überarb. u. erw. Aufl. Wiesbaden: 323-354

5.2.2.2   *Public Affairs*

Der Begriff der Public Affairs wird sowohl in der Theorie als auch in der Praxis sehr unterschiedlich gefasst und häufig synonym mit den Begriffen Public Relations und Lobbying verwendet (vgl. Köppl 2008: 190; 192). Kommunikative Aktivitäten, die auf die Beeinflussung politischer Entscheidungsprozesse ausgerichtet sind, werden zum Teil als Öffentlichkeitsarbeit, zum Teil als Governmental Relations oder eben als Public Affairs deklariert. Nähert man sich einer Definition des Gegenstandsbereichs an, so ist festzustellen, dass bei vielen Definitionen – wie beispielsweise jener von Köppl, der Public Affairs als Managementfunktion bezeichnet, „die verantwortlich ist für die Interpretation des nichtkommerziellen Umfeldes eines Unternehmens und das Management der Reaktionen des Unternehmens auf diese Umwelt" (Köppl 2000: 19) – die Aufgaben der Public Affairs zu allgemein definiert werden. Fast alle Kommunikationsaktivitäten von Unternehmen, die nicht auf Märkte gerichtet sind, ließen sich demnach als Public Affairs bezeichnen; eine trennscharfe Abgrenzung gegenüber anderen Kommunikationsfunktionen ist gemäß diesen Definitionen kaum noch möglich (vgl. Röttger/Donges 2003: 106). Diesbezüglich erscheint es sinnvoller, Public Affairs enger über die Zielgruppen und Kommunikationsziele zu definieren: Demnach können Public Affairs

„als kommunikative Tätigkeiten von Unternehmen und Nonprofit-Organisationen verstanden werden, die auf das politisch-administrative System und das gesellschaftspolitische Organisationsumfeld ausgerichtet sind und zum Ziel haben, Akzeptanz im Sinne von Legitimität zu schaffen. Public Affairs sollen den Organisationserfolg durch Einflussnahme auf gesellschaftliche, politische und rechtliche Rahmenbedingungen bzw. politische Entscheidungsprozesse sichern." (Röttger/ Donges 2003: 106)

Zielgruppen der Public Affairs sind insbesondere Mandats- und Entscheidungsträger in der Verwaltung und Politik, aber auch Nicht-Regierungsorganisationen oder supranationale Organisationen, Verbände ebenso wie Bürgerinnen und Bürger. Neben öffentlichen Kommunikationsformen wie zum Beispiel Kampagnen im Rahmen von Wahlen, sind insbesondere auch nichtöffentliche Formen der Kommunikation bedeutsam, wie etwa das Lobbying, verstanden als informeller Austausch von Informationen mit öffentlichen Institutionen sowie als informeller Versuch der Beeinflussung dieser Institutionen (vgl. van Schendelen 1993: 3). Lobbying ist als zweidimensionaler Prozess zu verstehen: Einerseits werden Interessen und Anliegen durch Lobbyisten gegenüber politischen Entscheidungsträgern artikuliert und andererseits findet ein Informationsinput auf Seiten der Entscheidungsträger durch die Lobbyisten statt (vgl. Röttger/Donges 2003: 108). Das Verhältnis von Lobbyisten und Akteuren des politisch-administrativen Systems ist als eine Tauschbeziehung anzusehen. Ein weites Verständnis des Lobbying schließt auch die Analyse des politischen Meinungsklimas und der Politik mit ein. Hier werden die fließenden Grenzen zu Public Affairs deutlich.

Zusammengefasst soll Public Affairs den Organisationserfolg durch Einflussnahme auf gesellschaftliche, politische und rechtliche Rahmenbedingungen bzw. politische Entscheidungsprozesse sichern, womit ihr eine entscheidende Bedeutung bei einer Vielzahl unternehmerischer Aktivitäten zukommt. So erfordern beispielsweise Restrukturierungen oder Produkteinführungen eine Mitgestaltung der politisch-administrativen Rahmenbedingungen sowie eine aktive Ausgestaltung der Beziehungen zu relevanten Bezugsgruppen (vgl. Köppl 2008: 196). Dabei haben Public Affairs-Aktivitäten eine externe und interne Wirkungsdimension: Es geht sowohl darum, Themen zu lancieren, öffentliche Thematisierungsprozesse und politische Entscheidungen zu beeinflussen, als auch darum, die Organisationspolitik und die internen Entscheidungsprogramme zu beeinflussen – dies zumal dann, wenn nur auf diesem Weg eine Legitimation der Unternehmung erzielt werden kann.

Ein Beispiel für Public Affairs-Aktivitäten stellt die Initiative „Energiepoliti-scher Appell" des Bundesverbands der Deutschen Industrie (BDI) dar. Mit-tels großflächiger Anzeigen in Tageszeitungen in denen auf die Notwendig-keit von Kohle und Kernenergie hingewiesen wurde, wurde versucht, Ein-fluss auf die Energiepolitik der Bundesregierung zu nehmen (siehe Abb. 23).

Der „Energiepolitische Appell" des BDI

Vertreter u.a. aus Wirtschaft und Politik forderten 2010 die Bundesregierung in einem offenen Brief zu einer Änderung der Energiepolitik auf. Sie richten sich gegen die Pläne für ei-ne Brennelementesteuer und Ökosteuer-Erhöhungen und ver-langen von der Regierung, in ihrem Energiekonzept „bis auf weiteres" am Kohle- und Atomstrom festzuhalten: „Die rege-nerative Energiewende ist nicht von heute auf morgen zu be-werkstelligen. Erneuerbare brauchen starke und flexible Part-ner. Dazu gehören modernste Kohlekraftwerke. Dazu gehört auch die Kernenergie mit deren Hilfe wir unsere hohen CO_2-Minderungsziele deutlich schneller und vor allem preiswerter erreichen können als bei einem vorzeitigen Abschalten der vorhandenen Anlagen. Ein vorzeitiger Ausstieg würde Kapital in Milliardenhöhe vernichten – zulasten der Umwelt, der Volkswirtschaft und der Menschen in unserem Land. Es geht um viel; die Sicherung der Lebensgrundlagen von morgen und die Zukunftsfähigkeit des Standortes Deutschland. Das geht uns alle an. Wir appellieren daher an alle politisch Verant-wortlichen, das energiepolitische Gesamtkonzept ausgewogen zu entscheiden." (Auszug aus der Zeitungsanzeige)

Initiator der Aktion ist der BDI, der die Kampagne im August 2010 bundesweit in den Medien geschaltet hat. Hinter der Kampagne stehen vor allem die vier Energiekonzerne Eon, RWE, Vattenfall und EnBW.

Abbildung 23: Zeitungsanzeige „Mut und Realismus für Deutschlands Energiezukunft" (Energiezukunft für Deutschland e.V. 2010);

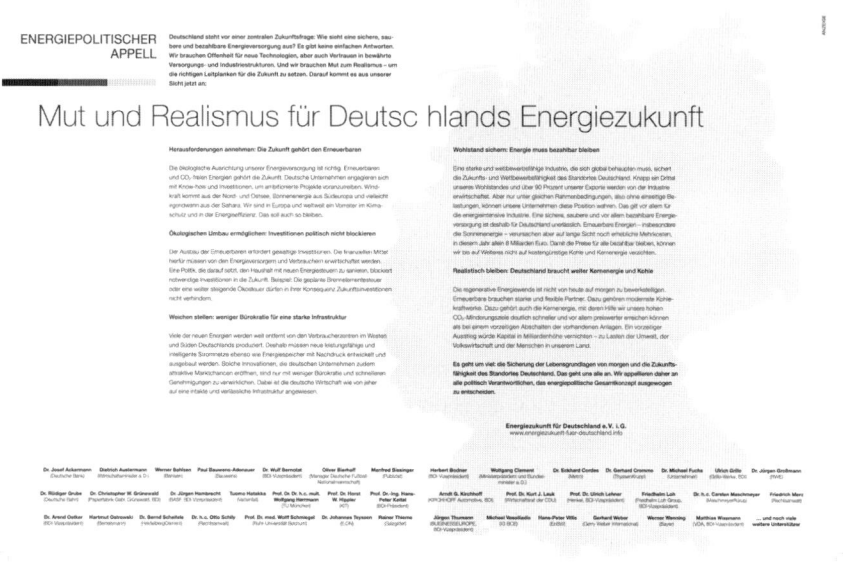

 Weiterführende Literatur

Köppl, Peter (2000): Public Affairs Management. Strategien und Taktiken erfolgreicher Unternehmenskommunikation. Wien

Röttger, Ulrike/Patrick Donges (2003): Politische Kommunikation und Public Affairs. In: Klaus Merten/Rainer Zimmermann/Helmut A. Hartwig (Hg.): Das Handbuch der Unternehmenskommunikation 2002/2003. Köln: 105-112

5.2.2.3   *PR-Evaluation und Kommunikations-Controlling*

Im Rahmen des Prozesses strategischer PR (→ 5.1) wurde bereits auf die Relevanz und Möglichkeiten der Erfolgskontrolle hingewiesen. Erfolg bezeichnet grundsätzlich das Erreichen gesetzter Ziele. Bezogen auf PR geht es in erster Linie um Kommunikationsziele, die den Zustand beschreiben, der nach Umsetzung eines Kommunikationskonzeptes bzw. der Durchführung von bestimmten Maßnahmen erreicht werden soll. Unter dem Begriff der Evaluation wird ganz generell „jegliche Art der Festsetzung des Wertes einer Sache" (Wottawa/Thierau 2003: 18) verstanden. Eine systematische Evaluation umfasst darüber hinaus „die Anwendung sozialwissenschaftlicher Methoden zur Bewertung der Konzeption, des Designs, der Durchführung und des Nutzens einer sozialen Interventionsmaßnahme" (ebd.).

Im Rahmen der PR-Evaluation werden Maßnahmen auf ihre effektive, zielführende Wirkung untersucht (summative Evaluation) und eine Bewertung des gesamten PR-Prozesses vorgenommen (formative Evaluation). Im Einzelnen verfolgt PR-Evaluation folgende Ziele (vgl. Signitzer 1993: 174ff.)

- Verbesserung der strategischen Planung von PR-Prozessen
- Optimierung von PR-Maßnahmen, -Instrumenten und -Durchführungspraktiken (Qualitätsverbesserung)
- Überprüfung der Wirkung von PR-Maßnahmen (Wirkungskontrolle)
- Überprüfung der PR-Effizienz (Kosten-Nutzen-Analyse)
- Leistungsausweis gegenüber Auftraggeber/Öffentlichkeit; Rechtfertigung von PR-Budgets)

Vor allem der Nachweis der strategischen und finanziellen Relevanz von PR hat in den vergangenen Jahren zunehmend an Bedeutung gewonnen, da von PR – ebenso wie von Werbung und Marketing – eine verstärkte Messbarmachung der Ergebnisse gefordert wird:

> „Das Messen von PR-Erfolg wird mehr und mehr zum kritischen Faktor bei der Entscheidung, ob Kommunikationsprogramme vergeben werden bzw. ob sie beendet, modifiziert oder fortgeführt werden." (Fesser 2001: 14)

Der Umfang der Evaluationsmaßnahmen muss – unter Berücksichtigung der vorhandenen Ressourcen – individuell festgelegt werden. Gemeinsamer Ausgangspunkt jeder Evaluation ist dagegen die Festlegung konkreter und messbarer Ziele. Bezogen auf die vier Phasen strategischer PR bedeutet dies, dass die in der Situationsanalyse definierten PR-Ziele nachvollziehbar und präzise

formuliert, operationalisierbar und realistisch sein müssen (vgl. u.a. Broom/
Dozier 1990: 42ff.). Als Kriterien der Zieldefinition wird in diesem Zusammenhang immer wieder auf die sogenannte SMART-Formel verwiesen, der zufolge PR-Ziele specific, measurable, achievable, realistic und timed sein sollen (vgl. Grunig/Hunt 1984: 132f.). Die Zielformulierung sollte dabei Aussagen über folgende Dimensionen beinhalten:

- Zielpublika und Anspruchsgruppen
- Art der Wirkungen
- Ausmaß und Richtung der Wirkungen
- Zeitrahmen, in dem die Wirkungen greifen sollen

Ausgehend von der Zielperspektive können verschiedene Aspekte und Wirkungen von PR Gegenstand der PR-Evaluation sein, die in Evaluationsstufen zusammengeführt werden können (siehe Abb. 24). Ähnlich wie bei den Phasen des strategischen PR-Prozesses liegen diesbezüglich verschiedene Modelle mit unterschiedlichen Stufen vor. Generell kann jedoch zwischen den Stufen Input (eingesetzte Ressourcen für die Kommunikation), Output (Verfügbarkeit und Reichweite der Botschaften) und Outcome (Wirkung der Kommunikationsangebote bei Stakeholdern) unterschieden werden, wobei jede Stufe als Voraussetzung zur Erreichung der nächsten Stufe gilt.

Abbildung 24: PR-Evaluationsstufen (vgl. Fuhrberg 1997; Macnamara 1992)

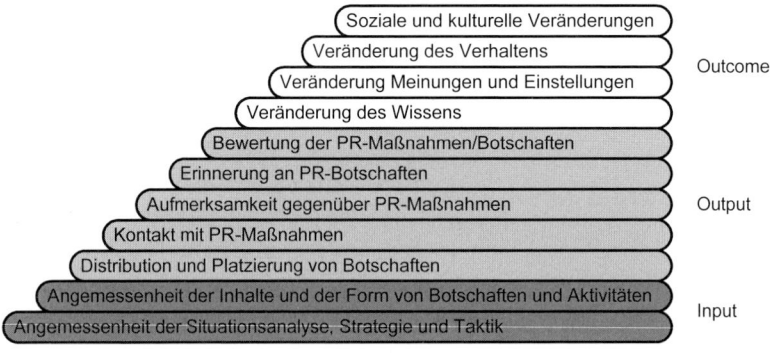

Unter den Schlagworten „Wertschöpfung durch Kommunikation" oder auch „wertorientiertes Kommunikationsmanagement" wird seit einigen Jahren nicht nur die klassische Evaluation von PR-Maßnahmen diskutiert, sondern versucht, einen „business link" zwischen Kommunikationsmanagement und strategischen und operativen Unternehmenszielen herzustellen. Aufgrund der Vielzahl der diesbezüglich veröffentlichten Beiträge kann dieses Themenfeld mittlerweile zu einem der zentralen Branchenthemen gezählt werden. Als Antriebspunkt dieser Entwicklung ist das Vordringen neuer Managementsysteme in Unternehmen auszumachen, die alle Unternehmensbereiche – und mithin auch die Kommunikationsabteilung – dazu auffordern, ihr Handeln mit Kennzahlen zu unterlegen und so zu einer ständigen Verbesserung der Prozesse beizutragen. Chancen dieser Entwicklung bestehen für die PR darin, ihren Beitrag zur Erreichung abteilungsübergreifender Organisationsziele aufzuzeigen und damit die interne Legitimation der PR in der Organisation zu erhöhen. Eng damit verbunden sind jedoch Fragen nach den Möglichkeiten der betriebswirtschaftlich effizienten Plan- und Steuerbarkeit sowie der Messbarmachung des (monetären) Wertschöpfungsbeitrags der PR.

Kommunikations-Controlling

Unter Kommunikations-Controlling wird eine auf operativer und strategischer Ebene des Kommunikationsmanagements wirksam werdende steuernde und unterstützende Tätigkeit verstanden, durch die „Strategie-, Prozess-, Ergebnis- und Finanz-Transparenz geschaffen sowie geeignete Methoden und Strukturen für die Planung, Umsetzung und Kontrolle der Unternehmenskommunikation bereitgestellt werden." (Pfannenberg/Zerfaß 2010: 438)

Grundsätzlich lassen sich zwei Perspektiven hinsichtlich des Beitrags von PR zum Unternehmenserfolg unterscheiden: In einer auf einem marktorientierten Strategieverständnis beruhenden *strategischen* Sichtweise des Kommunikationsmanagements wird versucht, den eher kurzfristigen Beitrag von PR zum operativen Unternehmensergebnis zu messen, der primär über die Unterstützung der laufenden Wertschöpfungsprozesse generiert wird (vgl. Zerfaß 2010). Die aus einem ressourcenorientierten Strategieverständnis hervorgehende *monetäre* Sichtweise des Kommunikationsmanagements nimmt dagegen die längerfristig angelegten Beiträge von PR zum Aufbau nachhaltiger

Potenziale für den Unternehmenserfolg in den Fokus. Bedeutsam sind hier
z.B. Ansätze zur finanziellen Bewertung von Marken.

Ausgangspunkt der aktuellen Kommunikations-Controlling-Debatte ist eine
Untersuchung des schwedischen PR-Verbandes zum Wertbeitrag von Kommunikation aus dem Jahr 1995. Die zentrale Überlegung war, dass immate-
rielle Werte eines Unternehmens wesentlichen Anteil an seinem Gesamtwert
haben und dabei maßgeblich durch Kommunikation beeinflusst werden. Anhand eines Modells wurden Verbindungen von den durch Kommunikation
beeinflussten immateriellen Werten zu den Finanzkennzahlen des Unternehmens herausgearbeitet. In Folge dieser Überlegungen sind im deutschsprachigen Raum sowohl von der anwendungsorientierten Forschung als auch
der Beratungspraxis eine Reihe teils sehr elaborierter, zum Teil auch praxis-
erprobter Modelle entwickelt worden. Eine Übersicht der Methoden und
Kennziffern hat Zerfaß mit dem Bezugsrahmen des Mehrdimensionalen
Kommunikations-Controlling (MKC) vorgelegt (vgl. Zerfaß 2005: 204ff.;
siehe Tab. 15). Hieran wird deutlich, dass Kommunikations-Controlling unterschiedlichste Prozesse und Fragekomplexe umfasst, die organisations- und
situationsabhängig auftreten. Ziel kann daher auch nicht ein allumfassender
Controllingansatz sein, sondern es geht vielmehr darum, ein Portfolio von
Methoden und Kennziffern bereitzustellen, die den jeweiligen Problemen
und Fragestellungen angepasst sind (vgl. Zerfaß 2008: 443). Hohe Bekanntheit haben vor allem Verfahren des Kommunikations-Controllings gefunden,
die sich auf den Balanced-Scorecard-Ansatz Robert S. Kaplan und David P.
Norton (1992) beziehen.

Tabelle 15: Mehrdimensionales Kommunikations-Controlling als
Bezugsrahmen (Zerfaß 2008: 444)

	Problemebene	Perspektive	Methoden	Kennziffern
Strategisches Kommunikations-Controlling	Steuerung und Kontrolle des Kom.-Management	Prozessqualität der UK aus Sicht der Unternehmens-führung (Potenzial)	*Prozessanalysen:* Communication Audit Integration Audit	Rating Akzeptanzquote
	Steuerung und Kontrolle der Kom.-Strategie	Beitrag der UK zur Wertschöpfung aus Sicht der Unternehmensführung	*Bewertungs-ansätze:* Com Due Diligence Markenbewertung *Steuerungstools:* Corp. Com. Scorecard	Goodwill Bilanzwert Erfüllungsgrad
Operatives Kommunikations-Controlling	Steuerung und Kontrolle der Kom.-Programme	Programmqualität der UK aus Sicht des Kom.-Management (Performance)	*Programmanalyse:* Konzeptions-evaluation	Rating Kommunika-tionseffizienz
	Steuerung und Kontrolle der Kom.-Maßnahmen	Usability der UK aus Sicht der Rezipienten (Usability)	*Erfolgsprognosen:* Web Usability-Test *Fortschritts-kontrollen:* Kampagnen-Milestones	Sympathiewert Lösungsquote Erfüllungsgrad Akzeptanz-quotient Reputation Quotient
		Effekte der UK aus Sicht des Kom.-Management (Output, Outcome)		

Der Balanced-Scorecard-Ansatz, der als kennzahlenbasiertes strategisches Leistungs- und Managementsystem entwickelt wurde, erlaubt eine Verbindung von „harten" Finanzkennzahlen und „weichen" Werttreibern wie Kundenzufriedenheit oder Image. Entsprechende Modelle des Kommunikations-Controllings fokussieren die Wirkungszusammenhänge von Kommunikation in mehreren Perspektiven, indem sie geeignete Kennzahlen bzw. sogenannte Key Performance Indicators (KPIs) definieren und einen spezifischen Bezugsrahmen zur Steuerung und Evaluation der Kommunikation entwickeln (vgl. Zerfaß 2008: 453). Da hierbei nicht alle potenziellen Einflussgrößen berücksichtigt werden können, werden im Hinblick auf die jeweilige Organisationsstrategie wesentliche Werttreiber und Parameter ausgewählt. Scorecard-Modelle müssen folglich jeweils organisationsspezifisch angepasst werden (vgl. Kaplan/Norton 1992: 73). Zu den bekanntesten Balanced-Score-card-Modellen gehören:

- Communication Scorecard (CS), Hering/Schuppener
- Corporate Communication Scorecard (CCS), Zerfaß
- Communications Value System (CVS), GPRA

Systematisierungen der genannten Verfahren liegen in der Forschung bisher nur vereinzelt vor. In einem Arbeitskreis der Berufsverbände DPRG (Deutsche Public Relations Gesellschaft) und ICV (Internationaler Controller Verein) wurde Anfang 2009 ein Wirkstufenmodell für PR-Kommunikation aufgestellt, das eine konzeptionelle Grundlage für anwendungsbezogene Verfahren des Kommunikations-Controllings bilden soll (vgl. Rolke/Zerfaß 2010).

Abbildung 25: Bezugsrahmen für Kommunikations-Controlling
(Rolke/Zerfaß 2010: 52)

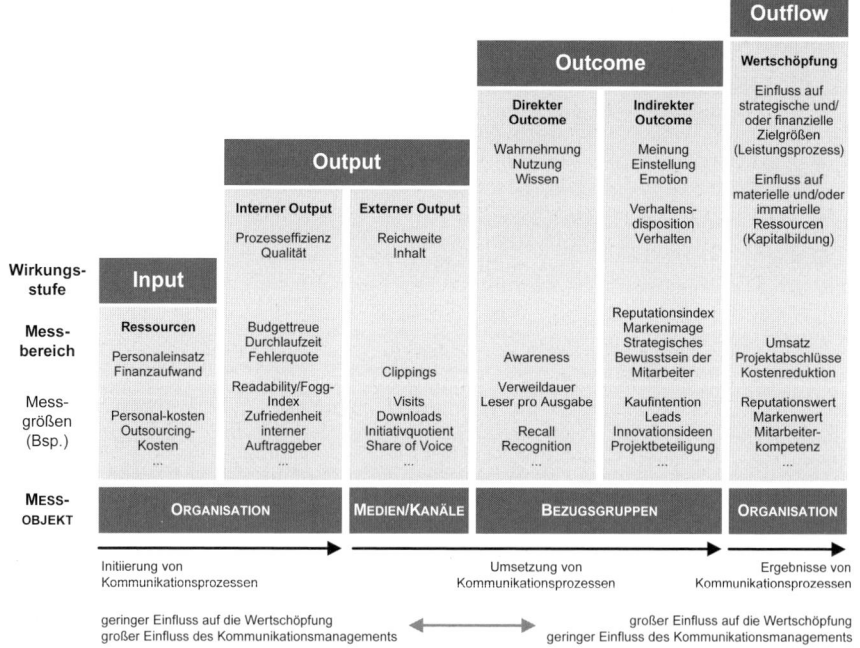

Ausgangspunkt ist die Unterscheidung von vier aufeinander aufbauenden Ebenen des Kommunikations-Controllings, die sich eng an die zentralen Wirkungsdimensionen der PR (siehe Abb. 24) anlehnen. Die im Mittelpunkt der Debatte um das Kommunikations-Controlling stehende betriebswirtschaftliche Wirkungsebene der Unternehmenskommunikation (Outflow) wird dabei von den Ebenen Input (eingesetzte Ressourcen für die Kommunikation), Output (Verfügbarkeit und Reichweite der Botschaften) und Outcome (Wirkung der Kommunikationsangebote bei Stakeholdern) abgegrenzt (siehe Abb. 25).

Trotz der mittlerweile hohen Anzahl an anwendungsorientierten Modellen, an praxisorientierten Seminaren und how-to-do-Anleitungen zum Thema Kommunikations-Controlling muss bislang jedoch mit Blick auf die Praxis festgehalten werden, dass sich die überwiegende Anzahl der in Europa ansässigen Unternehmen noch immer auf klassische Evaluationsverfahren in der Output- und Outcome-Dimension beschränkt (vgl. Zerfass et al. 2010: 100). Wie Ergebnisse des Global Survey of Communication Measurement zeigen, sieht das Bild weltweit nicht anders aus, auch hier ist die aktuelle Evaluationspraxis weiterhin primär von medienbezogenen Ansätzen dominiert (vgl. Wright et al. 2009: 2; 7). Gründe hierfür sind zahlreich, zu den zentralen Hemmnissen zählen:

- Einzelne Verfahren sind immer nur für eine ganz bestimmte Art von Unternehmen geeignet;
- zahlreiche Verfahren sind für viele Unternehmen zu komplex;
- man hat es mit einer mittlerweile unüberschaubaren Vielzahl an Modellen und Verfahren zu tun, deren Alleinstellungsmerkmale sich der Praxis nicht unmittelbar erschließen.

Abgesehen von einer notwendigen Weiterentwicklung einzelner Verfahren auf eher technisch-operativer Ebene erscheint ist daher zudem eine Intensivierung der wissenschaftlichen Auseinandersetzung mit dem Kommunikations-Controlling erforderlich. Insbesondere die nicht ausreichend hinterfragten grundlegenden Funktionsmechanismen einer an betriebswirtschaftlichen Erfolgsparametern orientierten Planung, Steuerung und Evaluation des Kommunikationsmanagements gilt es dabei zu thematisieren. Aus kommunikationswissenschaftlicher Blickrichtung ist es zentral, die bisher in der Regel nicht thematisierten grundlegenden Annahmen über die Wirkung und Messbarkeit von PR-Kommunikation zu systematisieren, zu hinterfragen und kritisch zu diskutieren (vgl. Röttger/Preusse 2009). Im Hinblick auf die in → 3.3.2 beschriebenen zentralen Funktionen der PR ist zudem kritisch anzumerken, dass sich die spezifischen Leistungen der PR nicht rein outputorientiert beschreiben lassen, sondern auch auf Ebene des Inputs, insbesondere der umfassenden Beobachtung verschiedener Umweltsysteme, zu sehen sind. In diesem Sinne besteht die Übersetzungsleistung der PR maßgeblich darin, ihre Beobachtungsergebnisse so in unternehmerische Reproduktionskreisläufe einzuspeisen, dass sie als entscheidungsrelevante Informationen intern verarbeitet werden können, um die Handlungsoptionen von Organisationen auch unter wechselnden situativen Einflüssen zu sichern. Diese inputorientierten Funktionen der PR drohen aber im Rahmen des stark outputorientierten Kommunikations-Controllings aus dem Blick zu geraten.

5.2.3 Aufgabenfelder mit primärer Orientierung an Instrumenten/Kommunikationsformen

5.2.3.1   Online-Kommunikation

Mit den Möglichkeiten der Online-Kommunikation haben sich die Rahmenbedingungen der Organisationskommunikation und der PR in mehrerer Hinsicht gewandelt. Unter Online-Kommunikation wird dabei zunächst einmal

> „die Gesamtheit netzbasierter Kommunikationsdienste [verstanden], die den einzelnen Kommunikationspartner via Datenleitung potenziell an weitere Partner rückkoppeln und ein ausdifferenziertes Spektrum verschiedener Anwendungen erlauben" (Rössler 2003: 504).

Veränderungen bezüglich der Organisationskommunikation lassen sich daran festmachen, dass sich zum einen neue Bezugsgruppen ausmachen lassen, die sich erst durch die Kommunikationsmöglichkeiten der Online-Kommunikation gebildet haben und die Organisationen vor neue Herausforderungen der Ansprache, Beobachtung und Steuerung gestellt haben. Auch bestehende Öffentlichkeiten haben sich durch das Internet verändert, indem sich beispielsweise Einflussmöglichkeiten einzelner Beteiligter oder die Aktualität und Verbreitung von Themen durch die digitale Verfügbarkeit geändert haben. Zum anderen haben sich mit dem Internet neue Kommunikationsmaßnahmen herausgebildet, die sinnvoll in den Kommunikationsprozess einzubeziehen sind. (Vgl. Zerfaß 2010: 419f.)

Online-PR bietet einerseits die Möglichkeit unterschiedliche Bezugsgruppen der Organisationskommunikation zu erreichen, so dass sich neben allgemeinen Organisationsinformationen (Organisationsgeschichte, Leitbild, Standorte etc.) in der Regel auch Inhalte speziell für Kunden (z.B. Produktbeschreibungen, -preise, Angebote, Kundenservice), Investoren (z.B. Kennzahlen, Börsenkurse, Informationen zu Hauptversammlungen), Journalisten (z.B. Pressemitteilungen, Foto-/Video-Download, Terminkalender) oder Bewerber (z.B. Stellenangebote, Online-Bewerbungsformulare) finden (vgl. Westermann 2004). Zum anderen bietet das Internet die Möglichkeit der komplementären Nutzung. So können neben eigenständig für das Internet entwickelten Formaten und Inhalten auch Inhalte aus anderen Medien ins Internet übertragen werden. Eine Besonderheit des Internets ist dabei der quasi kaum begrenzte Zugang zur Öffentlichkeit. Für PR-treibende Organisationen bedeutet dies vor allem, dass sie ohne Umweg über die Redaktionen ihre Zielgruppen erreichen können. Mit vereinfachten Publikationsmöglichkeiten geht jedoch gleichzeitig eine erhöhte Aufmerksamkeitskonkurrenz seitens der Organisationen und Orientierungsprobleme seitens der Nutzer einher. Die Lenkung der Aufmerksamkeit der Zielgruppen auf das eigene Online-Angebot stellt folglich unter den veränderten Umständen eine große Herausforderung für die Organisationen dar.

Eine Reihe von neuen Trends und Technologien hat zudem in den letzten zwei Jahrzehnten dazu geführt, dass sich die Wahrnehmung und Nutzung des Internets weiter verändert haben. Der Begriff Web 2.0 kann in diesem Zusammenhang als Hinweis für eine neue Art von Online-Kommunikation verstanden werden. Web 2.0 ist allerdings noch immer ein sehr unscharfer Begriff. Eine abschließende Definition konnte sich bisher nicht durchsetzen. Als passende Beschreibung wird häufig die „zweite Phase der Internetnutzung" angesehen, da sich im Web 2.0 primär das Nutzungsverhalten der Menschen geändert hat (vgl. Pleil 2007: 12f.). So war die Rollenverteilung im Online-Kommunikationsprozess lange Zeit fest manifestiert: Auf der einen Seite die aktiven Versender, die Web-Inhalte erstellen und einseitig Daten, Nachrichten und Informationen verschicken, auf der anderen Seit die passiven Empfänger dieser multimedialen Inhalte. Der Einsatz von innovativen Informationstechnologien im Sinne von Web 2.0-Anwendungen hat diese über Jahre gewachsene Grenzziehung grundlegend gewandelt und die

Rahmenbedingungen des Kommunikationsaustausches verändert. Durch einfache Anwendungen (vgl. im Überblick Pleil 2007) ist es einer breiten Öffentlichkeit nicht nur möglich, im Internet zu lesen, zu hören und andere zu beobachten, sondern es bestehen auch Möglichkeiten aktiv teilzunehmen. Insbesondere durch die flächendeckende Verbreitung von Breitbandanschlüssen und neuartiger Software kann sich nahezu jeder an der Inhaltsproduktion beteiligen. Insoweit beschreibt der Begriff Web 2.0 die Veränderung des Internet von einem eher passiv-konsumierend genutzten Netz hin zu einem aktiv-nutzbaren Medium. Paradigmen der neuen Applikationen sind das Mitmachen, das Mitgestalten und die Interaktion. Plattformen wie Youtube, Xing, Facebook oder StudiVZ sind virtuelle Netzwerke, die von Millionen Usern genutzt werden.

Abbildung 26: Ausgewählte Web 2.0-Anwendungen im Rahmen der
Online-Kommunikation

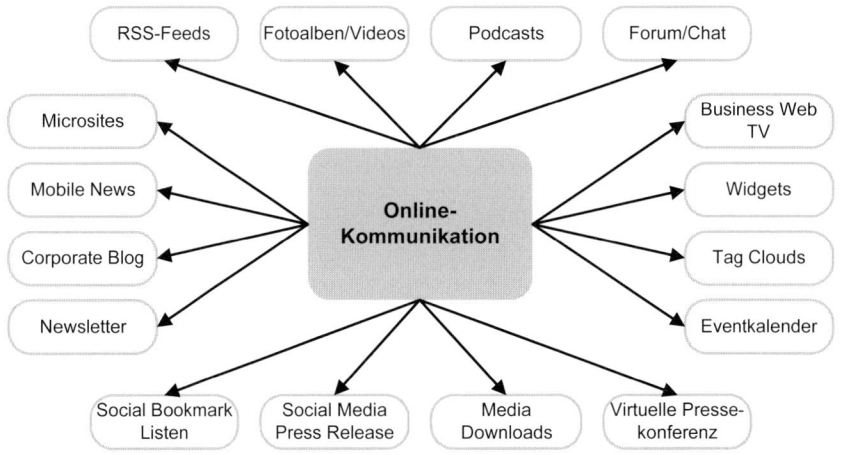

Die veränderten Kommunikations- und Distributionsvoraussetzungen stellen auch Organisationen vor neue Herausforderungen. Insbesondere die Beschleunigung von Kommunikationsprozessen sowie das Open-Source-Prinzip (Information als kollektives Gut) verlangen von Organisationen eine Anpassung ihrer Kommunikationsstrategie und -instrumente (vgl. Meckel 2008: 478f.). Eine der größten Herausforderungen stellt dabei die veränderte Rolle von Informationen im Kommunikationsprozess dar, die das „Sender-Empfänger-Modell" von Kommunikator und Rezipient endgültig aufbrechen. Organisationen machen gegenüber ihren Stakeholdern Informationsangebote, deren Nutzung im Rahmen der sozialen Vernetzung kaum vorhersagbar ist (ebd.: 479). Organisationen, die im Web 2.0 agieren, sind folglich mit einem Paradigmenwechsel konfrontiert: Sie müssen ihren jahrzehntelang gepflegten Kontrollanspruch aufgeben und zulassen, dass sie die Inhalte ihrer eigenen Medienangebote nur sehr begrenzt steuern können. Welche Folgen diese Entwicklungen für die öffentliche Kommunikation allgemein und für die Kommunikationspraxis von Organisationen im Besonderen haben, ist bislang kaum abzusehen und wenig erforscht. Formate wie beispielsweise Weblogs, Wikis, Podcasts, Chats oder RSS-Feeds vereinfachen den Nutzern die Artikulation und Vernetzung und bieten Organisationen neue Formen des Dialogs mit internen und externen Bezugsgruppen, wobei bislang nur eine verzögerte Adaption seitens der Organisationen festgestellt werden kann (siehe Tab. 16).

Tabelle 16: Social-Software Anwendungen in deutschen Unternehmen
(Zerfaß/Sandhu 2008: 287)

Social Software-Anwendungen	Nutzung in deutschen Unternehmen (Berlecon Research 2007)		
	Einzelne Mitarbeiter	Einzelne Abteilungen	Unternehmens-übergreifend
RSS	21%	5%	6%
Social Networks	20%	3%	4%
Wikis	7%	6%	5%
Blogs/Podcasts	7%	5%	5%

Die mit dem Internet verbundene Hoffnung, dass sein technisches Potenzial zu einer verstärkten symmetrischen (→ 1.2) bzw. verständigungsorientierten Kommunikation (→ 4.4) zwischen Organisation und Bezugsgruppen führt (vgl. Westermann 2004), konnte bislang empirisch nicht bestätigt werden. Untersuchungen zeigen vielmehr, dass große Unternehmen zwar faktisch die Voraussetzungen dialogischer Kommunikation erfüllen, entsprechende Formate (Foren, Diskussionsplattformen etc.) jedoch kaum effektiv zum Einsatz kommen (vgl. Schultz/Wehmeier 2010: 422; Park/Reber 2008). Auch unter den Bedingungen des Web 2.0 ist daher die mit dem Internet ursprünglich erhoffte Gleichheit der Teilnehmer nach wie vor ein Mythos.

Thomas Pleil hat mit einer Typologie der Online-PR einen Entwurf vorgestellt, anhand dessen er die Entwicklung und Bedeutung der Online-PR nachverfolgt. Dabei unterscheidet er zwischen drei Typen der Online-PR (vgl. Pleil 2007: 16ff.; siehe Tab. 17):

- *Digitalisierte PR* umschreibt die Feststellung, „dass das Internet von der PR-Praxis zunächst vor allem als weiterer Distributionskanal genutzt wurde" (ebd.: 16). Der Fokus liegt weniger auf den vielbeschworenen Dialogmöglichkeiten als vielmehr auf dem Bereitstellen von Informationen über die jeweilige Organisation, ihre Produkte und Leistungen.
- *Internet-PR* unterscheidet sich vom Typus der digitalisierten PR durch das Bereitstellen eines indirekten Rückkanals von den Bezugsgruppen zur Organisation, beispielsweise durch Feedback- oder Kontaktformulare, User-Befragungen und Usability-Tests. Damit bleibt die Kommunikation zwar weitestgehend monologisch, passt sich jedoch bereits den Bedürfnissen und Erwartungen der Bezugsgruppen an.
- *Cluetrain-PR* (in Anlehnung an das Cluetrain-Manifest, vgl. Levine et al. 2000) ist in Abgrenzung zu den beiden ersten Typen der Online-PR v.a. dialog- und netzwerkorientiert. Hier werden die Möglichkeiten des Web 2.0 eingesetzt, um Kommunikation nicht mehr zu kanalisieren bzw. zu kontrollieren, sondern zu einer Verständigung mit den Bezugsgruppen beizutragen.

Pleil selbst weist darauf hin, dass es sich bei dieser Unterscheidung von Typen der Online-PR um einen ersten Vorschlag handelt, der u.a. noch einer empirischen Prüfung bedarf. Jenseits möglicher Kritik hinsichtlich der Trennschärfe der vorgeschlagenen Unterscheidungen oder der Aussagekraft der gewählten Bezeichnungen macht die von Pleil vorgenommene Systematisierung deutlich, dass mit Online-PR nicht per se eine stärkere Dialogorientierung einhergeht, sondern dass das Internet zunächst einmal einen weiteren Kommunikationskanal darstellt, der von Organisationen in unterschiedlicher

Form eingesetzt werden kann. Der von Pleil als Cluetrain-PR bezeichnete Typ der Online-PR ist dabei nicht per se als zielführender oder besser anzusehen, vielmehr ist es eine individuelle, den Zielen und Voraussetzungen anzupassende Entscheidung von Organisationen, welcher Typ der Online-PR jeweils eingesetzt wird (vgl. Pleil 2007: 20).

Tabelle 17: Drei Typen der Online-PR (vgl. Pleil 2007: 18)

	Digitalisierte PR	Internet-PR	Cluetrain-PR
Kommunikationsmodell	monologisch	monologisch (mit indirektem Rückkanal)	dialogisch, netzwerkorientiert
Typische Elemente	Text, Bild	Kontaktformulare, Usability-Tests, Nutzungsstatistiken	Web Monitoring, Social Software
Strategie/ Maßnahmen	Präsenz zeigen, Basisinformationen vermitteln	Durchsetzung von Interessen, ggf. Campaigning	Aufbau digitaler Reputation; Web als Handlungsraum, Personalisierung
Rolle des Nutzers	Rezipient	Rezipient mit begrenzten Handlungsmöglichkeiten, gelegentlicher Rückkanal	Kommunikationspartner, organisiert sich in Netzwerken
Rolle der Online-PR	ausführend	kanalisierend	Herstellen von Offenheit
Hauptziel	Information	Persuasion	Verständigung

Grundlegend können Online-PR zwei Funktionen zugeschrieben werden: zum einen die Ermöglichung des technisch vermittelten Dialogs mit Bezugsgruppen, zum anderen die Bereitstellung elektronisch aufbereiteter Informationen für einen gezielten Abruf. Während das WWW dabei in den Kommunikationsstrategien der Großunternehmen seinen festen Platz gefunden hat, finden klein- und mittelständische Unternehmen erst nach und nach den Weg ins Netz.

Weiterführende Literatur

Pleil, Thomas (2007): Online-PR im Web 2.0. Fallbeispiele aus Wirtschaft und Politik. Konstanz

Pleil, Thomas (2010): Social Media und ihre Bedeutung für die Öffentlichkeitsarbeit. In: Maike Kayser/Justus Böhm/Achim Spiller (Hg.): Die Ernährungswirtschaft in der Öffentlichkeit. Social Media als neue Herausforderung der PR. Göttingen: 3-26

5.2.3.2   Kampagnenkommunikation

Wie viele Begriffe und Praktiken der Kommunikationspraxis ist auch der Kampagnenbegriff bislang nicht eindeutig definiert. Insbesondere eine Abgrenzung von Werbe-, Marketing- und PR-Kampagnen ist in der Praxis nur schwer möglich, denn charakteristisch für die meisten Kampagnen ist gerade die Kombination unterschiedlicher Verfahren und Instrumente aus Werbung, Marketing und PR (→ 5.3.1). Unter Kampagnenkommunikationsmanagement wird hier die Konzeptionierung und Umsetzung von dramaturgisch angelegten, thematisch begrenzten, zeitlich befristeten kommunikativen Maßnahmen zur Erzeugung öffentlicher Aufmerksamkeit unter Einbeziehung unterschiedlicher kommunikativer Instrumente und Techniken – werbliche Mittel, marketingspezifische Instrumente und klassische PR-Maßnahmen – verstanden (vgl. Röttger 2009: 9).

Kampagnen sind dabei nicht an spezifische Akteure oder Themen gebunden: Organisationen aus Gesellschaft, Kultur, Wissenschaft, Wirtschaft und Politik – sprich Unternehmen, Vereine und Verbände, Regierungen, Parteien – können Initiatoren und Träger von Kampagnen sein. Unterschiedlichste Anliegen sollen mittels Kampagnen öffentlich gemacht werden, angefangen bei der Einführung eines neuen Produktes, über Informations- und Sozialkampagnen bis hin zum Einsatz von Kampagnen zur Rettung bedrohter Tierarten. Hohe Bekanntheit erlangt haben beispielhaft Kampagnen wie die „Du bist Deutschland"-Kampagne, die im Rahmen der Initiative „Partner für Innovation" von 25 Medienunternehmen ins Leben gerufen wurde, „Wir können alles. Außer Hochdeutsch" für Baden-Württemberg, Kampagnen der Firma Benetton, die mit schockierenden Bildmotiven (ölverschmutzter Vogel, nacktes Gesäß mit dem Stempelabdruck „HIV-Positive") warben, oder die Krombacher Regenwald-Kampagne, mit der das Unternehmen sein Engagement für den bedrohten Lebensraum bekunden wollte (siehe Abb. 27).

Abbildung 27: Bildmotive bekannter PR-Kampagnen
(Zeithistorische Forschungen 2011; Baden-Württemberg 2011)

Wir können alles.
Außer Hochdeutsch.

Baden-Württemberg

Kampagnenkommunikation umfasst ein sehr heterogenes und vielgestaltiges Feld. Kampagnenziele können neben der Erreichung öffentlicher Aufmerksamkeit wie folgt zusammengefasst werden können (vgl. Röttger 2007: 383):

- Beeinflussung der öffentlichen Themenstruktur
- Erzeugung von Vertrauen in die Glaubwürdigkeit der Organisation
- Projektion vorteilhafter Images der eigenen Organisation
- Bewirkung von Zustimmung zu den eigenen Intentionen
- Erzeugung von Anschlusshandeln, z.B. in Form von Wahl- oder Kaufentscheidungen, Einstellungs- oder Verhaltensänderungen

Nach Rogers und Storey (1989) kann eine grobe Unterscheidung von Kampagnen anhand Dimensionen Ziele, Nutzen und angestrebte Veränderungen vorgenommen werden (siehe Abb. 28). So können Kampagnen danach unterschieden werden, ob sie primär als Ausdrucks- oder Druckmittel verwendet werden (Ziel: Information vs. Ziel: Mobilisierung). Informationskampagnen wollen in erster Linie über ein konkretes Thema oder Anliegen informieren. Aktivierungskampagnen gehen über die reine Thematisierung hinaus und zielen auf die Mobilisierung bestimmter Zielgruppen ab. Weitere Unterscheidungskriterien betreffen den Nutzen und die Frage, ob die Kampagnen sich an einzelne Individuen oder die Gesellschaft im Allgemeinen richten. Bei Kampagnen zur Einführung eines neuen Produktes oder bei Imagekampagnen liegt der Nutzen primär beim Initiator der Kampagne, bei themenbezogenen Informationskampagnen von NGOs (beispielsweise Gesundheitskampagnen) primär beim Empfänger.

Abbildung 28: Typologisierung von Kampagnenzielen und -wirkungen (in Anlehnung an Rogers/Storey 1989)

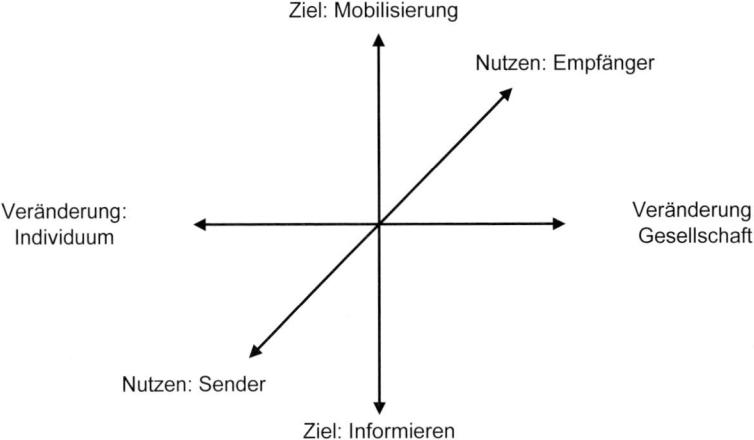

Als besonderer Kampagnentypus können Informationskampagnen angesehen werden. Sie umfassen nach Bonfadelli

> „die Konzeption, Durchführung und Kontrolle von [.] systematischen und zielgerichteten [.] Kommunikationsaktivitäten zur [.] Beeinflussung von Problembewusstsein, Einstellungen und Verhaltensweisen gewisser [.] Zielgruppen in Bezug auf [.] soziale Ideen, Aufgaben oder Praktiken" (2004: 104).

Unabhängig davon, ob Kampagnen auf kognitive Änderungen, Verhaltens- oder sogar Werteänderungen abzielen, verfolgen die Initiatoren mit einer Kampagne in der Regel eine kommunikative Doppelstrategie: So weisen Kampagnen einerseits eine starke Medienorientierung auf, d.h. sie sind in ihrer inhaltlichen Aufbereitung und zeitlichen Dramaturgie auf Regeln und Routinen des Mediensystems ausgerichtet. Andererseits sind Kampagnen durch eine direkte Publikumsorientierung gekennzeichnet, indem mit ihnen die Aufmerksamkeit bestimmter Teilöffentlichkeiten bzw. deren Mobilisierung erreicht werden soll (vgl. Röttger 2009: 10; 2007: 394).

Im Sinne des beschriebenen Ablaufs des strategischen PR-Prozesses kann die Kampagnenkommunikation als ideales Beispiel strategischer Kommunikation dienen. So basiert jede Kampagne auf einer Strategie, die in eine zentrale Botschaft und daraus abgeleitete zielgruppenspezifische Aussagen herunter gebrochen wird. Die Planung und Umsetzung von Kampagnen orientiert sich folglich eng am Phasenmodell strategischer PR mit den beschriebenen zentralen Elementen Situationsanalyse, Strategiephase, Umsetzungsphase und Evaluation (→ 5.1). Während die Kampagnenkonzeption somit von der Struktur her die gleichen Merkmale wie strategische PR-Konzepte generell aufweist, liegt der Unterschied einer Kampagnenkonzeption gegenüber dem Alltagsgeschäft der Kommunikationsplanung vor allem in der dichten dramaturgischen Inszenierung mit den Phasen Steigerung, Durchdringung und Konkretisierung. Als zentrale Mittel zur Erzielung einer hohen Medien- und Publikumsresonanz bedient sich das Kampagnenmanagement dabei der Reduktion, Wiederholung, Visualisierung und Emotionalisierung, d.h. die Intensität der Kampagnenwirkungen soll durch Kontakt-Wiederholungen, durch symbolische Verdichtungen und eingängige Bilder erhöht werden. Besondere Bedeutung für die Aufmerksamkeitsgenerierung, Erinnerungs- und Wiedererkennungseffekte kommt dabei der Visualisierung und dem Slogan zu, der die zentrale Aussage der Kampagne zusammenfasst.

 Kampagne „Runter vom Gas"

Täglich sterben durchschnittlich zwölf Menschen auf deutschen Straßen. Häufige Ursache ist unangepasste Geschwindigkeit. Diesen Umstand haben das Bundesministerium für Verkehr, Bau und Stadtentwicklung sowie der Deutsche Verkehrssicherheitsrat e.V. zum Anlass einer Informationskampagne genommen, die mit markanten Motiven der Opfer und ihrer Angehörigen auf die Folgen zu schnellen Fahrens aufmerksam machen soll.

Mit Anzeigen, Plakaten, Fernseh-, Kino- und Radiospots leisten die Initiatoren entsprechende Aufklärungsarbeit. Die aktuellen Plakatmotive (Staffel 4) zeigen schwerstverletzte Unfallopfer mit ihren Angehörigen und knüpfen damit an die Emotionalität

der Vorgänger-Motive (Hinterbliebene mit Foto des Verunglück-
ten, Todesanzeigen, Unfallwracks) an.

Kampagnenmotiv, Staffel 4

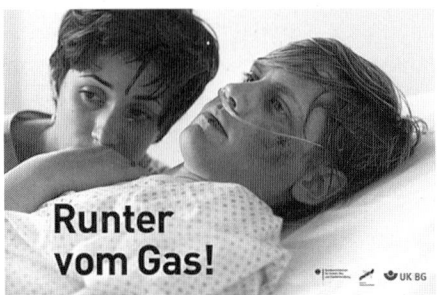

Zu weiteren Arbeitsfeldern, die sich an Instrumenten bzw. Kommunikationsformen orientieren, zählen u.a. das *Eventkommunikation* mit der Ausrichtung
auf die Planung und Durchführung zielgruppenspezifischer Veranstaltungen
wie Messen, „Tage der offenen Tür", Konferenzen oder Feste, die *Medien-
gestaltung* als Planung und Gestaltung von Geschäftsberichten, Broschüren,
Mitarbeiter- und Kundenzeitschriften, Flyern, Anzeigen etc., sowie das *Sponsoring*, in dessen Verantwortung die Aushandlung und Festlegung von Leis-
tungsvereinbarungen mit Organisationen insbesondere aus den Bereichen
Sport, Kultur, Soziales, Ökologie und Wissenschaft fällt.

 Weiterführende Literatur

Röttger, Ulrike (2007): Kampagnen planen und steuern: Inszenierungsstrategien in der Öffentlichkeit. In: Manfred Piwinger/Ansgar
Zerfaß (Hg.): Handbuch Unternehmenskommunikation. Wiesbaden: 381-396

Röttger, Ulrike (2009): Campaigns (f)or a better world? In: Dies.
(Hg.): PR-Kampagnen. Über die Inszenierung von Öffentlichkeit.
4., überarb. u. erw. Aufl. Wiesbaden: 9-23

5.3 PR im Zusammenspiel mit anderen Kommunikationsfunktionen

Die im vorangehenden Abschnitt vorgestellten Aufgabenfelder sind nicht als exklusiv PR-spezifische Tätigkeiten zu verstehen. Gerade in der Praxis, in der nicht immer zwischen PR- und Marketing/Werbeabteilungen unterschieden wird, können die Aufgabenfelder auch in den Zuständigkeitsbereich der Marketing-/Werbeabteilung fallen. Zudem zeigt sich in der Praxis – beispielsweise in der Kampagnenkommunikation – häufig die Schwierigkeit, eindeutige Grenzen zwischen PR und Werbung zu ziehen. Vor diesem Hintergrund wurden in den vergangenen 20 Jahren verschiedene Ansätze entwickelt, die sich mit einer einheitlichen Kommunikation und widerspruchsfreien Außendarstellung von Organisationen befassen. Bedeutsam sind in diesem Zusammenhang insbesondere Ansätze zur Integrierten (Unternehmens-) Kommunikation, die PR im Zusammenspiel mit dem Marketing betrachten sowie das Konzept der Corporate Identity.

5.3.1 Konzepte der Integrierten Unternehmenskommunikation

Konzepte der Integrierten (Unternehmens-)Kommunikation, die in Deutschland seit Beginn der 1990er Jahre diskutiert werden, setzen an einem praktischen Problem von Unternehmen bzw. Organisationen an: Mit steigender Umweltkomplexität und wachsender Bedeutung der kommunikativen Darstellung der Organisationen und ihrer Leistungen in Märkten und der Öffentlichkeit insbesondere durch Werbung, Marketing und Public Relations, steigt der Bedarf nach Abstimmung der verschiedenen Kommunikationsbereiche und -maßnahmen: Die quantitative Zunahme und Ausdifferenzierung der Kommunikation von Organisationen macht ihre übergreifende Koordination erforderlich.

> „Es geht darum, die Unterteilung von Kommunikation in einzelne Disziplinen zu überwinden und Kommunikation so auszurichten, wie die Kunden und andere Bezugsgruppen sie erleben – als einen Fluß von Informationen von undifferenzierten Quellen" (Kirchner 2003: 45)

Die Plausibilität der Integrierten Kommunikation wird insbesondere aus der Perspektive der Bezugsgruppen deutlich: Kunden oder Bürger können in der Regel nicht unterscheiden, ob gerade die Marketing-, PR- oder Personalabteilung des Unternehmens x mit ihnen kommuniziert. Unterschiedliche oder sich gar widersprechende Kommunikationsangebote aus unterschiedlichen Abteilungen desselben Unternehmens werden daher aufgrund der ganzheitlichen Wahrnehmung von Organisationen als widersprüchliche und damit tendenziell unglaubwürdige Kommunikation der Gesamtorganisation wahrgenommen. Die zunehmende strukturelle Verflechtung unterschiedlicher Kommunikationsarenen führt zudem dazu, dass kommunikative Widersprüche von Organisationen als öffentlichen Perzeptionsobjekten zumindest mittelfristig nicht unbemerkt bleiben. Manfred Bruhn als bedeutendster Vertreter des Ansatzes im deutschsprachigen Raum verweist in diesem Zusammenhang auf den verhaltenswissenschaftlichen Erklärungsansatz der Gestaltpsychologie (vgl. Bruhn 2009: 43ff.). Demnach ist in der menschlichen Wahrnehmung die gesamte Gestalt mehr als die Summe ihrer Einzelteile, d.h. die Wirkung einer als Einheit wahrgenommenen Gestalt ist größer als die summierte Wahrnehmung ihrer Einzelteile. Bezogen auf die Kommunikation von Organisationen bedeutet dies, dass einzelne Instrumente und ihre Botschaften so gestaltet werden müssen, dass diese als ein einheitlicher Gesamtauftritt wahrgenommen werden.

Primäres Ziel der Integrierten Kommunikation ist es daher, Diskrepanzen in der Außendarstellung von Organisationen und die damit verbundenen Glaubwürdigkeits- und Vertrauensverluste bei Bezugsgruppen zu vermeiden. Die Integration der verschiedenen Kommunikationsbereiche und -maßnahmen ermöglicht zudem die systematische Nutzung von Synergien zwischen den verschiedenen Kommunikationsbereichen und kann so eine höhere Effizienz und Effektivität der (Unternehmens-)Kommunikation erzielen.

 Integrierte Kommunikation

„Integrierte Kommunikation ist ein strategischer und operativer Prozess der Analyse, Planung, Organisation, Durchführung und Kontrolle, der darauf ausgerichtet ist, aus den differenzierten Quellen der internen und externen Kommunikation von Unternehmen eine Einheit herzustellen, um ein für die Zielgruppen der Kommunikation konsistentes Erscheinungsbild über das Unternehmen bzw. eines Bezugsobjektes der Kommunikation zu vermitteln." (Bruhn 2009: 22)

Theoretische Ansätze der Integrierten Kommunikation

Konzepte der Integrierten (Unternehmens-)Kommunikation stehen ursprünglich und auch heute noch überwiegend in der Tradition des Marketing und wurden entsprechend zunächst ausschließlich für ökonomische Organisationen entwickelt. Dass die Prinzipien der Integrierten Kommunikation aber auch auf Nonprofit-Organisationen übertragen werden können und für diese gleichermaßen Relevanz haben, steht heute außer Frage. Ansätze der Integrierten Kommunikation, die betriebswirtschaftliche und kommunikationswissenschaftliche Überlegungen kombinieren, haben z.b. Karin Kirchner (2003) und Ansgar Zerfaß (2010) vorgelegt.

Bruhn (2009) unterscheidet drei Formen der Integration (siehe Tab. 18): Während die formale Integration sich auf die Vereinheitlichung von Gestaltungsprinzipien im Sinne eines einheitlichen Corporate Design und einer einheitlichen Corporate Identity (→ 5.3.2) bezieht, steht die Abstimmung der Kommunikationsaktivitäten innerhalb und zwischen verschiedenen Planungsperioden im Mittelpunkt der zeitlichen Integration. Ziel ist es hier, eine optimale gegenseitige Unterstützung einzelner Maßnahmen z.b. durch Wirkungsübertragungen zu erreichen. Besonders herausfordernd ist schließlich die inhaltliche Integration, die eine Abstimmung aller Kommunikationsaktivitäten und -aussagen hinsichtlich der zentralen Ziele der Unternehmenskommunikation erfordert und damit intensive Abstimmungsprozesse zwischen den unterschiedlichen beteiligten Abteilungen verlangt.

Tabelle 18: Formen der Integration nach Bruhn (2009: 80ff.)

Formen	Gegenstand	Ziele	Hilfsmittel	Zeit
Inhaltliche Integration	Thematische Abstimmung durch Verbindungslinien	Konsistenz, Eigenständigkeit, Kongruenz	Einheitliche Slogans, Botschaften, Bilder	Langfristig
Formale Integration	Einhaltung formaler Gestaltungsprinzipien	Präsenz, Prägnanz, Klarheit	Einheitliche Zeichen etc. nach Größe, Schrifttyp, Farbe	Mittel- bis langfristig
Zeitliche Integration	Abstimmung innerhalb und zwischen Planungsperioden	Konsistenz, Kontinuität	Ereignisplanung („Timing")	Kurz- bis mittelfristig

Integration soll zum einen sicherstellen, dass die Kommunikation zu je spezifischen Bezugsgruppen konsistent ist (horizontale Integration). Welche Probleme sich aus der Multifunktionalität einzelner Stakeholder ergeben können, zeigt sich beispielsweise sehr deutlich bei Mitarbeitern, die zugleich Aktionäre ihres Unternehmens sind: Ziel muss hier sein, dass die Kommunikationsangebote, die sie als Mitarbeiter z.b. über die Mitarbeiterzeitung erhalten, grundsätzlich mit denen übereinstimmen oder sich zumindest nicht widersprechen, die sie als Aktionäre erhalten (siehe Abb. 29).

Abbildung 29: Dimensionen der horizontalen Integration nach Bruhn (vgl. 2009: 89f.)

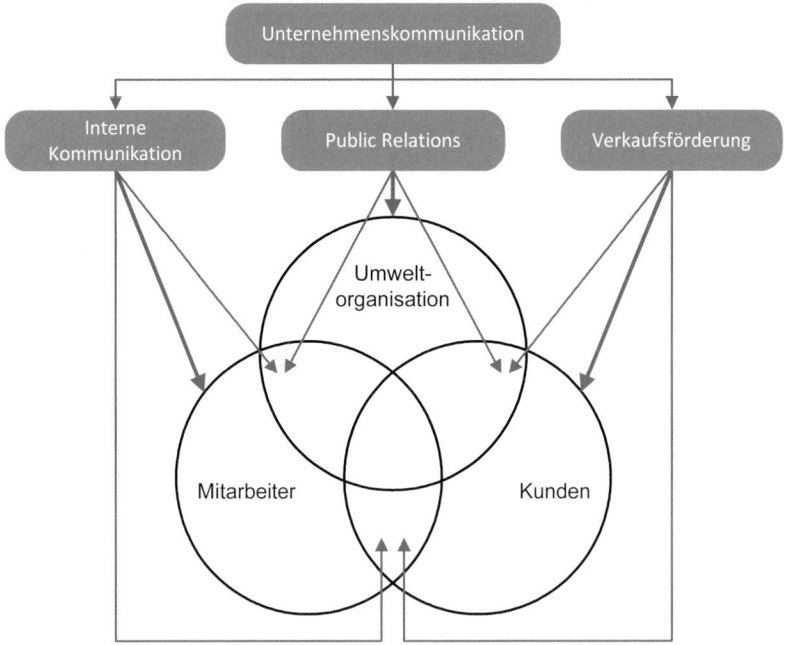

Zum anderen sollen kommunikative Inkonsistenzen auf mehrstufigen Märkten oder aufgrund von unternehmensinternen Hierarchien vermieden werden (vertikale Integration), d.h. Ziel ist eine konsistente Kommunikation auf unterschiedlichen Markt- bzw. Hierarchiestufen (siehe Abb. 30).

Abbildung 30: Dimensionen der horizontalen Integration nach Bruhn (vgl. 2009: 89f.)

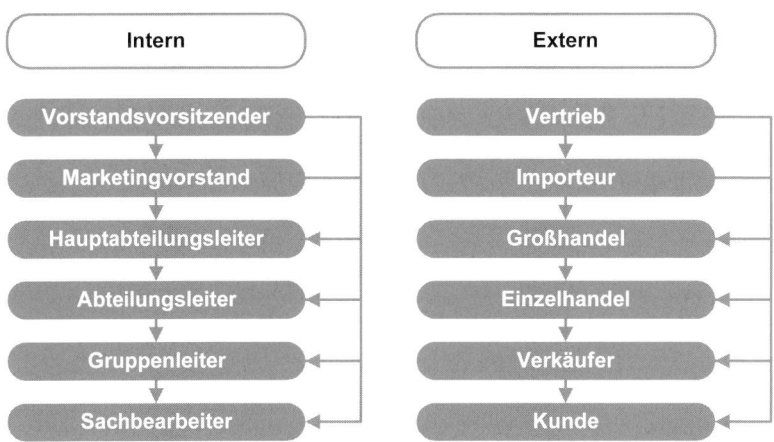

Integration ist auf der Ebene einzelner Kommunikationsmaßnahmen erforderlich – so muss die PR-Abteilung z.B. ihre Medienmitteilungen, Kundenmagazine und Imagebroschüren formal, inhaltlich und zeitlich aufeinander abstimmen. Bedeutend schwieriger ist es, eine Integration der Kommunikationsaktivitäten über die verschiedenen, oftmals voneinander organisatorisch getrennten Kommunikationsbereiche hinweg zu erzielen.

Zum Begriff „Kommunikationsinstrumente"

In der Betriebswirtschaftslehre – so auch von Manfred Bruhn – werden Bereiche wie PR, Event-Marketing oder Sponsoring als Kommunikationsinstrumente bezeichnet. Diese Terminologie erscheint insofern problematisch, als dass es sich bei den genannten komplexen und mehrschichtigen Kommunikationsbereichen nicht um simple Werkzeuge handelt, mit denen Stakeholder oder Kommunikationsprobleme bearbeitet werden.

Für die Gesamtkommunikation des Unternehmens erfolgt die Planung top-down unter Einbezug der relevanten Kommunikationsabteilungen. Dies impliziert zum Beispiel die Bezugsgruppendefinition, die Festlegung der übergeordneten Kommunikationsziele und der eingesetzten Kommunikationsbereiche bzw. -maßnahmen. Auf Ebene der einzelnen Kommunikationsbereiche findet demgegenüber eine Bottom-up-Planung statt, wobei die Bereiche ihre Maßnahmen zwar relativ isoliert planen können, zugleich aber eine kontinuierliche Integration in den Top-down-Planungsprozess erforderlich ist.

Während die Top-down-Planung zwar ein einheitliches und stringentes Ergebnis sicherstellen kann, fehlt hier jedoch die Flexibilität, um differenziert und spezifisch auf unterschiedliche Kommunikationsanforderungen eingehen zu können. Eine reine Top-down-Planung wird daher der Komplexität der Integrationsanforderung nicht gerecht. Demgegenüber besteht bei der Bottom-up-Planung die Gefahr, dass die Integration der Kommunikationsarbeit in die Unternehmensstrategie vernachlässigt wird und die Unternehmenskommunikation weniger eine strategische und stärker eine koordinierende Funktion einnimmt. In der Literatur wird daher eine Synthese von top-down und bottom-up im Sinne einer „Down-up"-Planung bzw. eines „iterativen Gegenstromverfahrens" (Staehle 1999: 543) gefordert.

Während Bruhn (2009) über die Betonung der Aspekte Planung und Organisation die Managementdimension in den Mittelpunkt stellt, betont Kirchner (2001) stärker den Charakter der Integrierten Unternehmenskommunikation als Beziehungsmanagement. Integrierte Kommunikation im Sinne Kirchners geht über die Koordination einzelner Kommunikationsmaßnahmen hinaus und stellt ein umfassendes Beziehungsmanagement mit den Bezugsgruppen einer Organisation dar.

> „Integrierte Unternehmenskommunikation ist der Prozess des koordinierten Managements aller Kommunikationsquellen über ein Produkt, ein Service oder ein Unternehmen, um gegenseitig vorteilhafte Beziehungen zwischen einem Unternehmen und seinen Bezugsgruppen aufzubauen und zu pflegen." (Kirchner 2001: 36)

Dieses Verständnis geht über die von Bruhn geforderte inhaltliche, formale und zeitliche Integration insofern hinaus, als dass es die Integration der Bezugsgruppen einer Organisation in den Vordergrund stellt und die konsequente Ausrichtung der Kommunikationsmaßnahmen an den Bedürfnissen der Kunden fordert.

Der von Kirchner formulierte Anspruch an Integration geht weit über die Kommunikation hinaus und bezieht sich auf die gesamte Organisation. Zentral ist die Auflösung des Ressortdenkens und die konsequente Ausrichtung aller Unternehmensaktivitäten an den Bezugsgruppen: „Integrierte Unternehmenskommunikation kann ohne eine parallel dazu stattfindende Integration des Unternehmens nicht gelingen." (Kirchner 2003: 52) Letztlich stellt die Integrierte Kommunikation aber immer ein situations- und organisationsbezogenes Konzept dar, das von zahlreichen unternehmensspezifischen Kontextfaktoren geprägt ist. Die konkrete Ausgestaltung der Integration der verschiedenen Kommunikationsbereiche und ihrer Leistungen ist daher eng an die konkrete Unternehmensstrategie geknüpft und kann nur in Abhängigkeit von dieser formuliert werden. Einfluss auf den Stellenwert von Marketing und PR im Unternehmen haben u.a. die konkreten Formen der Kundenbeziehungen und das wahrgenommene Risikopotenzial der Produkte/Dienstleistungen. So wird für einen Hersteller von Schokoriegeln Werbung eine erheblich größere Rolle spielen als für ein metallverarbeitendes Zulieferunternehmen in der Automobilbranche. Dies bedeutet auch, dass es die *eine* Gestaltungsempfehlung für die organisatorisch-strukturelle Einbindung der Integrierten Unternehmenskommunikation ins Unternehmen nicht geben kann. Welche Teilbereiche der Unternehmenskommunikation welches strategische Gewicht in Organisationen zugewiesen bekommen und wie diese hierarchisch positioniert sind, ist nicht zuletzt Gegenstand von mikropolitischen Aushandlungsprozessen zwischen den PR-, Marketing- und Werbe-Abteilungen. Es geht schlicht um Fragen des Einflusses, der Zuweisung von Ressourcen, der Akzeptanz und des Ansehens innerhalb der Organisation.

Kirchners Ansatz arbeitet zudem mit einem differenzierten Integrationsbegriff. Ausgehend von US-amerikanischen Stufenkonzepten der Integrierten Kommunikation (u.a. Duncan/Caywood 1996) unterscheidet sie fünf unterschiedliche Integrationsstufen:

1. Taktische Output-Koordination: Konsistenter und widerspruchsfreier gestalterischer und inhaltlicher Auftritt der Organisation
2. Funktionale Koordination: Koordination der unterschiedlichen Kommunikationsaktivitäten über Funktionen und Arbeitseinheiten hinweg (übergreifende Teams)

3. Kundenorientierte Integration: Wechsel von der Organisations- zur Kundenperspektive, Sicherstellung eines einheitlichen und widerspruchsfreien Auftritts aus Kundensicht
4. Bezugsgruppenorientierte Integration: Berücksichtigung nicht nur von Kunden, sondern von relevanten Anspruchsgruppen (stakeholder); Erweiterung der primär auf Kunden ausgerichteten (integrierten) Marketingkommunikation und Inklusion der PR-Dimension in die Unternehmenskommunikation
5. Strategische Integration: Abstimmung der Unternehmenskommunikation mit der Unternehmenszielsetzung und -strategie; setzt die Gleichstellung der Unternehmenskommunikation hinsichtlich ihrer Bedeutung für die Formulierung und Umsetzung der Unternehmensstrategie mit anderen Unternehmensfunktionen voraus

Empirische Studien zeigen allerdings, dass die Integrierte Unternehmenskommunikation sich in der Praxis nicht entlang des skizzierten Stufenmodells entwickelt, sondern zahlreiche unterschiedliche Verständnisse, Perspektiven und Praktiken der Integration und Koordination in der Unternehmenskommunikation existieren, die nicht unbedingt aufeinander aufbauen (vgl. Kirchner 2001: 316ff.).

Abbildung 31: Stufen der Integration nach Kirchner (2003: 48ff.)

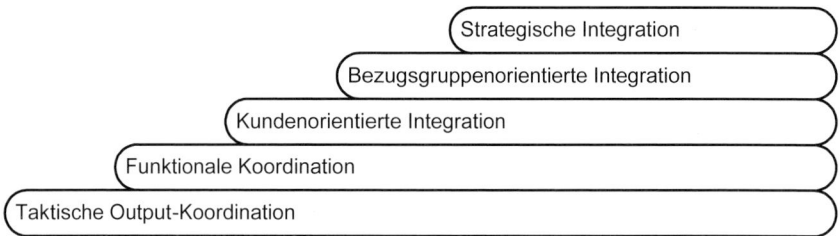

Empirische Befunde und Beispiele zur Integrierten Kommunikation

Anhaltspunkte zum Einsatz und zur Zielsetzung Integrierter Kommunikation in der Praxis bieten u.a. eine quantitative Studie von Manfred Bruhn und Michael Boenigk aus dem Jahr 1999, bei der Verantwortliche der Marketingkommunikation in deutschen Unternehmen zum Entwicklungsstand der Integrierten Kommunikation befragt wurden, sowie die ebenfalls quantitative Folgestudie aus dem Jahr 2005, die Unternehmen aus Deutschland, Österreich und der Schweiz einschloss (vgl. Bruhn/Boenigk 1999; Bruhn 2006). Die Studie aus dem Jahr 1999, in der Daten aus einer Untersuchung von 1991 und einer Wiederholung der Untersuchung aus dem Jahr 1998 miteinander verglichen wurden, kam zu folgenden Ergebnissen (vgl. Bruhn/ Boenigk 1999: 102ff.):

▪ Die *Kenntnisse* im Bereich der Integrierten Kommunikation haben sich in den Unternehmen verfestigt; Integrierte Kommunikation wird als strategischer Erfolgsfaktor der Unternehmenspolitik betrachtet.

▪ *Gründe* für den Einsatz Integrierter Kommunikation sind vor allem die wachsende Anzahl an Kommunikationsinstrumenten sowie die steigende Informationsbelastung der Konsumenten.

▪ *Ziele* der Integrierten Kommunikation sind in erster Linie das Erzielen von Wirkungssynergien sowie ein einheitliches Erscheinungsbild der Organisation bzw. der angebotenen Leistungen.

▪ Im Rahmen der Integrierten Kommunikation sollen nach Möglichkeit die Mehrzahl der *Kommunikationsinstrumente* erfasst werden. Vor allem Werbung und Öffentlichkeitsarbeit werden hierbei aufeinander abgestimmt, darüber hinaus wird die Interne Kommunikation eingesetzt.

▪ Als *Barrieren* der Integrierten Kommunikation werden die Erfolgskontrolle, die Verbindung der Kommunikationsinstrumente, fehlende Daten zur Beurteilung der Integrierten Kommunikation sowie die Informationsüberlastung von Mitarbeitern gesehen.

▪ Die *Einstellung* der Mitarbeiter zur Integrierten Kommunikation hat eine positive Entwicklung genommen, vor allem Mitarbeiter auf Führungsebene weisen ihr eine gestiegene Bedeutung zu.

In Bezug auf deutsche Unternehmen hat die Folgestudie aus dem Jahr 2005 die Ergebnisse der ersten Studie bestätigt. Im Vergleich des Standes der Integrierten Kommunikation in den drei untersuchten Ländern lassen sich jedoch zum Teil erhebliche Unterschiede feststellen (vgl. Bruhn 2006: 390ff.): Während sich in Deutschland Unternehmen bereits über einen längeren Zeitraum mit Fragen der Integrierten Kommunikation beschäftigen, kann für die Schweiz prozentual der häufigste Einsatz Integrierter Kommunikation festgestellt werden. Externe Kommunikationsagenturen werden in deutschen

Unternehmen stärker als in den beiden Nachbarländern eingebunden, es erfolgt eine umfassende Einbindung externer Institutionen und Berater in die konzeptionelle Arbeit. Auch bei der Einbindung der Kommunikationsinstrumente lassen sich länderspezifische Unterschiede feststellen. Während in Deutschland Messen und Ausstellungen eine hohe Relevanz im Rahmen der Integrierten Kommunikation zugesprochen wird, ist es in der Schweiz vor allem das Sponsoring, in Österreich die Interne Kommunikation.

Beispiele für Integrierte Kommunikation gibt es in großer Zahl, denn trotz mancher Umsetzungsprobleme hat sich die Idee einer Integrierten Kommunikation heute in der Praxis durchgesetzt. Ein Beispiel für eine Integrierte (Marken)-Kommunikationskampagne ist die in 2009 durchgeführte Markenkommunikationskampagne „Joy is BMW". Freude (am Fahren) als zentrales Element des Markenkerns von BMW wurde in dieser Kampagne konsequenter als zuvor umgesetzt. Der Slogan „Freude ist und. nicht oder" versucht dabei, deutlich zu machen, dass die beiden Schwerpunkte effiziente Dynamik und ästhetisches Design keine Gegensätze sind.

Abbildung 32: Integrierte Markenkommunikation von BMW (2009)

Freude am Fahren

FREUDE IST UND. NICHT ODER.

FREUDE SAGT NIEMALS NIE.
FREUDE IST BMW.

FREUDE IST JUNG.
FREUDE IST BMW.

Die Umsetzung Integrierter Kommunikation erweist sich in der Praxis als sehr voraussetzungs- und anspruchsvoll. So können zahlreiche Barrieren identifiziert werden, die die Implementierung der Integrierten Unternehmens-kommunikation erheblich erschweren. Barrieren der Integrierten Kommuni-kation existieren auf organisatorisch-struktureller, inhaltlich-konzeptioneller und personell-kultureller Ebene (vgl. Bruhn 2009: 97ff.; siehe Tab. 19).

Tabelle 19: Integrationsbarrieren (in Anlehnung an Bruhn 2009: 97ff.)

Inhaltlich-konzeptionelle Barrieren
• fehlende integrierte Kommunikationskonzepte • fehlende klare, operationalisierbare und evaluierbare Zielformulierungen
Organisatorisch-strukturelle Barrieren
• ausgeprägtes Ressort- und Abteilungsdenken der verschiedenen Kommunika-tionsabteilungen • fehlende bzw. unklare Zuständigkeiten und Abstimmungsregeln zwischen den Abteilungen • fehlende Verankerung der integrierten Kommunikation in der Führungsebene
Personell-kulturelle Barrieren
• fehlende individuellen Kompetenzen • lückenhaftes Verständnis von integrierter Kommunikation der Mitarbeiter • soziokulturelle Unterschiede zwischen den verschiedenen Kommunikations-bereichen

5.3.2 Corporate Identity

Die Debatte zur „Corporate Identity" (CI) geht der Diskussion um den Ansatz der Integrierten Kommunikation zeitlich voraus. Sie entstammt der anwendungsorientierten anglo-amerikanischen Management- und Marketingforschung und ist insbesondere in den 1980er und frühen 1990er Jahren auch in der deutschsprachigen PR-Forschung rezipiert, dann aber recht bald aufgrund ihrer Theorielosigkeit für die PR-Forschung als „unbrauchbar" (Faulstich 2000: 237) eingestuft worden. In der Praxis wurde mit dem unscharf definierten, schillernden Begriff vielfach ein neuer Königsweg der PR assoziiert. Als semantische Innovation war das Konzept nicht zuletzt ein Verkaufsargument für eine neue Form von – vermeintlich – identitätsbildenden Beratungsdienstleistungen. Diskutiert wurde und wird das Konzept primär mit Blick auf den Organisationstypus Unternehmen, ist aber prinzipiell auch auf andere Organisationstypen anwendbar. Corporate Identity kann ganz allgemein verstanden werden als das gleichsam am Reißbrett entworfene Selbstbild einer Organisation, das üblicherweise nicht im Sinne einer Zustandsbeschreibung (Ist-Situation) konzipiert wird, sondern als Beschreibung der Art und Weise, in der die Organisation nach Ansicht der Organisationsführung von externen Beobachtern wahrgenommen werden soll (Soll-Situation). Insofern stellt es eine aus Sicht spezifischer Organisationsmitglieder wünschenswerte Organisationswirklichkeit dar.

Corporate Identity

CI kann definiert werden als „strategisch geplante und operativ eingesetzte Selbstdarstellung und Verhaltensweise eines Unternehmens nach innen und außen auf Basis einer festgelegten Unternehmensphilosophie, einer langfristigen Unternehmenszielsetzung und eines definierten (Soll-)Images – mit dem Willen, alle Handlungsinstrumente des Unternehmens in einheitlichem Rahmen nach innen und außen zur Darstellung zu bringen." (Birkigt et al. 2002: 18)

Das Grundmodell der Corporate Identity

In ihrer externen Wirkungsrichtung wird mit der Implementierung des CI-Konzeptes eine eindeutige, konsistente und unverkennbare Profilierung der Organisation angestrebt, um Glaubwürdigkeit, Vertrauen und Akzeptanz in der Organisationsumwelt zu erreichen. In ihrer internen Wirkungsrichtung wird das Ziel verfolgt, den Organisationsmitgliedern möglichst überzeugende Identifikationsmöglichkeiten anzubieten und so deren „Wir-Gefühl" zu stärken sowie die Zusammenarbeit zu erleichtern. Grundlegend wird angenommen, dass im Rahmen der Corporate Identity ein harmonisches und konsistentes Bild auf den Ebenen des Designs, des Verhaltens sowie der Kommunikation herzustellen und zu vermitteln ist:

- Das *Corporate Design* (CD) bzw. das visuelle Unternehmenserscheinungsbild umfasst die Abstimmung und Vereinheitlichung von Logos, Schriften, Farbcodes und allen weiteren visuell wahrnehmbaren Merkmalen des Unternehmens (z.B. Gebäudearchitektur, Fuhrpark, Verpackungen) und seiner Produkte. Der Gestaltungsaspekt dominierte in der Praxis lange Zeit, was zunächst zu einer weitgehenden Gleichsetzung von Corporate Identity und visueller Identität führte.

- Ein einheitliches *Corporate Behaviour* (CB) bzw. ein einheitliches Unternehmensverhalten umfasst neben dem von außen wahrnehmbaren Sozialverhalten der Unternehmensmitglieder, z.B. im Kontakt zwischen Verkäufer und Kunden, auch die Angebots- und Preispolitik.

- Die *Corporate Communications* (CC) bzw. Unternehmenskommunikation beschreibt alle kommunikativen Maßnahmen, mittels derer die Identität nach außen vermittelt werden kann (z.B. Produktwerbung, Verkaufsförderung, klassische PR).

Innerhalb der CI-Debatte wird insbesondere die Notwendigkeit der inhaltlichen und formalen Koordination aller konkreten Maßnahmen sowie der Homogenität der kommunikativen Außendarstellung betont.

Wie im Grundmodell der Corporate Identity in Abb. 33 dargestellt, spiegelt sich auf Seiten der Bezugsgruppen die Corporate Identity im „Image" der Organisation. Insofern kann das Image als äußere Erscheinungsform der Identität verstanden werden. Birkigt et al. bringen die Abgrenzung folgendermaßen auf den Punkt: „Corporate Identity bezeichnet das Selbstbild des Unternehmens, Corporate Image dagegen sein Fremdbild. Image ist also die Projektion der Identity im sozialen Feld." (2002: 23)

Abbildung 33: Corporate Identity und Corporate Image nach Birkigt et al. (2002: 23)

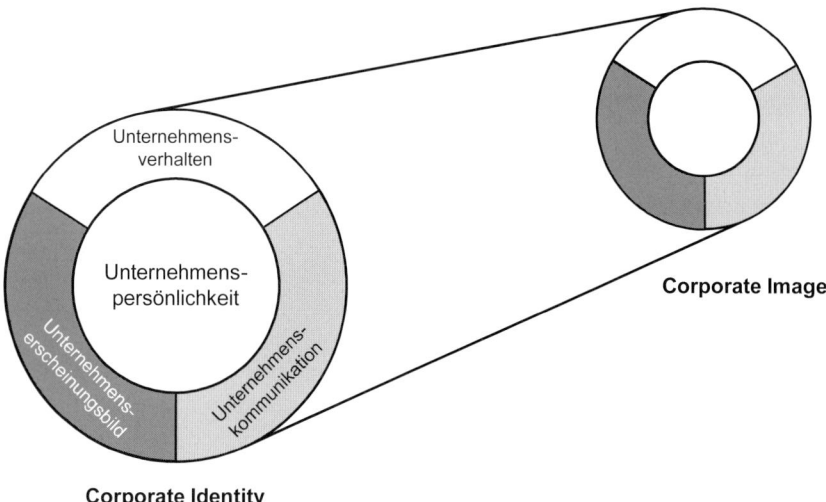

Corporate Identity

Ausgehend vom skizzierten Grundmodell wurden zahlreiche Weiterentwicklungen vorgelegt (vgl. u.a. Melewar/Jenkins 2002: 80ff.). Die nahezu allen CI-Modellen zu Grunde liegende Annahme, dass sich die strategisch geplante Corporate Identity in der Organisationsumwelt im „Corporate Image" spiegelt, ist jedoch hochgradig problematisch und stellt einen Hauptkritikpunkt dar: Nahezu durchgängig wird vernachlässigt, dass die von Organisationen gewünschten Fremdbeschreibungen ihrer selbst nicht schlicht in die Organisationsumwelt projizierbar sind, um dort gleichsam ohne Streuverluste aufgenommen und verarbeitet zu werden. Vielmehr sind zahlreiche Rahmenbedingungen zu berücksichtigen, die die Rezeptionsleistungen der Fremdbeobachter sowie deren Bedeutungszuschreibungen in unterschiedlichem Ausmaß beeinflussen. Sowohl Selbst- als auch Fremdbeschreibung müssen folglich als „durch Kommunikationen aufgebaute Konstruktionen" (Kückelhaus 1998: 363) beschrieben werden, die unter bestimmten Bedingungen zwar mehr oder weniger angenähert, aber nur im absoluten Idealfall zur Deckung gebracht werden können (→ 3.3.2). Insofern ist das Corporate Image nicht, wie Birkigt et al. annehmen, „Spiegelbild der Corporate Identity in den Köpfen und Herzen der Menschen" (2002: 23), sondern eine originäre, von zahlreichen Rahmenvariablen abhängige Konstruktionsleistung der Rezipienten (→ 4.2.2). Die Vorstellung, dass die Fixierung einer Corporate Identity stabile Images in der Organisationsumwelt schafft, die darüber hinaus von unterschiedlichen Bezugsgruppen der Organisation geteilt werden, beruht auf einem hochgradig unterkomplexen Kausalitätsverständnis und einer weitgehend unreflektierten Machbarkeitsgläubigkeit. Freilich hat dies die Praxis nicht gehindert und hindert sie teils bis heute nicht davon auszugehen, dass ein Corporate Identity-Konzept „über die strategische Ausrichtung von Verhalten, Kommunikation und Erscheinungsbild zum Zustand der Identität (Übereinstimmung) von Eigen- und Fremdbild" (Achterholt 1991: 34) führt.

Umsetzung in der Praxis

Die Umsetzung einer CI-Strategie umfasst drei Aufgabenbereiche: Die (1) Identitätsfindung und -bestimmung, die (2) Identitätsgestaltung oder -sicherung sowie die (3) Identitätsvermittlung (vgl. Raffeé/Wiedmann 1993: 53ff.). Dabei ist zu beachten, dass es nicht „die eine" Zielsetzung der Implementierung einer CI-Strategie gibt, sondern im Einzelfall vielfältige Zielsetzungen in Frage kommen – vom „Imagewandel" bei einzelnen Bezugsgruppen bis zum tiefgreifenden Wandel der gesamten Unternehmenskultur.

Die Frage, welche organisationalen Handlungsfelder das Konzept betrifft, wird unterschiedlich beantwortet. Je nach Autor wird CI sowohl in konzeptioneller als auch praktischer Hinsicht (1) als Hilfsmittel zur strategischen Unternehmensplanung, (2) als Hilfsmittel zur Formulierung von Organisationsgrundsätzen und Leitlinien, (3) als Hilfsmittel zur Integration der Unternehmensmitglieder, (4) als Basisstrategie und Steuerungsmechanismus des Marketings, (5) als explizite PR-Aufgabe und Steuerungsmechanismus der PR-Kommunikation oder sogar (6) als allgemeine Organisationsstrategie eingeordnet (vgl. dazu Herger 2006: 74; Bruhn 2009: 33). Dass eine solche Vielfalt an Anwendungsmöglichkeiten zur Verwässerung des Konzeptes führt, liegt auf der Hand.

Zur Abgrenzung von
Corporate Identity und Organisationsidentität

Es ist in diesem Zusammenhang darauf hinzuweisen, dass die der Marketingforschung entstammenden, anwendungsbezogenen Vorstellungen der „Corporate Identity" keinesfalls mit dem seinerseits sehr heterogenen soziologischen Begriff der Organisationsidentität gleichgesetzt werden können. Anders formuliert: Organisationen besitzen eine Identität vollkommen unabhängig von dem Vorliegen bzw. der Implementierung eines CI-Konzeptes. Diese eminent wichtige Unterscheidung wird von vielen Autoren aus der anwendungsbezogenen CI-Literatur übersehen oder schlicht nicht thematisiert.

Corporate Identity und Organisationsidentität

„Corporate identity involves choosing symbols to represent the organization (for example, logo, name, slogan, livery). […] Organizational identity, on the other hand, consists of the myriad ways that organizational members throughout the organization perceive, feel, and think of themselves as an organization. Organizational identity is most often projected in statements about 'who we are' or in stories that reveal the organization. […] To fully appreciate corporate identity requires taking a managerial perspective, while appreciation of organizational identity requires an organizational perspective." (Schultz et al. 2000: 17)

CI-Konzepte können in der Praxis ein hilfreicher Orientierungsrahmen für die Planung, Durchführung und Evaluation von Marketing- und PR-Aktivitäten – und, je nach Reichweite des jeweiligen Modells, auch der allgemeinen Organisationsstrategie sein. Sie können darüber hinaus prinzipiell dazu beitragen, dem anwendenden Unternehmen als „ständig in Bewegung befindliches Rollensystem" (Kückelhaus 1998: 370) ein gewisses Maß an Stabilität zu verleihen und über die Bereitstellung von Symbolen sowohl die internen Identifikationsmöglichkeiten als auch die Wahrnehmung durch die Organisationsumwelt vor zu strukturieren. Sie beziehen sich jedoch nur auf denjenigen kleinen Ausschnitt der Organisationsidentität im eigentlichen Sinne – verstanden als Produkt vielfach miteinander verschachtelter, nur partiell steuerbarer evolutionärer Prozesse – der durch bewusste (Management-) Entscheidungen tatsächlich beeinflussbar und gestaltbar ist.

Betrachtet man konkrete CI-Konzepte aus größerer analytischer Distanz, können sie als spezifische Ausprägung organisationaler Selbstbeschreibungen aufgefasst werden, die von der Organisationsführung und/oder PR-Abteilung angefertigt werden und unter dem Label „Identität" in der internen und externen Kommunikation eingesetzt werden.

Weiterführende Literatur

Birkigt, Klaus/Marinus Stadler/Hans J. Funck (2002): Corporate Identity. Grundlagen, Funktionen, Fallbeispiele. 11., überarb. u. aktual. Aufl. München

Soenen, Guillaume/Bertrand Moingeon (2002): Corporate and Organizational Identities: Integrating Strategy, Marketing, Communication, and Organizational Perspectives. London/New York

Kapitelzusammenfassung

- Public Relations wird in und für unterschiedliche Organisationen aus allen gesellschaftlichen Bereichen geleistet. Es handelt sich um ein Berufsfeld, das sich nicht trennscharf von benachbarten Berufsfeldern abgrenzen lässt. Da die Ausgangsbedingungen und Ziele von PR sehr heterogen und vielfältig sind, unterscheidet sich auch die konkrete Ausgestaltung von Aufgaben und Arbeitsbereichen der PR-Verantwortlichen in der Praxis teils erheblich. Nichtsdestotrotz lassen sich Kernfunktionen und -aufgaben der PR beschreiben, die für eine Vielzahl von Tätigkeiten der PR typisch sind. Seitens der Berufsorganisationen und in praxisorientierten Handbüchern liegen diesbezüglich unterschiedliche Systematisierungsvorschläge vor.
- Als Grundlage erfolgreicher PR-Arbeit gilt strategisch ge-

plantes, systematisch ausgerichtetes Handeln. Zentrales Element der Kommunikationsplanung ist das PR-Konzept, verstanden als konzeptioneller Prozess, und dessen schriftliche Dokumentation. Konzeptionsmodelle sind als Arbeitshilfe für PR-Verantwortliche anzusehen, die sie bei der systematischen Lösung eines konkreten Kommunikations-Problems unterstützen sollen. Die PR-Konzeption ist bislang fast ausschließlich als Verfahren und Methodik der PR-Praxis betrachtet worden und kaum Gegenstand wissenschaftlicher Analyse gewesen.

- Der Nachweis der strategischen und finanziellen Relevanz von PR hat an Bedeutung gewonnen und sich sowohl in Wissenschaft als auch Praxis zu einem viel beachteten Forschungs- bzw. Arbeitsbereich entwickelt.

- Schwierigkeiten der Trennung zwischen PR und Werbung/ Marketing werden in organisationsorientierten PR-Ansätzen aufgegriffen, die eine Optimierung von Prozessen und Ergebnissen der PR fokussieren und an praxisgeleiteten Fragestellungen ansetzen. Hierzu zählt der Ansatz der Integrierten (Unternehmens-)Kommunikation (IUK), der die Einbindung aller PR-Maßnahmen in ein Gesamtkonzept forciert, in das Werbung/Marketing und interne Kommunikation als gleichgewichtige Handlungsfelder integriert sind. Das anwendungsorientierte Konzept der Corporate Identity (CI) betont die Notwendigkeit einer nach innen und außen widerspruchsfreien Außendarstellung einer Organisation.

Literatur

Achterholt, Gertrud (1991): Corporate identity. In zehn Arbeitsschritten die eigene Identität finden und umsetzen. 2., überarb. Aufl. Wiesbaden

Baden-Württemberg, Staatsministerium (2011): Werbe- und Sympathiekampagne des Landes Baden-Württemberg. http://www.baden-wuerttemberg.de/de/Werbe-_und_Sympathiekampagne_des_Landes_Baden-Wuerttemberg/124658.html. Abgerufen am: 13.02.2011

Barthenheier, Günter (1988): Public Relations/Öffentlichkeitsarbeit heute - Funktionen, Tätigkeiten, berufliche Anforderungen. In: Günther Schulze-Fürstenow (Hg.): PR-Perspektiven: Beiträge zum Selbstverständnis gesellschaftsorientierter Öffentlichkeitsarbeit. Neuwied: 27-39

Bentele, Günter/Howard Nothhaft (2007): Konzeption von Kommunikationsprogrammen. In: Manfred Piwinger/Ansgar Zerfaß (Hg.): Handbuch Unternehmenskommunikation. Wiesbaden: 357-380

Bernays, Edward L. (1929): Crystallizing Public Opinion. New York

Birkigt, Klaus/Marinus M. Stadler/Hans Joachim Funck (2002): Corporate Identity. Grundlagen, Funktionen, Fallbeispiele. 11., überarb. u. aktual. Aufl. München

BMW (2009): Freude ist BMW. http://www.bmw.de/de/de/insights/technology/joy/bmw_joy.html. Abgerufen am: 06.10.2009

Bonfadelli, Heinz (1999): Medienwirkungsforschung I: Grundlagen und theoretische Perspektiven. Konstanz

Bonfadelli, Heinz (2004): Medienwirkungsforschung II. Anwendungen. Konstanz

Broom, Glen M./David M. Dozier (1990): Using Research in Public Relations. Englewood Cliffs

Bruhn, Manfred (2006): Integrierte Kommunikation in den deutschsprachigen Ländern. Bestandsaufnahme in Deutschland, Österreich und der Schweiz. Wiesbaden

Bruhn, Manfred (2009): Integrierte Unternehmens- und Markenkommunikation. Strategische Planung und operative Umsetzung. 5., überarb. u. aktual. Aufl. Stuttgart

Bruhn, Manfred/Michael Boenigk (1999): Integrierte Kommunikation. Entwicklungsstand in Unternehmen. Wiesbaden

Crable, Richard L./Steven L. Vibbert (1986): Public Relations as Communication Management. Edina

DPRG (1998): Qualifikationsprofil Öffentlichkeitsarbeit/PR (Redaktion: Peter Szyszka, Romy Fröhlich, Reinhold Fuhrberg). Bonn

DPRG (2011): Berufsbild Public Relations/Öffentlichkeitsarbeit. http://www.dprg.de/statische/itemshowone.php4?id=39. Abgerufen am: 15.03 2011

Duncan, Tom/Clarke Caywood (1996): The Concept, Process, and Evolution of Integrated Marketing Communication. In: Esther Thorson/Jeri Moore (Hg.): Integrated Communication. Synergy of Persuasive Voices. Mahwah, New Jersey: 13-34

Energiezukunft für Deutschland e.V. (2010): Mut und Realismus für Deutschlands Energiezukunft. In: Financial Times Deutschland.

Faulstich, Werner (2000): Grundwissen Öffentlichkeitsarbeit. München

Fesser, Norbert (2001): Public Relations Erfolgskontrollen. Zur Meßbarkeit der Öf-
    fentlichkeitsarbeit. (CD-Rom). Marburg
Fuhrberg, Reinhold (1997): Systematik der Evaluation - Kriterien der Erfolgskontrolle. In:
    GPRA Arbeitskreis Evaluation (Hg.): Evaluation von Public Relations - Doku-
    mentation einer Fachtagung. Frankfurt a.M.: 51-57
Grunig, James E./Todd Hunt (1984): Managing Public Relations. New York u.a.
Herger, Nikodemus (2006): Vertrauen und Organisationskommunikation. Identität, Mar-
    ke, Image, Reputation. Wiesbaden
Imhof, Kurt/Mark Eisenegger (2001): Issue Monitoring: Die Basis des Issues Ma-
    nagements. Zur Methodik der Früherkennung organisationsrelevanter Umwelt-
    entwicklungen. In: Ulrike Röttger (Hg.): Issues Management. Theoretische
    Konzepte und praktische Umsetzung. Eine Bestandsaufnahme. Wiesbaden: 257-
    278
Ingenhoff, Diana (2004): Corporate-Issues-Management in multinationalen Unternehmen.
    Eine empirische Studie zu organisationalen Strukturen und Prozessen. Wies-
    baden
Ingenhoff, Diana/Ulrike Röttger (2008): Issues Management. Ein zentrales Verfahren der
    Unternehmenskommunikation. In: Miriam Meckel/Beat F. Schmid (Hg.): Un-
    ternehmenskommunikation. Kommunikationsmanagement aus Sicht der Unter-
    nehmensführung. Wiesbaden: 323-354
Kaplan, Robert S./David P. Norton (1992): The Balanced Scorecard – Measures That
    Drive Performance. In: Harvard Business Review. 70, 1: 71-79
Kirchner, Karin (2001): Integrierte Unternehmenskommunikation. Theoretische und em-
    pirische Bestandsaufnahme und eine Analyse amerikanischer Großunter-
    nehmen. Wiesbaden
Kirchner, Karin (2003): Dimensionen der Integrierten Unternehmenskommunikation. In:
    pr-magazin. 34, 4: 45-52
Köcher, Alfred/Eliane Birchmeier (1992): Public Relations? Public Relations! Konzepte,
    Instrumente und Beispiele für erfolgreiche Unternehmenskommunikation. Zü-
    rich/Köln
Köppl, Peter (2000): Public Affairs Management. Wien
Köppl, Peter (2008): Lobbying und Public Affairs. In: Miriam Meckel/Beat F. Schmid
    (Hg.): Unternehmenskommunikation. Kommunikationsmanagement aus Sicht
    der Unternehmensführung. 2., überarb. u. erw. Aufl. Wiesbaden: 187-220
Krystek, Ulrich (1987): Unternehmungskrisen: Beschreibung, Vermeidung und Bewäl-
    tigung überlebenskritischer Prozesse in Unternehmungen. Wiesbaden
Kückelhaus, Andrea (1998): Public Relations: Die Konstruktion von Wirklichkeit. Kom-
    munikationstheoretische Annäherungen an ein neuzeitliches Phänomen. Opla-
    den, Wiesbaden
Leipziger, Jürg W. (2007): Konzepte entwickeln. Handfeste Anleitungen für bessere
    Kommunikation. Frankfurt a.M.
Levine, Rick/Christopher Locke/Doc Searls/David Weinberger (2000): Das Cluetrain
    Manifest. 95 Thesen für die neue Unternehmenskultur im digitalen Zeitalter.
    München
Liebl, Franz (1996): Strategische Frühaufklärung. Trends, Issues, Stakeholders. München

Lütgens, Stefan (2001): Das Konzept des Issues Managements: Paradigma strategischer Public Relations. In: Ulrike Röttger (Hg.): Issues Management. Theoretische Konzepte und praktische Umsetzung. Eine Bestandsaufnahme. Wiesbaden: 59-77

Lütgens, Stefan (2002): Potentiellen Krisen rechtzeitig begegnen - Themen aktiv gestalten. Strategische Unternehmenskommunikation durch Issues Management. Schifferstadt

Macnamara, Jim R. (1992): Evaluation in Public Relations: The Achilles Heel of the Public Relations Profession. In: International Public Relations Review. 15, 4: 17-31

Mast, Claudia (2010): Unternehmenskommunikation: Ein Leitfaden. 4., neue u. erw. Aufl. Stuttgart

Meckel, Miriam (2008): Unternehmenskommunikation 2.0. In: Miriam Meckel/Beat F. Schmid (Hg.): Unternehmenskommunikation. Kommunikationsmanagement aus Sicht der Unternehmensführung. Wiesbaden: 471-492

Meckel, Miriam/Markus Will (2008): Media Relations als Teil der Netzwerkkommunikation. In: Miriam Meckel/Beat F. Schmid (Hg.): Unternehmenskommunikation. Kommunikationsmanagement aus Sicht der Unternehmensführung. Wiesbaden: 291-322

Melewar, T.C. /Elizabeth Jenkins (2002): Defining the Corporate Identity Construct. In: Corporate Reputation Review. 5, 1: 76-90

Merten, Klaus (2000): Zur Konzeption von Konzeptionen. In: pr-magazin. 31, 3: 33-42

Park, Hyojung/Bryan H. Reber (2008): Relationship building and the use of web sites: How Fortune 500 corporations use their web sites to build relationships. In: Public Relations Review. 34, 4: 409-411

Pfannenberg, Jörg/Ansgar Zerfaß (2010): Wertschöpfung durch Kommunikation. Kommunikations-Controlling in der Unternehmenspraxis. Frankfurt a.M.

Pleil, Thomas (2007): Online-PR zwischen digitalem Monolog und vernetzter Kommunikation. In: Thomas Pleil (Hg.): Online-PR im Web 2.0. Konstanz: 10-31

Raffée, Hans/Klaus-Peter Wiedmann (1993): Corporate Identity als strategische Basis der Marketingkommunikation. In: Ralph Berndt/Arnold Hermanns (Hg.): Handbuch Marketing-Kommunikation. Wiesbaden: 44-67

Rogers, Everett M./Douglas J. Storey (1989): Communication Campaigns. In: Charles R. Berger/Steven H. Chaffee (Hg.): Handbook of Communication Science. 2. Aufl. Newbury Park, London, New Delhi: 817-846

Rolke, Lothar/Ansgar Zerfaß (2010): Wirkungsdimensionen der Kommunikation: Ressourceneinsatz und Wertschöpfung im DPRG/ICV-Bezugsrahmen. In: Jörg Pfannenberg/Ansgar Zerfaß (Hg.): Wertschöpfung durch Kommunikation. Kommunikations-Controlling in der Unternehmenspraxis. Frankfurt a. M.: 50-60

Roselieb, Frank (2002): New Crisis Communications? Krisenkommunikation und Issues Management in der New Economy. In: Frank Roselieb (Hg.): Die Krise managen. Frankfurt a.M.: 104-146

Rössler, Patrick (2003): Online-Kommunikation. In: Günter Bentele/Hans-Bernd Brosius/Otfried Jarren (Hg.): Öffentliche Kommunikation. Wiesbaden: 504-522

Röttger, Ulrike (2001): Issues Management - Mode, Mythos oder Managementfunktion? Begriffsklärungen und Forschungsfragen - eine Einleitung. In: Ulrike Röttger (Hg.): Issues Management. Theoretische Konzepte und praktische Umsetzung. Eine Bestandsaufnahme. Wiesbaden: 11-39

Röttger, Ulrike (2007): Kampagnen planen und steuern: Inszenierungsstrategien in der Öffentlichkeit. In: Manfred Piwinger/Ansgar Zerfaß (Hg.): Handbuch Unternehmenskommunikation. Wiesbaden: 381-396

Röttger, Ulrike (2008): Aufgabenfelder. In: Günter Bentele/Romy Fröhlich/Peter Szyszka (Hg.): Handbuch der Public Relations.Wissenschaftliche Grundlagen und berufliches Handeln. Mit Lexikon. 2., kor. u. erw. Aufl. Wiesbaden: 501-510

Röttger, Ulrike (2009): Campaigns (f)or a better world? In: Ulrike Röttger (Hg.): PR-Kampagnen. Über die Inszenierung von Öffentlichkeit. 4. erw. u. überarb. Aufl. Wiesbaden: 9-23

Röttger, Ulrike/Patrick Donges (2003): Politische Kommunikation und Public Affairs. In: Klaus Merten/Rainer Zimmermann/Helmut Andreas Hartwig (Hg.): Das Handbuch der Unternehmenskommunikation 2002/2003. Neuwied, Kriftel: 105-112

Röttger, Ulrike/Joachim Preusse (2009): Communication Controlling Revisited. Theoretical Annotations to a Consolidation of the Research Agenda on Planning and Controlling Communication Management. In: Adela Rogojinaru/Sue Wolstenholme (Hg.): Current Trends in International Public Relations. Bukarest: 165-184

Schmidbauer, Klaus/Eberhard Knödler-Bunte (2004): Das Kommunikationskonzept. Konzepte entwickeln und präsentieren. Potsdam

Schultz, Friederike/Stefan Wehmeier (2010): Online Relations. In: Wolfgang Schweiger/Klaus Beck (Hg.): Handbuch Online-Kommunikation. Wiesbaden: 409-433

Schultz, Majken/Mary Jo Hatch/Mogens Holten Larsen (2000): The Expressive Organization. Linking Identity, Reputation, and the Corporate Brand. Oxford/New York

Signitzer, Benno (1993): Evaluation. In: Dieter Pflaum/Wolfgang Pieper (Hg.): Lexikon der Public Relations. Landsberg/Lech: 174-177

Staehle, Wolfgang H. (1999): Management: Eine verhaltenswissenschaftliche Perspektive. 8. Aufl. München

Szyszka, Peter (2008): Analyse- und Entscheidungsmodell strategischer PR-Planung: Befunde und Entwurf. In: Peter Szyszka/Uta-Micaela Dürig (Hg.): Strategische Kommunikationsplanung. Konstanz: 37-73

van Schendelen, Marinus (1993): National Public and Private EC Lobbying. Aldershot

Westermann, Arne (2004): Unternehmenskommunikation im Internet. Bestandsaufnahme und Analyse am Beispiel nationaler und internationaler Unternehmen. Berlin

Wilcox, Dennis L./Phillip H. Ault/Warren K. Agee (1997): Public Relations. Strategies and Tactics. 5. Aufl. New York

Will, Markus (2000): Kommunikationsmanagement und Unternehmenskommunikation in Theorie und Praxis. Strategische Konzepte und operative Anleitungen. Band 1. St. Gallen

Winterstein, Hans (1998): Mitarbeiterinformation. Informationsmassnahmen und erlebte Transparenz in Organisationen. München

Wottawa, Heinrich/Heike Thierau (2003): Lehrbuch Evaluation. 3., kor. Aufl. Bern

Wright, Donald K./Richard Gaunt/Barry Leggetter/Ansgar Zerfass (2009): Global Survey of Communications Measurement 2009 – Final Report. London

Zeithistorische Forschungen (2011): "Du bist Deutschland"-Kampagne 2005. http://www.zeithistorische-forschungen.de/Portals/_ZF/images/default/Buehrer_ DuBistErhard.jpg. Abgerufen am: 13.02.2011

Zerfaß, Ansgar (2005): Rituale der Verifikation? Grundlagen und Grenzen des Kommunikations-Controlling. In: Lars Rademacher (Hg.): Distinktion und Deutungsmacht. Studien zu Theorie und Pragmatik der Public Relations. Wiesbaden: 183-222

Zerfaß, Ansgar (2008): Kommunikations-Controlling. Methoden zur Steuerung und Kontrolle der Unternehmenskommunikation. In: Miriam Meckel/Beat F. Schmid (Hg.): Unternehmenskommunikation. Kommunikationsmanagement aus Sicht der Unternehmensführung. Wiesbaden: 435-470

Zerfaß, Ansgar (2010): Unternehmensführung und Öffentlichkeitsarbeit. Grundlegung einer Theorie der Unternehmenskommunikation und Public Relations. 3., akt. Aufl. Wiesbaden

Zerfaß, Ansgar/Swaran Sandhu (2008): Interaktive Kommunikation, Social Web und Open Innovation: Herausforderungen und Wirkungen im Unternehmenskontext. In: Ansgar; Welker Zerfaß, Martin; Schmidt, Jan (Hg.): Kommunikation, Partizipation und Wirkungen im Social Web. Köln: 283-310

6 Akteure – PR als Beruf

In diesem Kapitel werden zentrale theoretische Zugänge und empirische Befunde der PR-Berufsfeldforschung vorgestellt. Zunächst wird die in der Wissenschaft wie in der Berufspraxis geführte Diskussion um die Professionalisierung der PR aufgegriffen und theoretisch unterfüttert. Anschließend werden wesentliche Merkmale des Berufsfeldes sowie erforderliche Qualifikationen für den PR-Beruf systematisch beschrieben. Schließlich wird ein Überblick über ethische Fragestellungen im Zusammenhang mit der PR gegeben.

Die wachsende Bedeutung öffentlicher Kommunikation für Organisationen aus allen gesellschaftlichen Bereichen zeigt sich unter anderem in einer Mitte der 1980er Jahre beginnenden und bis heute anhaltenden Expansion des Berufsfeldes Public Relations. Im folgenden Kapitel wird dargestellt, welche Strukturen das PR-Berufsfeld in Deutschland aufweist und durch welche Merkmale sich PR-Praktiker auszeichnen.

6.1 Professionalisierung der Public Relations

Ist Public Relations eine Profession oder hat sie zumindest Chancen, eine zu werden? Und welche Charakteristika und Eigenschaften muss PR erfüllen, um einen professionellen Status zu erlangen? Fragen, die sowohl die PR-Forschung als auch die PR-Praxis intensiv beschäftigen. Als Zielwert ist ein professioneller Status der PR bzw. ihre Professionalisierung in Wissenschaft und Praxis Konsens. Der Weg dorthin führt – auch hierüber besteht weitgehend Einigkeit – über die Systematisierung der PR-Ausbildung, die Verwissenschaftlichung des Berufswissens und die Ausbildung eines gemeinsamen Selbstverständnisses und Berufsbildes.

6.1.1 Zur Unterscheidung von Professionalität und Professionalisierung

Bei genauerem Blick zeigt sich, dass unter der Professionalisierungsdebatte häufig zwei zwar verwandte, aber doch unterschiedliche Themen subsumiert werden. Zum einen finden sich hier berufssoziologisch orientierte Beiträge, die Professionalisierung als historisch-kulturell eingebundene Prozesse der

Höherqualifizierung und Aufwertung von Berufen bzw. den Prozess der beruflichen Sozialisation einzelner Berufsinhaber verstehen. Professionalisierung in diesem eigentlichen Sinn bezieht sich auf den Status des gesamten Berufsfeldes bzw. einzelner Berufsinhaber. Professionen (von lat. professio: „Bekenntnis, Betätigungsgebiet, Fach") sind nach diesem Verständnis dienstleistende Expertenberufe, die auf spezialisiertes, wissenschaftlich fundiertes Wissen zurückgreifen und mit spezifischen materiellen und immateriellen Gratifikationen ausgestattet sind (vgl. u.a. Klatetzki 1993: 36ff.). Davon können Beiträge unterschieden werden, die sich mit der professionellen Umsetzung des PR-Prozesses, d.h. mit der Professionalität des beruflichen Handelns beschäftigen. Im Zentrum steht hier die Performance und Qualität der Leistungserstellung durch PR-Berufsinhaber.

Insbesondere in der PR-Praxis wird Professionalisierung häufig und fälschlicherweise auf die Frage der Professionalität reduziert. Denn beide genannten Perspektiven setzen an unterschiedlichen Punkten an: Während in der berufssoziologischen Professionalisierungsforschung insbesondere Merkmale und Einflussfaktoren auf den Berufsstand insgesamt von Interesse sind (Meso-Ebene), fokussiert die Frage nach der Professionalität individuelles berufliches Handeln (Mikro-Ebene) (vgl. Raupp 2009). Beide Ebenen stehen jedoch nicht völlig unverbunden nebeneinander: Denn letztlich basiert das Konzept der Professionalisierung auf der Annahme, dass eine Professionalisierung von Berufen u.a. aufgrund der damit verbundenen Verwissenschaftlichung des Wissens zu einer höheren Qualität beruflichen Handelns (Professionalität) führt.

Es muss daher zwischen der Professionalisierung als Entwicklung einer Berufsgruppe in Richtung einer Profession und Professionalität als Merkmal beruflichen Handelns unterschieden werden. Im Folgenden wird die berufssoziologisch geprägte Professionalisierungsforschung näher betrachtet.

6.1.2 Theoretische Professionalisierungsansätze

In der Professionalisierungsforschung werden zwei zentrale berufssoziologische Ansätze unterschieden: Während der *Merkmalsansatz* in erster Linie nach den Charakteristika von Professionen und den Unterschieden zwischen Berufen und Professionen fragt, stehen beim *Strategieansatz* die berufspolitischen Aktivitäten von Berufsinhabern und Berufsorganisationen zur Aufwertung des Berufes im Vordergrund und es wird die aktive Rolle der Professionsinhaber betont (Wright/van Slyke Turk 2007; für einen Überblick siehe u.a. Röttger 2010). Entsprechende (PR-)Forschungs-Ansätze gehen dabei aus der Perspektive des Berufsfeldes der Frage nach, wo Veränderungsbedarf besteht, um den Status einer Profession zu erreichen.

6.1.2.1   Merkmalsansatz

Die konventionelle berufssoziologische Analyse von Professionen und Professionalisierungsprozessen wurde und wird stark vom Merkmalsansatz beeinflusst. Aus dieser Perspektive sind vor allem die beiden Aspekte der spezifischen Problemlösungskompetenzen auf Basis wissenschaftlichen Wissens und die gemeinwohlbezogene Orientierung von Professionen bedeutsam. Professionen verfügen über gesellschaftlich relevante Kompetenzen auf der Basis wissenschaftlich begründeten Wissens (vgl. Klatetzki 1993: 36ff.) und übernehmen insofern eine wichtige stabilisierende Funktion in der Gesellschaft. Als klassische Merkmale von Professionen gelten insbesondere (vgl. u.a. Wilensky 1972: 202ff.; Grunig 2000: 26f.):

- Die Professionsangehörigen haben eine lang andauernde, theoretisch fundierte Spezialausbildung absolviert und verfügen über systematisiertes und wissenschaftlich fundiertes Wissen.

- Professionelle Dienstleistungen weisen einen engen Bezug zu zentralen gesellschaftlichen Werten (z.B. Gesundheit, Gerechtigkeit) auf und tragen zur Stabilität der Gesellschaft bei.

- Professionen sind mit besonderen materiellen und immateriellen Gratifikationen ausgestattet; Professionsinhaber genießen weitreichende persönliche und sachliche Entscheidungs- und Handlungsfreiheit.

- Standesorganisationen und Berufsverbände regeln Fragen des Berufszugangs und der Berufsausbildung in weitgehender Selbstverwaltung (Kontroll- und Disziplinargewalt).

- Die Professionsangehörigen sind in ihrem Handeln einer Berufs-/Professionsethik und spezifischen Verhaltensregeln verpflichtet; durch Standesorganisationen und Berufsverbände institutionalisierte Formen der Selbstkontrolle ergänzen sich mit Formen der individuellen Selbstkontrolle.

Die Frage, inwieweit einzelne Merkmale klassischer Professionen bereits für die PR gelten, wird von der Mehrzahl der PR-Forscher als Indikator für ihren Professionalisierungsstand angesehen. Generell besteht Einigkeit, dass PR bislang keinen professionellen Status im Sinne klassischer Professionen erreicht hat: Uneinheitliche Berufsbezeichnungen, ein unscharfes Kompetenz- und Leistungsprofil, der unkontrollierte Berufszugang sowie fehlende organisatorische und funktionale Abgrenzungen gegenüber Marketing und Werbung sind nur einige Aspekte, die dies deutlich machen (vgl. Spatzier 2009: 50). Gleichzeitig unterscheiden sich die Bewertungen des Professionalisierungsgrades der PR zum Teil erheblich voneinander. Einige Autoren sehen die PR-Professionalisierung als relativ weit fortgeschritten an: „Public Relations entwickelt sich [...] konsequent, zielgerichtet und auch immer deutlicher wahrnehmbar zu einer Profession, die Managementfunktionen zu erfüllen hat." (Merten 1997: 48) Andere Positionen sehen PR erst am Beginn eines Professionalisierungsprozesses, der „in keiner wie immer definierten Art und Weise als 'abgeschlossen' betrachtet werden kann, ja sich möglicherweise erst in einer Anfangsphase befindet" (Signitzer 1994: 267). Aspekte, die diese Bewertung stützen, sind z.b. das relativ geringe PR-spezifische Ausbildungsniveau der PR-Berufsinhaber, ihr geringer Organisationsgrad in PR-Berufsorganisationen und die geringe Relevanz von berufsfeldübergreifenden Normen, ethischen Kodizes sowie Institutionen der Selbstkontrolle (vgl. Röttger 2010; Becher 1996). Zweifel an der generellen Professionalisierungsfähigkeit und an der Gültigkeit klassischer Professionalisierungskonzepte für PR äußert Wienand auf Basis ihrer empirischen Analyse des Berufsfeldes PR: „Zu einer Profession im klassischen Sinne wird sich die PR [...] nicht entwickeln können." (Wienand 2003: 407)

Es zeigt sich: Legt man die Annahmen des Merkmalsansatzes zu Grunde, muss der Stand der PR-Professionalisierung zwangsläufig defizitär bewertet werden: Gemessen an den Charakteristika klassischer Professionen, wie z.B. Juristen oder Medizinern, erscheint es fraglich, ob PR jemals den Status einer Profession erreichen kann. So verfügt PR als Organisationsfunktion per definitionem nicht über die typische professionelle Autonomie gegenüber ihren Klienten. PR ist Auftragskommunikation, sie vertritt Partikularinteressen und agiert nicht in erster Linie gemeinwohlorientiert. Auch erscheint es fraglich, ob PR die Voraussetzung einer exklusiven akademischen

Wissensbasis erfüllt: Zum einen weist ihre Wissensbasis erhebliche Über-
schneidungen mit der benachbarter Tätigkeitsfelder auf, zum anderen erschwert die Alltäglichkeit von Kommunikation – als dem zentralen Gegenstand der PR – eine eindeutige Abgrenzung des PR-Wissens als spezielles Expertenwissen von allgemeinem Laienwissen ihrer Klienten (vgl. Wienand
2003: 214; Röttger 2010: 102ff.).

Es wäre jedoch falsch, diese Diagnose ausschließlich als Defizit der PR
zu interpretieren. Vielmehr bestehen inzwischen in der Berufssoziologie erhebliche Zweifel, ob der Merkmalsansatz noch geeignet ist, um die Entwicklung von Berufen und Professionen in modernen Gesellschaften zu beschreiben. Zahlreiche soziale, politische, ökonomische und kulturelle Veränderungen machen deutlich, dass zentrale Prämissen merkmalstheoretischer Ansätze in modernen Gesellschaften nur noch bedingt zutreffen. So hat sich aufgrund einer allgemeinen steigenden Verwissenschaftlichung des Wissens in
der Gesellschaft der Status wissenschaftlich fundierter Expertenschaft erheblich verändert. Zugleich zeigen sich deutliche Einschränkungen hinsichtlich
der Autonomie von Professionsinhabern, die – entgegen des ursprünglichen
Konzepts – immer häufiger in Organisationen eingebunden sind, in denen sie
selbst Laien (d.h. Personen, die nicht Mitglied der eigenen Profession sind)
unterstellt sind und ihre Arbeit von diesen bewertet wird. Dies macht deutlich, dass die Professionalisierung von modernen Berufen – und hier beispielhaft der Public Relations – unter Rückgriff auf Merkmale klassischer
Professionen zwangsläufig als defizitär beschrieben werden muss. Diese Abkehr vom Merkmalsansatz und die damit verbundene Entwicklung neuer
Professionalisierungsverständnisse ist jedoch von der PR-Forschung bislang
nur am Rande zur Kenntnis genommen worden (vgl. u.a. Röttger 2010:
112ff.; Raupp 2009; Spatzier 2009).

Zweifel daran, dass eine Bewertung des Standes der PR-Professionalisierung unmittelbar und quantitativ aus Indikatoren der Merkmalskataloge
abgeleitet werden kann, sind auch aus anderer Perspektive gegeben: So beruhen merkmalstheoretische Ansätze auf der Vorstellung einer Abgrenzung beruflicher Handlungsfelder (Schließungsprozesse) und einer Homogenisierung
der jeweiligen Kompetenzprofile. Kennzeichnend für Public Relations ist
aber ihre anvisierte Fähigkeit zur umfassenden Beobachtung verschiedener
Umweltsysteme im Interesse von Organisationen, die Teil verschiedener ge-

sellschaftlicher Funktionssysteme sind: Dieses Verständnis von PR erfordert eine weitreichende Anschlussfähigkeit und strukturelle Offenheit der PR, die letztlich im Widerspruch zur formulierten Schließung im Kontext von Professionalisierungsprozessen steht (vgl. Hoffmann et al. 2007).

6.1.2.2   Macht-/Strategieansatz

Im Unterschied zum klassischen Merkmalsansatz lösen sich machtstrategische Ansätze von der Annahme von Professionen als tendenziell ahistorischem, zeitlosem Phänomen und betrachten Professionalisierungsprozesse als auf den Markt gerichtete berufliche Aufwertungsprozesse im Kontext der jeweiligen gesellschaftlichen, politischen und ökonomischen Rahmenbedingungen. Streng genommen handelt es sich hierbei allerdings nicht um einen eng definierten Ansatz, vielmehr finden sich unter dem Dach des Machtansatzes verschiedene theoretische Konzeptionen von Professionen.

Im Mittelpunkt des Macht- bzw. Strategieansatzes steht die Analyse der Prozesse, die zur Schließung von Berufen durch Zugangskontrollen und damit zugleich zu deren exklusiven Öffnung für spezifische Gruppen führen: Auf welche Art und Weise können Berufsinhaber unter Wettbewerbsbedingungen weitreichende Kontrolle über die Bedingungen erlangen, unter denen sie ihre Dienstleistungen anbieten? Und wie gewinnen sie dafür soziale Akzeptanz? Das Handeln von Berufsgruppen rückt damit in das Zentrum der theoretischen Betrachtung. Der Soziologe Eliot Freidson definiert Professionen als „a kind of occupational organization in which a certain state of mind thrives and which, by virtue of its authoritative position in society, comes to transform if not actually create the substance of its own work." (Freidson 1970: xvii) Ziel ist es, sich im Markt als unverzichtbarer und nichtaustauschbarer Dienstleister zu positionieren. Die Soziologen Beck, Brater und Daheim haben bereits in den 1980er Jahren vier typische Strategien der Marktkontrolle aufgezeigt, auf die Berufsgruppen zurück greifen, um die Bedingungen der Herstellung und des Absatzes der eigenen Leistungen weitreichend kontrollieren zu können und zugleich Interventionen durch konkurrenzierende Berufe und staatliche Institutionen reduzieren zu können (vgl. Beck et al. 1980: 83ff.):

▪ Unverzichtbarkeitsstrategien: Die angebotenen Leistungen müssen für eine möglichst große Zahl an Leistungsabnehmern weitgehend unverzichtbar und zudem nicht substituierbar (durch andere Leistungen oder Maschinen) sein bzw. erscheinen. Unverzichtbarkeitsstrategien erfordern ein breit anwendbares und zugleich spezialisiertes Fachwissen. Ziel ist es, ein Monopol für ein Spezialwissen zu schaffen, das von möglichst vielen Abnehmern benötigt wird.

- Strategien inner- und zwischenberuflicher Konkurrenzreduktion: Um den Geltungsanspruch des Monopols für Spezialwissen erfolgreich durchzusetzen, ist eine Schließung des Berufes und eine Kontrolle der Zugangsbedingungen – z.B. durch Festschreibung eines Berufsbildes und Formulierung spezifischer Ausbildungsvoraussetzungen – notwendig.

- Ersetzung von Fremd- durch Eigenkontrolle: Ziel ist es, eine weitgehende gesellschaftliche bzw. staatliche Absicherung bei minimaler Fremdkontrolle zu erreichen. Dazu bedarf es durchsetzungsfähiger Formen der Eigenkontrolle des Berufes, die eine staatliche Kontrolle trotz der gesellschaftlichen Bedeutung seiner Leistungen nicht erforderlich erscheinen lassen. Wesentliche Eigenkontroll-Instrumente sind verbindliche Berufsethiken, Selbstverpflichtungen und Standesorganisationen, die die Einhaltung der Normen überwachen. Berufsethiken kommt in dieser Lesart vor allem eine legitimierende Funktion zu:
  „Die Herausbildung eines besonderen 'code of ethics' scheint also weniger etwas damit zu tun zu haben, dass bestimmte Professionen ein besonders dem Gemeinwohl verpflichtetes Verhalten an den Tag legen (...), als damit, dass sie eine solche altruistische Motivation demonstrieren und behaupten müssen, wollen sie Kontrollen entgehen, die ihre Arbeitsmarktmacht gefährden könnten." (Beck et al. 1980: 89)

- Erweiterung der möglichen Einsatzfelder der Professionsinhaber: Die ökonomische Funktion dieser Strategie besteht in der Erweiterung der aktuellen und potenziellen Märkte.

Macht- und Strategieansätze wenden sich explizit gegen die Vorstellung, dass ein bestimmter sozialer Status von Professionen zwangsläufig eng gekoppelt oder gar gleichzusetzen ist mit der Professionalität der Berufsinhaber, im Sinne einer fachmännisch gekonnten, qualitativ und ethisch hochwertigen Leistungserfüllung. Professionen sind damit kein objektiver Tatbestand aufgrund nachgewiesener Kompetenzen, sondern das Ergebnis spezifischer

berufspolitischer Strategien der Marktkontrolle und eines Aushandlungspro-
zesses zwischen Leistungsanbietern und -abnehmern über den Wert und die
Bewertung spezifischer Leistungsangebote. Expertenwissen und spezifische
Problemlösungskompetenzen sind dabei für die Begründung einer Profession
notwendig, aber nicht hinreichend: Es ist für Professionen daher sehr wichtig, andere zu überzeugen von der „legitimacy of these solutions and the professional's right to deal with the problem in the first place" (Pieczka/L'Etang
2001: 214).

Eine ähnliche Perspektive verfolgt auch der inszenierungstheoretische
Ansatz, der betont, dass ein professioneller Status nicht nur von den tatsächlichen Problemlösungskompetenzen und Tätigkeitsmustern abhängig ist,
sondern in hohem Maße auch davon, welche Leistungen von den Leistungsabnehmern als professionell akzeptiert werden: Zentral ist demnach die
Kompetenz, sich kompetent darzustellen (vgl. Pfadenhauer 2003). Zur Darstellung von Kompetenzen und der Inszenierung ihrer spezifischen Problemlösungskompetenz greifen Akteure auf ein Set von Zeichen und Symbolen
zurück – angefangen von spezifischer Kleidung, über eine eigene berufsspe-
zifische Sprache, bis hin zu Auszeichnungen und Diplomen –, die auf die direkt nicht sichtbaren Qualitäten und Kompetenzen des Akteurs verweisen
sollen. Es wäre jedoch falsch, die Darstellung von Kompetenzen als völlig
substanzlose, von faktischen Kompetenzen und Tätigkeitsmustern losgelöste
Inszenierung zu betrachten. Substantielles Wissen bildet die Basis und ist
Voraussetzung für erfolgreiche Inszenierungen von Kompetenz. Eine erfolgreiche Marktstrategie verlangt einen spezifischen Wissenskorpus, der relativ
exklusiv und abstrakt ist – also deutlich von Laienwissen unterscheidbar ist –
und zugleich praktisch und problemlösungsorientiert anwendbar ist. Exklusive Wissensbestände und Problemlösungskompetenzen werden einerseits
durch Formen der Kodifizierung und Standardisierung sichergestellt. Problematisch, und damit als Professionalisierungsressource latent gefährdet, ist
in diesem Zusammenhang die bereits angesprochene Alltäglichkeit von
Kommunikation, die aus Klientensicht eine exklusive Wissensbasis der PR
und deutliche Kompetenzunterschiede zwischen PR-Experten und Laien
nicht oder nur begrenzt erkennbar werden lässt.

Der Blick auf die aktuelle Ausgestaltung des Berufsfelds zeigt einige
weitere Grenzen, aber auch Potenziale der PR-Professionalisierung im Sinne

einer Berufsaufwertung auf der Basis kollektiver Vermarktung von Expertise (vgl. Röttger et al. 2003: 70ff.):

- Die Berufsfeldstudien von Röttger (2010) und Röttger et al. (2003) machen deutlich, dass das Tätigkeitsfeld Öffentlichkeitsarbeit in der Praxis stark von „PR-Laien" geprägt wird: Sehr häufig nehmen Organisationsmitglieder PR-Funktionen wahr, die PR nicht als Beruf ausüben. Der PR ist es bislang offensichtlich nur sehr begrenzt gelungen, PR-spezifische Problemlösungskompetenzen gegenüber den Leistungsabnehmern als unverzichtbar und nicht-substituierbar darzustellen. Wesentliche Voraussetzungen einer erfolgreichen Marktstrategie fehlen damit bislang.
- Nach wie vor sind die Grenzen zu benachbarten Berufen wie Werbung, Journalismus und Marketing unscharf und die PR konnte bislang nur sehr begrenzt ein Monopol für ihr Tätigkeitsfeld und ihren Wissensbereich etablieren.

Aber auch machtstrategische Ansätze können letztlich Professionen nicht zufriedenstellend beschreiben. Problematisch erscheint hier, dass die Rolle der Klienten tendenziell überbetont wird. Denn letztlich entscheidet nach diesem Verständnis nur noch der Markt darüber, was als Profession angesehen und akzeptiert wird. Die Idee, die Profession auf die Erwartungserfüllung der Klienten zu reduzieren, impliziert in Extremform, die eigene Identität der Profession, die professionstypischen Normen und Werte ausschließlich über Angebot und Nachfrage zu definieren, sie mithin in ihrer Eigenständigkeit aufzugeben. Damit würde die grundlegende Idee der Professionen, die eben nicht gesellschaftlich neutral sind, sondern – auch unabhängig von konkreten Nachfragesituationen – einen relevanten, unverzichtbaren und folgenreichen Beitrag zu Wirtschaft, Politik und der Gesellschaft insgesamt leisten, verloren gehen.

Erweiterte Perspektive auf PR-Professionalisierung

Erforderlich ist mit Blick auf Public Relations eine vermittelnde Perspektive, die sowohl den Eigensinn von Professionen in den Blick nimmt als auch die Wechselwirkungen mit Leistungsabnehmern und Konkurrenten einbezieht (vgl. Röttger 2010: 114; van Ruler 2005: 170ff.). Dies erfordert eine Erweiterung der Perspektive um die Dimension der Arbeitsorganisation, denn Public

Relations wird als Auftragskommunikation überwiegend in und für Organisationen erbracht. Als beauftragte Kommunikatoren vertreten PR-Praktiker Partialinteressen, die im Thematisierungsprozess Teil der öffentlichen Kommunikation und damit gesellschaftlich relevant werden. In den Mittelpunkt der Analyse rückt folglich die spezielle Beziehung zwischen PR als Leistungsanbieter und der auftraggebenden Organisation als Leistungsabnehmer unter Berücksichtigung der gesellschaftlichen Kontextuiertheit von PR-Kommunikation. Ein Verständnis von PR als Profession kann entsprechend nicht rein organisationszentriert und ausschließlich fokussiert auf Fragen der Effizienz und Effektivität des PR-Managements im Rahmen der organisationalen Leistungserbringung sein, sondern nimmt zudem auch die besondere Relevanz von PR für die Gesellschaft in den Blick.

Leitende Fragestellungen zur Analyse der Professionalisierbarkeit der PR bildet daher nicht die Frage, inwieweit PR bereits Merkmale klassischer Professionen aufweist, sondern im Mittelpunkt steht die Frage, inwieweit PR als Organisationsfunktion und Auftragskommunikation Eigensinn entwickeln kann und spezifische – nachgefragte, nicht-austauschbare und nicht-ersetzbare – Problemlösungskompetenzen und Dienstleistungen gegenüber Gesellschaft und Leistungsabnehmer darstellen kann.

6.1.2.3 Alternative Systematisierung
der Professionalisierungsansätze

Die niederländische PR-Forscherin Betteke van Ruler (2005) schlägt eine weitere, an die bisherigen Überlegungen anschlussfähige Systematisierung von Professionalisierungsansätzen vor. Sie unterscheidet das Wissens-, das Wettbewerbs-, das Status- und das Persönlichkeitsmodell:

- Wissensmodell: Professionalisierung ist eng gekoppelt an die Existenz von wissenschaftlich fundiertem Spezialwissen. Das Wissensmodell entspricht im Wesentlichen dem bereits vorgestellten Merkmalsansatz.
- Statusmodell: Professionalisierung ist vor allem als ökonomische und marktbezogene Strategie zu betrachten, bei der eine organisierte Elite ihr spezifisches Wissen und ihre spezifischen Kompetenzen nutzt, um Status, Macht und Autonomie für die Profession zu erhalten. Nähen zu den bereits genannten Strategie- bzw. Machtansätzen sind ebenso wie beim Wettbewerbsmodell unverkennbar.

- Wettbewerbsmodell: Der Blick richtet sich hier stärker auf die Klienten der Professionen als Leistungsabnehmer der jeweiligen Dienstleistungen: Spezifische Problemlösungskompetenzen auf Basis wissenschaftlichen Wissens sind auch hier zentral – allerdings entscheidet die Nachfrage darüber, welche Leistungen und welches Wissen als problemlösungsrelevant angesehen wird. Die Kompetenzen der Professionsinhaber müssen zu den Erwartungen der Klienten passen und sich zudem im Wettbewerb gegen andere „Problemlöser" durchsetzen.

- Persönlichkeitsmodell: Wie bereits beim Wettbewerbsmodell liegt auch hier der Schwerpunkt bei den Klienten, die letztlich darüber entschieden, welche Berufsgruppen als Profession anerkannt werden. Bedeutsam ist beim Persönlichkeitsmodell ebenfalls der Faktor Wissen. Allerdings ist es weniger wissenschaftlich fundiertes Expertenwissen, das für die Charakterisierung als Profession entscheidend ist, sondern vielmehr allgemeines Wissen im Sinne von Erfahrungswissen und Intuition. Gefordert sind demnach eine klientenorientierte Einstellung und die Fähigkeit der Professionsinhaber, seine Klienten gut zu beraten und kreative und angemessene Lösungsvorschläge zu entwickeln.

Die vier von van Ruler vorgeschlagenen Modelle verweisen auf unterschiedliche Referenzen des Professionalisierungsbegriffs: Während das Wissens- und Statusmodell die Strukturen betonen, die es Experten erlauben, eine Profession auszubilden, fokussieren der Wettbewerbs- und Persönlichkeitsansatz die Berufsgruppen selbst und hier die Frage, welche Kompetenzen und Eigenschaften gefordert sind, um die Erwartungen der Klienten zu befriedigen. Diese Differenz schlägt sich in unterschiedlichen Beziehungen zwischen den Professionsinhabern und deren Klienten nieder: Im Falle des Wissens- und Statusmodells werden idealtypisch eher asymmetrische, direktive Beziehungen angenommen, während bei den beiden anderen Modellen Problemlösungen eher in der gemeinsamen Auseinandersetzung entstehen (siehe Tab. 20). Auch mit Blick auf das Wissen, das erforderlich ist, damit sich Berufe zu einer Profession entwickeln können, unterscheiden sich die Modelle: Während im Wissens- und Wettbewerbsmodell insbesondere rationales, wissenschaftlich fundiertes und verifizierbares Wissen im Mittelpunkt stehen, spielen im Status- und Persönlichkeitsmodell eher andere Formen des Wissens eine Rolle: Zentral sind nach van Ruler Empathie, Persönlichkeit, Enthusiasmus und

Hingabe – die sie unter dem Begriff der emotionalen Intelligenz zusammen-fasst (vgl. van Ruler 2005).

Tabelle 20: Systematisierung von Professionalisierungsmodellen nach van
Ruler (2005: 164)

Model	Variables			
	Relationship with client	*Role of theory*	*Role of education*	*Role of association*
Knowledge model	Directive; expert decides what to do how	Generates pre-defined body of knowledge	Generates pre-defined expertise	Infrastructure for develop-ment of iden-tity and exper-tise
Status model	Directive; expert decides what to do how	Generates status and autonomy	Generates status and autonomy	Infrastructure for licensing and promotion of interest
Competition model	Interactive; expert and client interact on what to do how	Generates broad reser-voir of new knowledge	Generates broad palette of knowledge options	Infrastructure for knowledge options
Personality model	Interactive; expert and client interact on what to do how	Mentality is more important	Generates analytical and creative power	Infrastructure for experiences

 Weiterführende Literatur

Röttger, Ulrike (2010): Public Relations – Organisation und Pro-fession. Öffentlichkeitsarbeit als Organisationsfunktion. Eine Be-rufsfeldstudie. 2. Aufl. Wiesbaden: Kapitel 2

Wienand, Edith (2003): Public Relations als Beruf. Kritische Ana-lyse eines aufstrebenden Kommunikationsberufes. Wiesbaden

6.2 Merkmale des PR-Berufsfeldes

Das Berufsfeld Public Relations ist aufgrund des wachsenden Informations-
bedarfs und der steigenden Kommunikationsanforderungen, mit denen sich
Organisationen unterschiedlichster Art in der Mediengesellschaft konfrontiert sehen, in den vergangenen Jahren stark expandiert. Mit der quantitativen
Ausweitung sind zudem qualitative Veränderungen verbunden:

> „Public Relations entwickeln sich immer mehr zu einem komplexen und professio-
> nellen Kommunikationsberuf. Innerhalb nur weniger Jahrzehnte ist, jedenfalls in
> Deutschland, aus dem Berufsprofil eines Pressesprechers oder Leiters einer Presse-
> stelle das projektive Bild eines Kommunikationsmanagers geworden, der für immer
> ausgedehntere Handlungsfelder neue praktisch-technische sowie strategisch-
> analytische Kompetenzen benötigt. Und ein Ende dieser Entwicklung ist noch lange
> nicht in Sicht." (Bentele 1998: 11)

6.2.1 Public Relations:
Vielgestaltiges Berufsfeld mit unscharfer Kontur

Campaigner bei Greenpeace, Pressesprecher der Universität Münster, Kom-
munikationsmanagerin bei General Motors, Issues Manager bei Daimler, Re-
dakteurin einer Mitarbeiterzeitschrift, Sponsoring-Experte bei der Aidshilfe,
Beraterin einer internationalen PR-Agentur: PR wird heute als Erwerbsarbeit
in allen und für alle gesellschaftlichen Organisationsformen geleistet: Kleine,
mittlere und große Unternehmen aller Branchen, öffentliche Verwaltungen
und private Nonprofit-Organisationen der unterschiedlichsten Art – von Kir-
chen, Parteien, Gewerkschaften bis hin zu Sportvereinen erfüllen PR-Funktionen und beschäftigen PR-Fachleute. Da die Ausgangsbedingungen und die
Zielvorstellungen, mit denen PR in der Praxis konfrontiert ist, sehr heterogen
und vielfältig sind, unterscheiden sich die konkreten Arbeitsbereiche von PR-
Berufsinhabern zum Teil erheblich. So kommt Peter Szyszka zum Schluss,
dass PR bzw. Öffentlichkeitsarbeit eine „Sammelbezeichnung für ein ausge-
sprochen heterogenes Spektrum von Betätigungsfeldern und Tätigkeitsberei-
chen" (Szyszka 1995: 318) ist.

Es wird deutlich: Public Relations ist als Berufsfeld und nicht als ein
Beruf anzusehen. Das Berufsfeld ist nicht nur durch eine Vielgestaltigkeit
der Arbeitsbereiche und Aufgabenfelder gekennzeichnet, sondern zudem
durch unscharfe Grenzen zu benachbarten Berufen, wie z.B. dem Journalis-

mus oder der Werbung. Die konstatierte Heterogenität und Konturlosigkeit ist typisch für ein Berufsfeld mit recht kurzer Geschichte, das in den vergangenen Jahren und Jahrzehnten eine dynamische quantitative und qualitative Ausdifferenzierung erfahren hat. Prozesse der Identitätsbildung sind zurzeit kennzeichnend für das Berufsfeld – diese führen dazu, dass zunehmend ein Kern zentraler und PR-spezifischer Aufgabenfelder und Arbeitsbereiche erkennbar wird und sich stabilisiert.

Der Zugang zum Berufsfeld ist – vergleichbar dem Journalismus – nicht normiert, konsensualisierte oder gar geschützte Berufsbezeichnungen existieren nur in Ansätzen: Jeder kann sich PR-Berater nennen und als solcher tätig sein: Spezifische Befähigungsnachweise oder Ausbildungsvoraussetzungen, die den Berufszugang einengen könnten, existieren nicht. Entsprechend arbeiten heute Menschen mit den unterschiedlichsten Bildungs- und Berufsbiographien in der PR. Pressesprecher, PR-Referent, PR-Berater, Kommunikationsmanager ... – die in der Praxis vorfindbaren Berufsbezeichnungen sind zudem vielfältig und unübersichtlich und ihnen liegen teils sehr unterschiedliche PR-Verständnisse zu Grunde. Nicht immer beschreiben gleiche Berufsbezeichnungen gleiche oder auch nur ähnliche inhaltliche Aufgabenbereiche.

Auch die verschiedenen PR-Berufsorganisationen bieten Beschreibungen des PR-Berufsstandes an und skizzieren das PR-Berufsbild. Dieses ist allerdings weniger ein Abbild der faktischen Berufsrealität, sondern vor allem als normative Formulierung standesethischer und -politischer Ansprüche und Ziele zu verstehen.

 Berufsbild Public Relations der DPRG (2011)

Ziffer 1:

Öffentlichkeitsarbeit/Public Relations ist Management von Kommunikation.

Öffentlichkeitsarbeit/Public Relations vermittelt Standpunkte und ermöglicht Orientierung, um den politischen, den wirtschaftlichen und den sozialen Handlungsraum von Personen oder Organisationen im Prozess öffentlicher Meinungsbildung zu schaffen und zu sichern.

Öffentlichkeitsarbeit/Public Relations plant und steuert dazu Kommunikationsprozesse für Personen und Organisationen mit deren Bezugsgruppen in der Öffentlichkeit. Ethisch verantwortliche Öffentlichkeitsarbeit/Public Relations gestaltet Informationstransfer und Dialog entsprechend unserer freiheitlich-demokratischen Werteordnung und im Einklang mit geltenden PR-Codices.

Öffentlichkeitsarbeit/Public Relations ist Auftragskommunikation. In der pluralistischen Gesellschaft akzeptiert sie Interessengegensätze. Sie vertritt die Interessen ihrer Auftraggeber im Dialog informativ und wahrheitsgemäß, offen und kompetent. Sie soll Öffentlichkeit herstellen, die Urteilsfähigkeit von Dialoggruppen schärfen, Vertrauen aufbauen und stärken und faire Konfliktkommunikation sichern. Sie vermittelt beiderseits Einsicht und bewirkt Verhaltenskorrekturen. Sie dient damit dem demokratischen Kräftespiel.

Voraussetzung für Öffentlichkeitsarbeit/Public Relations sind aktive und langfristig angelegte kommunikative Strategien. Öffentlichkeitsarbeit/Public Relations ist eine Führungsfunktion; als solche ist sie wirksam, wenn sie eng in den Entscheidungsprozeß von Organisationen eingebunden ist.

Entwicklung und Status quo des PR-Berufsfeldes in Deutschland

Zuverlässige, d.h. systematisch erhobene und umfassende Daten zum Berufsfeld PR liegen für den deutschsprachigen Raum bislang nur vereinzelt vor. PR-Berufe werden von der amtlichen Statistik nicht explizit erfasst und darüber hinaus existieren keine weiteren Verzeichnisse, in denen die in Deutschland tätigen PR-Praktiker vollständig oder zumindest mehrheitlich erfasst sind. Als Indikator für die quantitative Entwicklung und die Größe des Berufsfeldes, dient daher häufig die Mitgliederstatistik der Berufsverbände. Diese Daten sind jedoch nur sehr eingeschränkt geeignet, um Aussagen über die quantitative Bedeutung des gesamten Berufsfeldes zu treffen. Denn insgesamt ist nur eine Minderheit der PR-Praktiker in einer der PR-Berufsorganisationen organisiert – Schätzungen gehen von weniger als 15 Prozent aus (vgl. Röttger 2010: 70). So waren Anfang 2011 rund 3.200 PR-Experten in der Deutschen Public Relations Gesellschaft (DPRG) organisiert und der Bundesverband deutscher Pressesprecher (BdP) verzeichnete 4.000 Mitglieder. Dem steht die geschätzte Zahl von 40.000-50.000 Personen, die hauptberuflich in der PR arbeiten, gegenüber (vgl. u.a. Fröhlich 2008: 434). Noch zu Beginn der 1990er Jahre wurde die Zahl der PR-Berufstätigen in Deutschland auf ca. 10.000 Personen geschätzt (vgl. Böckelmann 1991). Genaue Zahlen zur Verteilung der PR-Berufsinhaber auf verschiedene Organisationstypen und Handlungsfelder liegen nicht vor. Hinweise auf die Verteilung nach Organisationstyp liefert die Studie „Profession Pressesprecher", die auf einer Befragung von 2.272 „Pressesprechern und Führungskräften im Bereich der Organisationskommunikation" (Bentele et al. 2009: 18; siehe Abb. 34) basiert. Zum größten Teil handelt es sich dabei um Mitglieder des Bundesverbands Deutscher Pressesprecher (BdP). Nicht berücksichtigt wurden in dieser Studie PR-Agenturen. Szyzska et al. ermittelten in ihrer Berufsfeldstudie insgesamt 1.146 externe Dienstleister (Agenturen und Berater) (vgl. 2009: 86).

Abbildung 34: PR-Berufsinhaber nach Organisationstyp (Bentele et al. 2009: 21; n= 2.272)

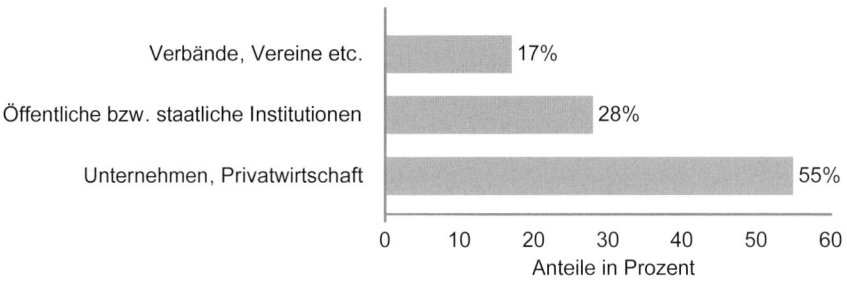

Die bereits mehrfach beschriebene Heterogenität des PR-Berufsfeldes spiegelt sich auch in der Vielzahl der Berufsverbände und Gewerkschaften wieder, in denen PR-Fachleute Mitglied sind. Als bedeutendste berufsständische Organisationen können die 1958 gegründete Deutsche Gesellschaft für Public Relations (DPRG), der 2003 gegründete Bundesverband deutscher Pressesprecher (BdP) und die 1973 ins Leben gerufene Gesellschaft Public Relations Agenturen (GPRA) genannt werden. Die „Leistungs- und Gütegemeinschaft" GPRA ist keine Berufsorganisation im eigentlichen Sinn, sondern als wirtschaftlicher Interessenverband von PR-Agenturen zu verstehen. Hinsichtlich ihres berufspolitischen Engagements übernimmt sie aber mit Berufsverbänden vergleichbare Funktionen. Zudem arbeitet die GPRA in berufspolitischen Fragestellungen eng mit der DPRG zusammen. Ende 2010 gehörten zur GPRA 35 Agenturen mit insgesamt rund 1.800 Beschäftigten. Aufgaben und Ziele der Berufsorganisationen liegen insbesondere in der Information und Unterstützung ihrer Mitglieder in berufspolitischen Fragen, in der Förderung und Sicherung von Qualitätsmaßstäben in der PR, in der Fortbildung der Mitglieder und der Förderung der Ausbildung des Nachwuchses nebst einer Förderung des Images des Berufsstandes in der Öffentlichkeit.

Aus der Vielzahl der vorliegenden Detailbefunde zum Status quo der PR-Praxis sollen im Folgenden einige wenige Aspekte, die den aktuellen Stellenwert der PR in der Berufspraxis verdeutlichen, exemplarisch hervorgehoben werden. Mit Blick auf die hierarchische Verortung zeigt sich, dass PR heute in vielen Organisationen Chefsache ist und PR eine Führungsfunktion übernimmt (siehe Abb. 35). In der Befragung „Profession Pressesprecher" (Bentele et al. 2009: 33) ist PR in 12 Prozent der Fälle auf der höchsten Leitungsebene angesiedelt und in 44 Prozent der Organisationen als Stabsstelle/-abteilung auf Leitungsebene organisiert.

Abbildung 35: Hierarchische Verortung der Public Relations in den Organisationen (Bentele et al. 2009: 33)

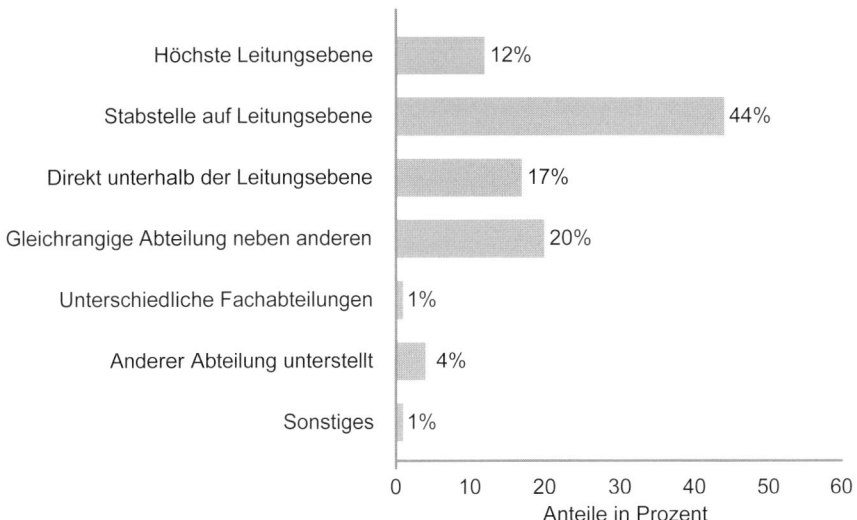

Die in der kommunikationswissenschaftlichen Literatur einhellig geforderte Eigenständigkeit der PR-Funktion vom Marketing ist heute in der Praxis bereits vielfach realisiert. In der Studie „Profession Pressesprecher 2007" gaben 46 Prozent der Befragten an, dass PR und Marketing gleichberechtigt nebeneinander stehen und in 21 Prozent der Organisationen bilden beide eine gemeinsame Einheit (vgl. Bentele et al. 2007: 31). Auch die Etablierung von PR als Management- und Führungsfunktion ist nach Angabe der befragten Pressesprecher und PR-Führungskräfte in vielen Organisationen bereits Realität. So schätzten 19 Prozent der Befragten den strategischen Beitrag der PR in ihrer Organisation als sehr hoch und weitere 32 Prozent als hoch ein (Bentele et al. 2009: 36). Die Aussagekraft dieser Daten ist aber insofern eingeschränkt, als dass es sich um subjektive Einschätzungen von Betroffenen handelt und sozial erwünschtes Antwortverhalten eine Rolle spielen dürfte. Dass die strategische Ausrichtung der PR und ihre Integration in organisationspolitische Entscheidungsprozesse nicht immer reibungslos funktionieren, zeigt folgender Befund: Immerhin 40 Prozent der Befragten gaben an, dass in ihrer Organisation ein angemessenes Verständnis für strategische und integrierte PR/Organisationskommunikation fehle (ebd.: 39).

Zum Stand der PR-Berufsfeldforschung

Die beschriebene Vielgestaltigkeit und Offenheit des Berufsfeldes zeigt sich in erheblichen Selbst- und Fremdbeschreibungsproblemen. Sie stellen zugleich die PR-Berufsfeldforschung vor große Herausforderungen: Diese betreffen die Identifikation des Untersuchungsgegenstandes und damit die Bestimmung der Grundgesamtheit und auch den Zugang zum Untersuchungsgegenstand selbst. Frank Böckelmann, der eine der ersten umfassenden PR-Kommunikatorstudien durchführte, stellt dazu fest, dass

> „jeder Versuch, den Komplex Öffentlichkeitsarbeit/Public Relations/Pressearbeit als die Praxis der so bezeichneten Organisationseinheiten zu untersuchen, vor großen Schwierigkeiten der Abgrenzung, der Operationalisierung, der Definition einer Grundgesamtheit und der Auswahl und Erfassung einer Stichprobe [steht]" (Böckelmann 1991: 170f.).

PR-Experten und PR-Abteilungen sind in der Praxis nicht zwangsläufig anhand von PR-spezifischen Bezeichnungen zu erkennen, sondern sie ‚verberge' sich regelmäßig hinter PR-fremden Bezeichnungen und Titeln. Und PR wird in der Praxis nicht nur von Experten, sondern zu einem hohen Anteil auch von Laien ausgeführt – der Geschäftsführer eines mittelständischen Unternehmens, der neben der Geschäftsführung unter anderem auch PR-Aufgaben erfüllt (ohne dafür ausgebildet zu sein), ist hierfür ein Beispiel. Empirische Analysen des PR-Berufs- bzw. Tätigkeitsfeldes können sich entsprechend weder auf zuverlässige Statistiken noch auf eindeutige und konsensualisierte Bezeichnungen und Begrifflichkeiten verlassen, die den Untersuchungsgegenstand zuverlässig beschreiben, ein- und abgrenzen. Szyszka et al. fassen die Problematik folgendermaßen zusammen:

> „Dort, wo PR-Arbeit faktisch stattfindet, muss diese nicht zwingend als solche bezeichnet und zugeordnet werden. Und dort, wo sie aber ausdrücklich als solche bezeichnet wird, findet in der Praxis nicht immer das Gleiche, sondern bisweilen auch etwas völlig Anderes statt." (2009: 25)

Die Identifikation des PR-Berufs- und Tätigkeitsfeldes kann daher nur über die umfassende Analyse von Tätigkeiten und Leistungen der Berufsinhaber bzw. PR-Abteilungen erfolgen. Wird der Anspruch ernst genommen, das gesamte Berufsfeld und nicht nur einzelne Segmente zu analysieren, ist die Bestimmung der Grundgesamtheit nicht Voraussetzung, sondern erstes Ergebnis umfassender berufsfeldbezogener Studien. Neben Analysen, die sich eher mit einzelnen Segmenten des Berufsfeldes (vgl. u.a. Bentele et al. 2007) oder mit spezifischen Fragestellungen (z.B. Fröhlich et al. 2005) beschäftigen, liegen inzwischen auch Studien vor, die versuchen, das Berufsfeld PR in Deutschland (bzw. der Schweiz) möglichst umfassend zu beschreiben (vgl. Röttger 2010; Röttger et al. 2003; Szyszka et al. 2009).

6.2.2 Von Managern und Technikern: PR-Berufsrollenkonzepte

Die Erforschung von Berufsrollen in der PR hat insbesondere in den USA eine lange Tradition und hat die PR-Berufsfeldforschung über viele Jahre geprägt. So liegen heute zahllose Veröffentlichungen insbesondere aus den 1980er und 1990er Jahren vor, die sich mit den verschiedenen Berufsrollen befassen, die PR-Praktiker einnehmen (für einen Forschungsüberblick siehe Fröhlich 2008). Im deutschsprachigen Raum hat sich die PR-Forschung demgegenüber nur am Rande mit dem Thema beschäftigt. Eine der wenigen Studien, die sich explizit mit Fragen der PR-Berufsrollen in Deutschland be-

fasst, wurde Ende der 1990-Jahre durchgeführt – neuere Berufsrollen-Studien liegen nicht vor (vgl. Dees/Döbler 1997).
Den Beginn der PR-Rollenforschung markieren die Arbeiten der amerikanischen Wissenschaftler Broom und Smith (u.a. Broom/Smith 1979; Broom 1982). Im Mittelpunkt ihrer explorativen Ausgangsstudie stand die Frage, ob und inwieweit unterschiedliche PR-Rollenkonzepte einen Einfluss auf die Klienten bzw. die PR-Klienten-Beziehung aufweisen. Broom/Smith (1979: 48ff.) arbeiteten zunächst deduktiv fünf PR-Rollen heraus, die von Broom (1982: 18) später auf vier zentrale Rollenkonzepte reduziert wurden:

- *expert prescriber* (PR-Experte):
  Als Spezialist für Public Relations fällt der PR-Experte Entscheidungen für seine Auftraggeber. Im Mittelpunkt stehen die PR-Problemanalyse und die Entwicklung von PR-Problemlösungsstrategien.

- *communication technician* (Kommunikationstechniker):
  Umsetzung und Durchführung von PR-Maßnahmen vor allem mittels journalistisch-technischer und handwerklicher Fähigkeiten (Texten, Redigieren, Produzieren). Kommunikationstechniker entscheiden nicht selbst, sondern setzen vom Kunden getroffene Entscheidungen um. (Vgl. Broom/Smith 1979: 49f.)

- *communication facilitator* (PR-Animateur/Kommunikationsvermittler):
  Übernimmt die Funktion eines „information brooker", der die Aufgabe hat, „a continuous flow of two-way communication" zu ermöglichen. (Broom 1982: 18). Der PR-Animateur ermöglicht einen Informationsaustausch zwischen Organiationen und Stakeholdern und schafft damit die Grundlage für wechselseitige Interaktionen.

- *problem-solving process facilitator* (PR Problemlöser):
  Der PR-Problemlöser unterstützt das Management bei der Problemdefinition und -lösung, in die mitunter die gesamte Organisation mit einbezogen wird. Voraussetzung dafür ist eine hierarchiehohe Ansiedlung der PR sowie ein hohes Maß an Vertrauen des Managements in die PR.

Im Rahmen der empirischen Überprüfung der vier Rollenkonzepte (Broom 1982) ergaben sich starke Korrelationen zwischen den drei Rollen expert prescriber, communication facilitator und problem-solving process facilitator, die in der Folge als Managerrolle zusammengefasst und der Technikerrolle gegenüber gestellt wurden.

Als charakteristisch für PR-Manager kann gelten, dass sie in das Organisationsmanagement und organisationspolitische Entscheidungsprozesse eingebunden sind. PR-Manager treffen strategische, kommunikationspolitische Entscheidungen und sind für die PR bzw. Unternehmenskommunikation der Organisation verantwortlich. Ihr Tätigkeitsprofil ist in erster Linie durch planende, steuernde und kontrollierende Tätigkeiten gekennzeichnet. Das Tätigkeitsprofil von PR-Technikern ist demgegenüber durch ausführende, operative Tätigkeiten geprägt. Im Mittelpunkt steht die Umsetzung organisationspolitischer Entscheidungen in konkrete PR-Maßnahmen und deren Durchführung. PR-Techniker sind nicht in allgemeine Managementprozesse eingebunden. (Vgl. Dozier 1992: 333).

Brooms Arbeiten hatten inhaltlich, aber auch methodisch weitreichenden Einfluss auf die weitere PR-Berufsrollenforschung und haben zahlreiche Folgestudien (vgl. u.a. Toth/Grunig 1993; Dozier/Broom 1995; Reagan et al. 1990) angestoßen, die zwar teils zu leicht abweichenden Ergebnissen kamen, im Kern jedoch die Manager-Techniker-Dichotomie bestätigten. Neben der Frage, welche Berufsrollen in der PR identifiziert werden können und welche Effekte diese z.B. auf die Arbeitszufriedenheit oder das Einkommen der Berufsinhaber haben, spielte in zahlreichen Studien insbesondere die Variable Geschlecht eine Rolle: So weisen viele Studien auf Geschlechterdifferenzen hinsichtlich der beiden vorgefundenen Berufsrollen hin, wobei sich Frauen vor allem in der Techniker-Rolle finden (vgl. Broom/Dozier 1986: 55).

Die vorliegenden Berufsrollenstudien wurden immer wieder insbesondere hinsichtlich ihrer methodischen Vorgehensweise kritisiert. Neben der grundlegenden Problematik, dass Berufsrollen kaum direkt gemessen werden können, sondern in der Regel auf Basis von subjektiven Selbsteinschätzungen der PR-Praktiker in Bezug auf den Stellenwert einzelner Tätigkeiten basieren, kommt der Qualität der jeweils eingesetzten Itembatterien eine herausragende Bedeutung zu. PR-Tätigkeiten, die nicht vorgegeben werden, können auch nicht hinsichtlich ihrer Relevanz bewertet werden und fließen nicht in die Rollenbildung ein. Insofern ist stets kritisch zu prüfen, ob die zur Bewertung vorgelegten Aktivitäten die PR-Tätigkeitsbereiche adäquat abbilden. Die Qualität der in US-amerikanischen Studien verwendeten Item-Batterien und die Validität der faktoranalytischen Vorgehensweise werden von einigen Forschern kritisch beurteilt:

„It is unclear what the management factor items share in common. The management factor consists of eighteen items that might be labeled the *everything other than technical activities* factor." (Leichty/Springston 1996: 468)

Zudem zeigt sich, dass viele Items nicht exklusiv einer der Rollen zugeordnet werden können (vgl. Reagan et al. 1990). So wird beispielsweise mehrheitlich die Tätigkeit „Kontakt zu Medien herstellen" als „technische" Tätigkeit gewertet – dabei scheint es durchaus denkbar, die Beziehungspflege mit Vertretern der wichtigen Zielgruppe Medien als Form eines Managements zu begreifen. Die Bewertung einzelner Tätigkeiten als „technisch" oder Teil von Managementaufgaben ist in hohem Maße ergebnisbeeinflussend.

Gleichwohl eine Vielzahl von Studien prinzipiell die Existenz einer Manager- und einer Techniker-Rolle bestätigen, ist davon auszugehen, dass in der Praxis häufig Mischformen anzutreffen sind, also PR-Experten sowohl Management-Aufgaben als auch operativ-ausführende Tätigkeiten übernehmen. Leichty/Springston ermittelten in ihrer Studie aus dem Jahr 1996 neben der Manager- und Technikerrolle eine sogenannte Hybridrolle, die durch eine Kombination von typischen Manager- und Techniker-Tätigkeiten gekennzeichnet ist (vgl. Leichty/Springston 1996: 468ff.; Toth et al. 1998: 157ff.).

Im Vergleich zu der zeitweise sehr intensiven PR-Berufsrollenforschung in den USA fristet das Thema im deutschsprachigen Raum ein Schattendasein: Neben der Studie von Dees und Döbler (1996) liegen lediglich einige wenige Arbeiten insbesondere zu Fragen der PR-Feminisierung vor, die auch am Rande auf PR-Berufsrollen eingehen (vgl. u.a. Fröhlich et al. 2005). Dees und Döbler befragten die Mitglieder der DPRG auf Basis eines Fragekatalogs, der bereits in einer US-amerikanischen Studie (Toth/Grunig 1993) verwendet wurde. Grundsätzlich bestätigten ihre Daten die Existenz einer Manager- und Techniker-Rolle auch in Deutschland. Zugleich finden sich aber auch hier Hinweise auf die Existenz von Mischrollen.

6.2.3 Geschlechtsspezifische Aspekte des Berufsfelds

Unter dem Stichwort Feminisierung der PR werden bereits seit Ende der 1970er Jahre in den USA und seit Anfang der 1990er Jahre in Deutschland die hohen und tendenziell wachsenden Beschäftigungsraten von Frauen im Berufsfeld thematisiert. Für Deutschland zeigen die vorliegenden Daten (vgl. Fröhlich et al. 2005), dass heute mehr als die Hälfte der PR-Berufsinhaber

Frauen sind. In ihrer umfassenden Berufsfeldstudie ermittelten Fröhlich, Simmelbauer und Peters einen Frauenanteil in der PR von 53 Prozent (siehe Tab. 21; ähnlich auch Bentele et al. 2009: 132ff.), wobei der Frauenanteil vor allem in Agenturen und bei selbständigen PR-Beratern hoch ist.

Tabelle 21: Frauen- und Männeranteil in der PR nach Beschäftigungsbereich (in Prozent; Fröhlich et al. 2005: 81)

	PR-Agentur (n=100)	Unternehmen (n=100)	NPO (n=33)	Off. Dienst/Behörden (n=37)	Selbst. PR-Berater (n=27)	Gesamt (n=297)
Frauen	69	41	49	38	63	53
Männer	31	59	51	62	37	47
Gesamt	100	100	100	100	100	100

Gerade bei den Berufsanfängern bzw. der Altersgruppe der unter 30jährigen ist seit Jahren ein hoher Frauenanteil von über 70 Prozent zu verzeichnen. Allerdings hat dies bislang nicht in gleichem Maße zu einem signifikanten Anstieg des Frauenanteils in PR-Führungspositionen geführt. Geschlechtsspezifische Unterschiede zeigen sich in der PR z.B. darin, dass Frauen seltener als Männer leitende Positionen einnehmen und sich tendenziell seltener in einer Managerrolle finden (→ 6.2.2). In der Studie von Fröhlich et al. (2005: 101f.) haben 79 Prozent der befragten Männer, aber nur 54 Prozent der Frauen eine höhere Position (z.B. Senior-Berater oder Pressesprecher) bzw. eine Führungsposition (z.B. Geschäftsführerin, Agenturinhaber) inne.

Dass Frauen in der PR auf ihrem Weg in Führungspositionen an eine unsichtbare, aber wirksame Karrieregrenze stoßen, wird mit dem Begriff der ‚gläsernen Decke' ("glass ceiling"; vgl. Dozier 1988) bezeichnet. Der Begriff ist zwar einprägsam und von ihm beschriebene Effekte sind zweifelsohne erkennbar, jedoch ist der Begriff zugleich unscharf und unpräzise: So bleibt nicht nur unklar, welche Phänomene genau als „gläserne Decke" zu werten sind und anhand welcher Kriterien diese zu identifizieren ist, sondern auch, auf welche Ursachen die ‚gläserne Decke' im Detail zurückzuführen sind. Auf die Existenz einer ‚gläsernen Decke' in der PR wird üblicherweise anhand des Vergleichs der Gesamtzahl weiblicher Angehöriger des Berufsfeldes und der Anzahl von Frauen in Führungspositionen geschlussfolgert. So ermitteln beispielsweise Szyszka et al. (2009: 271ff.) einen Frauenanteil von 35 Prozent unter den PR-Verantwortlichen und 58 Prozent unter allen PR-Mitarbeitern. Ähnliche Zahlen liefert eine Berufsfeldstudie aus der Schweiz (vgl. Röttger et al. 2003: 113f.). Die Studie „Profession Pressesprecher 2009" weist allerdings ein relativ ausgeglichenes Geschlechterverhältnis in Leitungspositionen aus (Bentele et al. 2009: 136).

Mit Blick auf die beiden Berufsrollen des PR-Managers und PR-Technikers (→ 6.2.2.) lassen neuere Studien aus Deutschland nur leichte Unterschiede zwischen Männern und Frauen erkennen: Nach Fröhlich et al. (2005: 112) hatten im Jahr 2002 44 Prozent der Frauen und 50 Prozent der Männer eine Managerrolle inne. Eng verknüpft mit der ausgeübten Berufsrolle sind die Fragen der hierarchischen Position und des Einkommens. Vorliegende Studien zeigen, dass Frauen in der PR im Schnitt rund 20 bis 25 Prozent weniger verdienen als ihre männlichen Kollegen (vgl. u.a. Bentele et al. 2007: 75; Fröhlich et al. 2005: 91ff.). So verdienten die Männer in der Studie „Pressesprecher" im Jahr 2009 durchschnittlich 75.876 Euro im Jahr, Frauen hingegen nur 53.301 Euro (Bentele et al. 2009: 138). Die Gehaltsdifferenzen zwischen Männern und Frauen wurden von der US-amerikanischen PR-Forscherin Carolyn Cline (1989) unter dem provozierenden Schlagwort „one million-dollar penalty for being a woman" zusammengefasst. Cline errechnete, dass Frauen in den USA bei gleicher Qualifikation und Berufserfahrung im Laufe ihres gesamten Berufslebens zwischen 300.000 und 1,5 Millionen Dollar weniger verdienen als ihre männlichen PR-Kollegen. Zu beachten ist allerdings, dass diese Daten vor über 20 Jahren erhoben wurden.

Die Gehaltsunterschiede zwischen Männern und Frauen – auch als Gender Pay Gap bezeichnet – gelten für fast alle Berufe. Das Statistische Bundesamt ermittelte im Jahr 2010 in Deutschland einen Gender Pay Gap von 23 Prozent. D.h., dass der durchschnittliche Bruttoverdienst von Frauen um 23 Prozent geringer ausfiel als der von Männern (vgl. Finke 2010: 59). Zwei Drittel der Gehaltsunterschiede lassen sich nach Berechnungen des Statistischen Bundesamtes auf strukturell unterschiedliche Merkmale der Arbeitsplätze zurückführen. Der um diese strukturellen Unterschiede bereinigte Gender Pay Gap liegt bei acht Prozent, d.h. dass Frauen bei gleicher Tätigkeit, äquivalentem Ausbildungshintergrund, gleichem Dienstalter und gleicher Berufserfahrung sowie vergleichbarem Beschäftigungskontext (u.a. Größe des Unternehmens, Region) im Schnitt acht Prozent weniger als Männer verdienten (vgl. Finke 2010: 61f.). Auch für die PR zeigen neuere Studien, dass insbesondere die berufliche Position, das Alter der Berufsinhaber und die von ihnen ausgeübte Berufsrolle ausschlaggebender für die Gehaltsdifferenz sind als das Geschlecht (Fröhlich et al. 2005: 93; ähnlich auch Bentele et al. 2007: 77; Szyszka et al. 2009: 277ff.).

Kritik ist vereinzelt auch an der methodischen Basis vieler Studien geübt worden, die eine Gehaltsdiskriminierung von Frauen in der PR konstatieren (vgl. Hutton 2005): Hutton hebt insbesondere die Erhebung der Einkommen in Gehaltsklassen hervor, die eine eindeutige Kontrolle der gegenseitigen Abhängigkeiten verschiedener gehaltsrelevanter Faktoren wie z.B. die Berufsposition oder die Berufsrolle erschwere. Um den gegenseitigen Einfluss von Variablen wie Geschlecht, Einkommen, Alter, Berufsrolle oder Berufsposition eindeutig ermitteln zu können sei zudem – so Hutton –, das statistische Verfahren der multiplen Regression notwendig, das aber bislang in den von ihm kritisierten US-amerikanischen Studien nicht zum Einsatz gekommen ist. Und so zeigen die Befunde von Fröhlich et al. (2005: 97ff.), die die Zusammenhänge zwischen Alter, Position, Berufsrolle und Geschlecht im Rahmen einer multiplen Regression getestet haben, dass hier das Geschlecht einen zwar signifikanten, aber eher schwachen Einfluss hat.

Bewertungen der Feminisierung des PR-Berufsfeldes

Die steigenden Beschäftigungsraten von Frauen in der PR werden häufig als Feminisierung des Berufs charakterisiert (Fröhlich/Holtz-Bacha 1995: 37ff.; Baerns 1991). Dieser Begriff legt nahe, dass eine größere Zahl von Frauen nicht nur zu quantitativen, sondern auch zu qualitativen Veränderungen des Berufsfeldes führt. In einem primär qualitativen Verständnis von Professionalisierung wird mit ihr oftmals die Hoffnung verbunden, dass Formen symmetrischer bzw. dialogischer Kommunikation – und damit vermeintlich normativ höherwertiger Kommunikation (→ 4.4) – an Bedeutung gewinnen:

> „The feminine worldview seems to be a symmetrical worldview and the masculine an asymmetrical one. Thus, a female majority in public relations could move the field toward excellence as the symmetrical worldview of most women begins to replace the more asymmetrical worldview of most men." (Grunig/White 1992: 50).

Frauen werden in diesem Kontext als besonders beziehungsorientiert und mit großen Einfühlungsvermögen ausgestattet beschrieben, während Männer stärker mit Konkurrenz, mit (ihren) Rechten und Fragen der Fairness beschäftigt seien. Die Kommunikationswissenschaftlerin Romy Fröhlich argumentiert demgegenüber unter dem Stichwort „Freundlichkeitsfalle", dass es gerade bestimmte den Frauen zugeschriebene Eigenschaften seien, die deren Weg hin zu Führungspositionen in der PR behindern:

> „Die besseren kommunikativen Fähigkeiten, die Frauen auf Grund ihrer spezifischen Sozialisation möglicherweise eher mitbringen als Männer, helfen den Frauen vielleicht beim Einstieg in die PR. Beim Verbleib im Beruf und beim Aufstieg profitieren sie dann aber viel weniger von ihrer vermeintlichen Qualifikation, als man ihnen immer weismachen will. Mehr noch, man könnte spekulieren, ob es nicht vielleicht gerade diese Einstiegsqualifikation ist, die sich für den späteren Aufstieg von Frauen in den PR als hinderlich erweist. Denn möglicherweise werden diese Fähigkeiten zu einem Nachteil umkodiert, dann nämlich, wenn der `weiche` Kommunikationsstil von Frauen, für den sie zuvor immer gelobt wurden, mit mangelnder Durchsetzungs- und Konfliktfähigkeit oder schwach ausgeprägten Führungsqualitäten gleichgesetzt wird..." (Fröhlich et al. 2005: 152f.)

Mit Blick auf die quantitative „Feminisierung" der PR-Praxis bleibt festzuhalten: Aufgrund des begrenzten empirischen Kenntnisstands zum Berufsfeld Public Relations und speziell zur Situation von Frauen in der PR können bislang keine Rückschlüsse auf mögliche – in der Literatur meistens eindeutig positiv konnotierte – Veränderungen der Berufsnormen und -praxen durch einen hohen Frauenanteil getroffen werden. Und so zeigen auch die vorliegenden Erkenntnisse aus dem benachbarten Berufsfeld Journalismus, dass sich die Situation von Frauen im Journalismus, die im Journalismus wirkenden Geschlechterkonstruktionen und die Berufspraxis insgesamt durch die verstärkte Präsenz von Frauen qualitativ nicht grundlegend verändert haben (vgl. Klaus 1998: 190ff.). Der Journalismus ist durch die größere Zahl von Frauen nicht „weiblicher" oder „femininer" geworden und es liegen keine empirischen Hinweise vor, dass dies in der PR anders ist.

 Weiterführende Literatur

Fröhlich, Romy/Sonja B. Peters/Eva-Maria Simmelbauer (2005): Public Relations. Daten und Fakten der geschlechtsspezifischen Berufsfeldforschung. München

Röttger, Ulrike (2010): Public Relations – Organisation und Profession. Öffentlichkeitsarbeit als Organisationsfunktion. Eine Berufsfeldstudie. 2. Aufl. Wiesbaden

Szyszka, Peter/Dagmar Schütte/Katharina Urbahn (2009): Public Relations in Deutschland. Eine empirische Studie zum Berufsfeld Öffentlichkeitsarbeit. Konstanz

Zerfass, Ansgar/Ralph Tench/Piet Verhoeven/Dejan Vercic/Angeles Moreno (2010): European Communication Monitor 2010. Berlin (siehe auch: http://www.communicationmonitor.eu/)

6.3 PR-Qualifikationen

Im Rahmen von Professionalisierungskonzepten unterschiedlichster theoretischer Fundierung nehmen die Ausbildung und das durch sie vermittelte Wissen einen (wenn auch unterschiedlich gewichteten) hohen Stellenwert ein (vgl. 6.1). Professionalisierung verlangt wissenschaftlich fundiertes und systematisiertes Wissen und ausgewählte Theoriebestände, welche die Basis für eine systematische Ausbildung schaffen. Diese Wissensbestände haben dabei eine zweifache Funktion: Einerseits begründen sie in inhaltlicher Dimension die geforderte, unverwechselbare und nicht-substituierbare Problemlösungskompetenz, zum anderen liefern sie auf strategischer Ebene die Grundlage für die Inszenierung von Kompetenz, die zunächst unabhängig von den tatsächlich vorhandenen Kompetenzen zu sehen ist (vgl. Pfadenhauer 1998). Deutlich wird dieses Inszenierungsmoment beispielsweise in der Funktion von Titeln, Diplomen und Zertifikaten, die über die konkret bescheinigten und erworbenen Wissenselemente und Kompetenzen hinaus eine Symbolfunktion haben und ihren Besitzern Ansehen verschaffen.

Im Kontext der Analyse der Professionalisierungsfähigkeit der PR steht daher auch die Frage nach dem substantiellen Kern von PR-Qualifikationen, der Art des Wissens und der Fähigkeiten, die die Beziehung zwischen der PR und ihren Leistungsabnehmern unverwechselbar kennzeichnen. Die systematische Auseinandersetzung mit dieser Frage setzt zunächst ein klares Begriffsverständnis der eng miteinander verwandten und oftmals unscharf verwendeten Begriffe Qualifikation, Wissen, Fertigkeiten, Fähigkeiten und Kompetenz voraus.

 Qualifikationen, Wissen, Fertigkeiten, Fähigkeiten, Kompetenz

Qualifikationen umfassen Wissen, Fertigkeiten und Fähigkeiten und beschreiben sowohl auf personaler Ebene das in Lernprozessen erworbene Arbeitsvermögen als auch auf überindividueller Ebene die spezifischen Berufsanforderungen (vgl. Wienand 2003: 66).

Wissen wird sehr allgemein definiert als „die Gesamtheit von Orientierungen, über die die Handelnden verfügen, um handeln zu können" (Fuchs-Heinritz et al. 2007: 732).

Nicht immer sehr trennscharf und eindeutig werden in der PR-Literatur *Fertigkeiten* und *Fähigkeiten* unterschieden. Unter dem Begriff der Fähigkeit versteht man eine „Begabung, ability, psychologische Bezeichnung für die Güte, mit der eine Person bestimmte Akte, z.B. Rechnen, Denksportaufgaben usw., lösen, vollziehen kann. F. bezeichnet (im Unterschied zur Eignung) die jeweilige augenblickliche Leistungsgüte" (ebd.: 190). Demgegenüber beziehen sich Fertigkeiten im engeren Sinne auf gezielt und bewusst erlernbare Vorgehensweisen zur richtigen Ausübung eines Arbeitsablaufes. Soziale Fertigkeiten (social skills) ermöglichen es Individuen soziale Situationen richtig einzuschätzen (vgl. ebd.: 198).

Kompetenz umfasst zum einen die „Zuständigkeit, Befugnis [und] klar umrissene Übertragung bestimmter Aufgaben mit den zur Aufgabenerfüllung notwendigen Handlungs-, Verhaltens- und Entscheidungsvollmachten an eine bestimmte Instanz oder Position in einer Organisation" (Hillmann 1994: 430). Zum anderen meint (soziale) Kompetenz auch die Fähigkeit mit den Anforderungen des sozialen Lebens umgehen zu können.

Kompetenzraster Öffentlichkeitsarbeit

In Anlehnung an das von Weischenberg für den Journalismus entwickelte Kompetenzraster (1990: 24) hat Szyszka Mitte der 1990er Jahre das Kompetenzraster Öffentlichkeitsarbeit vorgelegt, das wiederum die Basis für das Qualifikationsprofil der DPRG (2005) darstellt.

Tabelle 22: Kompetenzraster Öffentlichkeitsarbeit (Szyszka 1995: 335)

Fachkompetenz	Realisationskompetenz	Sachkompetenz
PR- Fachwissen • Grundlagen der interessenvertretenden, strategischen Kommunikation und der Organisationskommunikation • kommunikationswissenschaftliches Grundwissen • Grundkenntnisse anderer Wissenschaftsdisziplinen mit Bezug zu Fragestellungen der strategischen Kommunikation und Organisationskommunikation; insbesondere: BWL/VWL, Soziologie, Politikwissenschaft, Psychologie, Jura	• Aushandlung/ Koordination • soziale und kommunikative Kompetenzen • Analyse • Vermittlung/Umsetzung • Konzeptionsvermögen • Vermittlungskompetenz • Darstellungskompetenz • Sprachkompetenz • Organisationskompetenz • Persönlichkeitsmerkmale	• Sachwissen des Gegenstandsbereiches • Themenkompetenz • Organisationsbezogene, umfeldbezogene Themenkompetenz bzgl. der auftraggebenden Organisation • Gegenstandskompetenz • Kenntnisse des Gegenstandsbereichs der auftraggebenden Organisation: rechtliches, sozial- und geisteswissenschaftliches, wirtschaftswissenschaftliches Wissen • Allgemeinbildung
soziale Orientierung		
Funktions-, Reflexions-, Autonomiebewusstsein		

PR-Fachkompetenz umfasst wissenschaftlich fundierte Kenntnisse über die Grundlagen und Wirkungszusammenhänge strategischer Kommunikation. Dazu zählen Kenntnisse beispielsweise der Massenmedien, der Wirkungsweise und Prozesse öffentlicher Kommunikation, aber auch der Individualkommunikation – kommunikationswissenschaftliche Grundlagen zählen daher zu den Basics einer PR-Fachkompetenz. PR-Sachkompetenz bezieht sich auf den konkreten Kommunikationsgegenstand. Sie trägt dem Tatbestand

Rechnung, dass PR im Auftrag spezifischer Organisationen agiert und entsprechende Kenntnisse der Organisation, ihres Betätigungsfeldes (Branche) und der relevanten wirtschaftlichen, gesellschaftlichen und rechtlichen Rahmenbedingungen für PR-Praktiker ebenso unabdingbar sind, wie eine fundierte Allgemeinbildung. Die praktische Umsetzung der skizzierten PR-Fachkompetenz und der Sachkompetenz gründet im dritten Kompetenzfeld der PR, der Realisationskompetenz. Sie umfasst Elemente der Analyse, der Planung und Konzeption, der Aushandlung und Umsetzung. Die Basis der skizzierten drei Kompetenzfelder der PR bildet die soziale Orientierung, die einerseits das Bewusstsein über die Funktion von Öffentlichkeitsarbeit als Auftragskommunikation und andererseits die Fähigkeit zur Reflexion dieser Tätigkeit und ihrer gesellschaftlichen Bedeutung umfasst.

Im Qualifikationsprofil der DPRG werden die Elemente ‚Wissen', ‚Fertigkeiten' und ‚Fähigkeiten' zur ‚Fachkompetenz Öffentlichkeitsarbeit' gebündelt. Die Überordnung des Begriffs Kompetenz über den der Qualifikation ist allerdings problematisch und steht im Widerspruch zum wissenssoziologisch üblichen Begriffsverständnis. Kompetenz ist vielmehr mit dem Begriff Fähigkeit gleichzusetzen und damit ein Element von Qualifikation. Die Autoren des Qualifikationsprofils der DPRG beschreiben die ‚Fachkompetenz Öffentlichkeitsarbeit' als Summe einer ‚Fachkompetenz Wissen' und einer ‚Fachkompetenz Fertigkeiten' (vgl. DPRG 2005: 13ff.; siehe Abb. 36). Indem der Begriff Fachkompetenz mit Hilfe des Begriffs Fachkompetenz erklärt wird, dreht sich die Argumentation allerdings im Kreis.

Abbildung 36: Fachkompetenz Öffentlichkeitsarbeit (DPRG 2005: 13)

Die beiden skizzierten Kompetenzmodelle knüpfen an Vorstellungen klassischer Professionalisierungskonzepte an, die auf der Differenz von Alltagswissen und wissenschaftlichem Wissen und einem angenommenen höheren Rationalitätsniveau des wissenschaftlichen Wissens basieren. Professionelles Handeln basiert demnach nicht auf Alltagswissen, sondern greift auf wissenschaftlich fundierte Wissensbestände zurück und lässt daher gegenüber Laienhandeln rationalere Problemlösungen wahrscheinlicher werden.

Grundlage dieser Perspektive ist die Vorstellung eines einfachen Wissenstransfers von der Wissenschaft in die Praxis, wobei davon ausgegangen wird, dass dieser Transfer zu einer Optimierung der Praxis führt. Die Vermittlung wissenschaftlichen Wissens (Input) wird damit mit einer automatischen und identischen Verwendung des wissenschaftlichen Wissens in der Handlungspraxis (Output) gleichgesetzt. Es liegen allerdings zahlreiche empirische Befunde und theoretische Überlegungen vor, die die Transferannahme in Frage stellen: So ist berufspraktisches Handeln durch ein hohes Maß an Eigensinnigkeit gekennzeichnet und in der Berufspraxis relevantes Handlungswissen ist nicht mit wissenschaftlichem „Erklärungswissen" (Hartmann 1972) gleichzusetzen. Neuere Ansätze der Wissensverwendungsforschung gehen nicht von einem linearen Wissenstransfer oder einer wie auch immer gestalteten Transformation aus, sondern von einer eigenständigen dritten Wissensform, die kennzeichnend für professionelles Handeln ist.

> „In der konstruktivistischen Perspektive kann Wissenschaft weder neues, gegenstandsbezogenes Wissen in die Praxis einführen, noch bedient sich die Praxis selektiv aus der Wissenschaft. Allenfalls kommt es zu wechselseitiger Resonanz (vgl. Luhmann 1987). Wissenschaftliches Wissen und Handlungswissen stehen im Verhältnis der Komplementarität. Als Ergebnis der 'Kontrastierung' oder 'wechselseitigen Beobachtung' von Wissenschaft als einer bestimmten Sichtweise auf Praxis, und Praxis als einer anderen, entsteht eine Relativierung der Perspektive, die nicht mehr versöhnt bzw. auf die eine oder andere Wissensform reduziert werden kann." (Dewe et al. 1992: 80f.)

Professionelles Wissen ist nicht nur um wissenschaftliches Wissen angereichertes und optimiertes berufspraktisches Wissen, sondern es ist als spezifischer Wissenstyp mit eigenständiger Strukturlogik anzusehen, der sowohl Bezüge zur Wissenschaft, als auch zur Praxis aufweist (siehe Abb. 37).

Abbildung 37: Grundlagen des Professionswissens (Dewe et al. 1992: 82)

Wissenschaft	Profession	Praxis
Wissen		Können
Wahrheit	Wahrheit *und* Angemessenheit	Angemessenheit
Begründung		Entscheidung

Berufszugang und PR-Ausbildung

Umstritten ist nicht nur die Frage, welche Qualifikationen charakteristisch
für die PR sind. Uneinheitlich sind auch die Ansichten darüber, wie PR-
Qualifikationen bestmöglich erworben werden können: Training on the job,
berufsbegleitende Weiterbildungen oder doch ein Studium und hier dann die
Frage, welches Studium geeignet erscheint: ein kommunikations- und me-
dienwissenschaftliches oder doch besser ein Studium, das Fachwissen jenseits von kommunikativen Fragestellungen vermittelt?

Analog zum grundsätzlich offenen und nicht regulierten Zugang zum
Beschäftigungsfeld PR existieren keine berufsständisch oder staatlich gere-
gelten akademischen wie auch nicht-akademischen Ausbildungswege. In der
Tendenz zeigen sich jedoch eine allgemeine Akademisierung des Berufsfeldes und damit auch eine deutliche Abkehr von der Annahme, dass PR ein
Begabungsberuf sei. Parallel dazu hat sich seit Mitte der 1990er Jahre die
Zahl der akademischen Ausbildungsangebote stark vergrößert: Inzwischen
gibt es zahlreiche Möglichkeiten, ein PR-Vollstudium oder ein PR-Schwer-
punktfach an einer deutschen Hochschule zu studieren.

PR-spezifische Zusatzausbildungen sind in der Branche weit verbreitet:
41 Prozent der Befragten der Studie „Profession Pressesprecher 2009" haben
bereits mindestens einmal an einer entsprechenden Zusatzausbildung teilge-
nommen (Bentele et al. 2009: 63; siehe Abb. 38). An Bedeutung haben in
den vergangenen Jahren auch ein PR-Studium bzw. PR-spezifische Inhalte
im Studium gewonnen.

Abbildung 38: PR-spezifische Aus- und Weiterbildung (Bentele et al. 2009: 63; n= 2.244)

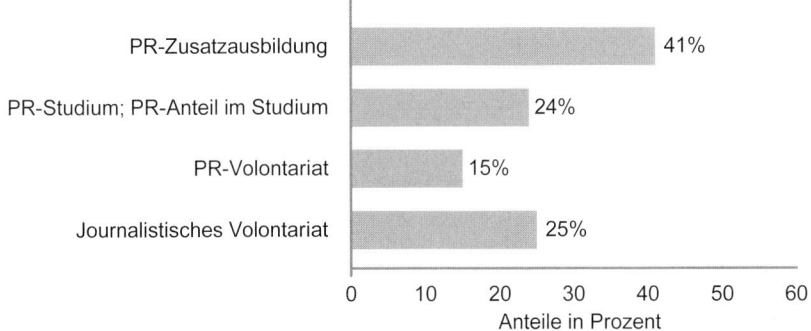

 Weiterführende Literatur

Merten, Klaus/Sarah Schulte (2007): Begabung contra Ausbildung. In: pr-magazin. Jg. 38, Nr. 9: 55-62

Wienand, Edith (2003): Public Relations als Beruf. Kritische Analyse eines aufstrebenden Kommunikationsberufes. Wiesbaden

6.4 Ethik in der PR

Public Relations kann als Auftragskommunikation beschrieben werden und wird als Dienstleistung für Organisationen erbracht (→ 1.1.2; 3.2). Im Zentrum steht die Gestaltung kommunikativer Umweltbeziehungen im Sinne der auftraggebenden Organisation. Dies bedeutet jedoch nicht, dass PR als Auftragskommunikation ausschließlich an den Erwartungen der Auftraggeber zu messen ist, denn PR-Mitteilungen als Teil öffentlicher Kommunikation sind gesellschaftlich nicht neutral. Öffentlichkeit ist heute immer mehr Produkt der Kommunikation von Organisationen aus unterschiedlichen gesellschaftlichen Handlungsfeldern bzw. Teilsystemen. PR-Dienstleistungen, die Angebote für öffentliche Kommunikation darstellen bzw. die für Öffentlichkeit letztlich konstitutiv sind, kann entsprechend ein gesellschaftlicher Wert beigemessen werden. PR-Handeln kann vor diesem Hintergrund nicht nur aus

Auftraggeberperspektive formuliert werden, sondern muss auch Erwartungen der Gesellschaft berücksichtigen bzw. sich diesen stellen. Daraus ergeben sich Verpflichtungen der PR gegenüber ihren unterschiedlichen Bezugsgruppen; PR ist insbesondere mit einer doppelten Loyalität gegenüber ihren Auftraggebern einerseits und der Öffentlichkeit andererseits konfrontiert.

Die Notwendigkeit einer PR-Ethik ist daher sowohl in der Berufspraxis wie auch in der Wissenschaft unbestritten (vgl. u.a. Bentele 1992; Förg 2004). Das schlechte Image des Berufsstandes, der in der öffentlichen Wahrnehmung immer noch stark als manipulativ, unglaubwürdig, unehrlich und unseriös erscheint, macht zudem den Bedarf der PR an Ethik deutlich. Entsprechend existieren zahlreiche Bemühungen auf nationaler und internationaler Ebene, eine PR-Ethik zu institutionalisieren, die nicht nur von den Berufsangehörigen anerkannt wird, sondern die zudem als spezifische Moraltheorie Akzeptanz in der Gesellschaft finden.

Die grundlegende Frage der PR-Ethik ist die nach korrektem Handeln der Berufsangehörigen bzw. von Personen und Organisationen, die an der Her- und Bereitstellung von PR-Mitteilungen beteiligt sind. Umgangssprachlich werden dabei die Begriffe Moral und Ethik häufig synonym verwendet. Sie beziehen sich aber im eigentlichen Sinne auf unterschiedliche Aspekte: Während Moral in erster Linie die Ebene des praktischen Handelns und die damit verbundenen Einstellungen meint, befasst sich Ethik mit der „Frage nach der Begründungs- und Überzeugungskraft existierender Moralvorstellungen" (Bentele 2008: 563) und bezeichnet entsprechend in erster Linie eine theoretische Ebene. Ethik kann als Reflexionstheorie der Moral verstanden werden.

Es existieren heute in der PR zahlreiche ethische Verhaltensrichtlinien in Form von Kodizes. Bedeutsam sind insbesondere die beiden internationalen Kodizes „Code de Lisbonne" (CERP 1978) und „Code d'Athènes" (CERP 1965), die heute von vielen nationalen Berufsverbänden – so auch der DPRG – anerkannt werden. In Deutschland existieren zusätzlich die Grundsätze der DPRG sowie die sieben Selbstverpflichtungen eines DPRG-Mitglieds. Daneben existieren natürlich zahlreiche rechtliche Normen, nach denen sich PR richten muss: Neben den allgemeinen Grundrechten, sind dies u.a. das Recht am eigenen Bild, der Geheimnisschutz oder der Schutz gegen Schmähung/Verleumdung, die es zu beachten gilt. Hinzu kommen beispielweise spezifische Auskunftspflichten für bestimmte Organisationsformen. Zentraler Unterschied zwischen rechtlichen Normen und Unternehmens- und Branchenkodizes ist das Kriterium der Freiwilligkeit. Kodizes liefern Hinweise auf moralisch korrektes Verhalten und setzen entsprechend auf die innere Überzeugung der Beteiligten und deren moralische und freiwillige Selbstverpflichtung.

Während der Code d'Athènes hauptsächlich auf der Deklaration der Menschenrechte und der Charta der Vereinten Nationen aufbaut und damit in seinen Ausführungen recht allgemein bleibt, ist der Code de Lisbonne spezifischer auf PR-Fragestellungen ausgerichtet. Der Kodex besteht aus drei Teilen, im ersten wird der Personenkreis definiert, die dem Kodex unterstehen (für Deutschland alle DPRG-Mitglieder) und im zweiten Teil werden allgemeine berufliche Verhaltensregeln ausgeführt (u.a. Wahrung der Grundrechte, Aufrichtigkeit, moralische Integrität, klare Quellenbezeichnung von PR-Maßnahmen). Im dritten Teil des Kodex werden schließlich spezifische Verhaltensnormen mit Blick auf Auftraggeber, die Öffentlichkeit, Berufskollegen und den Berufsstand insgesamt formuliert. So heißt es beispielsweise in Artikel 15 des „Code de Lisbonne": „Jeder Versuch, die Öffentlichkeit oder ihre Repräsentanten zu täuschen, ist nicht zulässig. Informationen müssen unentgeltlich und ohne irgendeine verdeckte Belohnung zur Verwendung oder Veröffentlichung bereit gestellt werden." (CERP 1978) Die wichtigsten nationalen PR-Kodizes in Deutschland sind die Grundsätze der DPRG, die Grundsätze für GPRA-Agenturen und die „Sieben Selbstverpflichtungen" eines DPRG-Mitglieds. Auch sie beschreiben wünschenswertes, moralisches Handeln in der PR und greifen Normen wie Redlichkeit, Wahrhaftigkeit und Fairness auf.

Die Wirksamkeit und Effektivität der vorliegenden PR-Kodizes ist allerdings umstritten. Zentrale Probleme sind ihre geringe Bekanntheit und damit auch Verbindlichkeit innerhalb der Branche und die Tatsache, dass ihre Inhalte vielfach zu unspezifisch und zu abstrakt formuliert sind und einen zu geringen Praxisbezug aufweisen, als dass sie tatsächlich als konkrete Orientierungsprobleme für berufspraktische Fragen geeignet wären. So geben die Kodizes beispielsweise keine Anhaltspunkte dafür, ab wann ein Überschreiten einzelner Normen vorliegt (vgl. Förg 2004: 139f.).

Übersicht über die Inhalte des „Code de Lisbonne"

Zu den „Allgemeinen beruflichen Verhaltensregeln" zählen u.a.

Art. 2 Freiheit der Meinungsäußerung und Unabhängigkeit der Medien

Art. 3 Aufrichtigkeit, Loyalität, Integrität

Art. 4 Offene Ausführung von PR-Aktivitäten

Art. 5 Achtung der Regeln anderer Berufsstände und Zurückhaltung in der Eigenwerbung

Zu den „Spezifischen Verhaltensnormen" zählen u.a.

Art. 6 Keine Vertretung konkurrierender Interessen

Art. 7 Wahrung der Diskretion

Art. 8 Keine Vertretung gegenläufiger Interessen

Art. 9 Offenlegung eigener Interessen

Art. 10 Keine messbaren Erfolgsgarantien

Art. 11 Keine an Erfolg gebundene Vergütung der Arbeitsleistung

Art. 12 Keine passive Bestechung

Art. 13 Einforderung persönlicher Konsequenzen bei Verstoß gegen die Verhaltensgrundsätze

Art. 14 Respektierung der Rechte und der Unabhängigkeit der Medien

Art. 15 Verbot vorsätzlicher Täuschung der Öffentlichkeit

Die geringe Bekanntheit der Kodizes bei den Berufsangehörigen wird in vielen Berufsfeldstudien deutlich (vgl. u.a. Röttger 2010; Förg 2004; Becher 1996). Im Jahr 2004 befasste sich Birgit Förg auf Basis von 25 Leitfadeninterviews mit ausgewählten PR-Praktikern mit Fragen der PR-Ethik. Hier zeigte sich, dass die Mehrzahl der DPRG-Mitglieder angab, die Kodizes zu kennen, aber kaum ein Befragter in der Lage war, sich an einzelne Inhalte zu erinnern. PR-Praktiker, die nicht Mitglied des Berufsverbandes waren, kannten die Kodizes überwiegend nicht. Empirische Befunde auf breiterer statistischer Basis liefert die Berufsfeldstudie „Profession Pressesprecher": Hier gaben von über 2.000 Befragten 45 Prozent an, die PR-Kodizes nicht und 42 Prozent, diese flüchtig zu kennen (Bentele et al. 2009: 163).

Allerdings kann die Feststellung, dass viele Berufsangehörige die Kodizes nicht kennen bzw. sich im Berufshandeln nicht an diesen Leitlinien orientieren, kein Argument gegen die Notwendigkeit und Existenz der Normen sein. Denn gemäß dieser Argumentationslogik müssten dann auch – angesichts millionenfachen Ladendiebstahls in Deutschland – alle Gesetze zum Schutze des Eigentums als überflüssig angesehen werden.

Der Deutsche Rat für Public Relations

Ein drittes grundsätzliches Problem der PR-Kodizes betrifft die insgesamt schwachen Sanktionsmöglichkeiten dieser freiwilligen Selbstverpflichtung. Kodizes sind nicht per Gesetz vorgeschriebene Normen, sondern Handlungsrichtlinien, deren Einhaltung dem freien Willen jedes einzelnen PR-Praktikers überlassen ist. Die Einhaltung ethischer Normen und beruflicher Standards überwacht der Deutsche Rat für Public Relations (DRPR). Er versteht sich „als Organ der freiwilligen Selbstkontrolle der in Deutschland tätigen PR-Fachleute" (DRPR 2007) und ist in dieser Funktion mit dem deutschen Presserat oder dem Deutschen Werberat vergleichbar.

 Auszug aus den Statuten des DRPR (2007)

1. Der DRPR handelt in Verantwortung gegenüber dem gesamten Feld der öffentlichen Kommunikation. Seine Zuständigkeit ist daher nicht an Personen oder Verbände des Berufsstands gebunden. Er wird sich auch mit beanstandeten PR-Vorgängen befassen, die von Nichtmitgliedern der Trägerorganisationen oder Nichtfachleuten ausgelöst oder veranlasst wurden.
2. Die primäre Aufgabe des DRPR ist es, Missstände und Fehlverhalten bei der Kommunikation mit Öffentlichkeiten zu benennen und zu rügen. Er wird ein normen-konformes und verantwortungsbewusstes Handeln einfordern und auf Offenheit und Fairness in den Beziehungen zwischen Organisationen und ihren Publika hinwirken. (...)
3. Die Entscheidungsgrundlagen des DRPR sind die von seinen Trägerorganisationen festgelegten Verhaltensregeln (Kodizes, Selbstverpflichtungen, Richtlinien) und die geltenden Gesetze (...)

Der Deutsche Rat für Public Relations wurde 1987 von der DPRG und der GPRA gegründet. Träger des DRPR sind heute neben der DPRG und der GPRA der Bundesverband der Pressesprecher (BdP) sowie die Deutsche Gesellschaft für Politikberatung (degepol). Seit 1995 verfügt der Rat über Statuten (DRPR 2007), die seine Aufgaben, Ziele, Grundsätze und Arbeitsinhalte umreißen (siehe dazu Avenarius 2009).

Der Rat kann Freisprüche, Mahnungen und öffentliche Rügen aussprechen. Grundlage seiner Spruchpraxis sind die genannten internationalen und nationalen PR-Kodizes. Über die eigentliche Spruchpraxis hinaus, hat es sich der PR-Rat zudem zur Aufgabe gemacht, über die Formulierung von Richtlinien – u.a. zum Umgang mit Journalisten, zu Medienkooperationen, zu Product Placement und Schleichwerbung sowie zur Kontaktpflege im politischen Raum – eine ethische PR zu fördern (DRPR 2007).

Dem Deutschen Rat für Public Relations – wie auch dem Presserat – wird häufig eine Ineffektivität seiner Arbeit und seiner Urteile nachgesagt (vgl. u.a. Förg 2004: 163f.). Dies liegt zum einen an der relativ geringen Bekanntheit des Rates selbst und der daraus resultierenden eher geringen öffentlichen Aufmerksamkeit, den die Sprüche des Rates erhalten. Damit ist eine wichtige Voraussetzung für die Wirksamkeit des „öffentlichen Prangers" nicht gegeben, denn eine Veröffentlichung der Rügen oder Mahnungen auf der Homepage des DRPR dürfte weitgehend unbeachtet und damit folgenlos bleiben. Die nur schwach ausgeprägten Sanktionsmöglichkeiten des Deutschen Rates für Public Relations schränken seine Steuerungsfähigkeit und Wirkungsmächtigkeit stark ein.

In den vergangenen Jahren behandelte ein Großteil der Urteilssprüche des DRPR das Thema Schleichwerbung. Beziehungen zu Journalisten (u.a. unzulässige Sanktion kritischer Artikel, Honorierung von Presseartikeln) und Täuschung der Öffentlichkeit (u.a. Zurückhalten oder Verfälschen von Informationen) waren zudem häufig Gegenstand der Spruchpraxis des DRPR.

Beispiel für die Spruchpraxis des DRPR – öffentliche Mahnung der FDP-Bundesgeschäftsstelle vom 19. Juli 2010

„Der DRPR mahnt die FDP-Bundesgeschäftsstelle aufgrund von verdeckter PR in Kommentaren des Portals www.ruhrbarone.de. […]

Die Vorfälle
Am 29. Mai 2009 veröffentlichte der Journalist und Blogger David Schraven auf www.ruhrbarone.de den Artikel „Wirbel um Eid von FDP-Europaspitzenkandidatin Koch-Mehrin wird immer wilder", in dem er das Verhalten der damaligen Spitzenkandidatin der FDP zur Europawahl Dr. Silvana Koch-Mehrin kritisch hinterfragt und Zweifel an der Richtigkeit der Angaben zu ihren Präsenzzeiten im Europaparlament erhebt. [...] Herr Schraven stellte fest, dass sechs Kommentare mit verschiedenen Pseudonymen aufgrund der IP-Adresse bzw. der privaten E-Mail-Adresse eines Mitarbeiters der FDP-Bundesgeschäftsstelle in Berlin zugeordnet werden können. In einem Artikel auf sueddeutsche.de vom 04. Juni 2009 fasst auch der Journalist Thorsten Denkler die Ereignisse zusammen und verweist auf Screenshots, die aufgrund der IP-Adresse die Bundesgeschäfts-stelle der FDP in Berlin als Verfasser der fraglichen Kommentare nahelegen.

Begründung des Rates
Die FDP-Bundesgeschäftsstelle hat gegenüber dem DRPR einge-räumt, dass ein Mitarbeiter der FDP der Verfasser mehrerer Kom-mentare auf www.ruhrbarone.de war und dabei seinen Namen oder die Tätigkeit für die FDP nicht angegeben hat. Allerdings sei weder dieser Mitarbeiter noch ein anderer Mitarbeiter jemals dazu ange-wiesen worden, anonyme Blogbeiträge im Sinne der FDP zu schreiben. Der Verstoß gegen die Kodizes und Richtlinien der Transparenz sei zudem nicht vorsätzlich geschehen, sondern auf-grund mangelnder Erfahrung des Mitarbeiters. Da zugegeben wur-de, dass ein Mitarbeiter der FDP gegen die einschlägigen Kodizes der Kommunikationsbranche verstoßen hat und für eine Sensibili-sierung der Problematik der verdeckten Kommunikation unter den

Mitarbeitern der Bundesgeschäftsstelle der FDP gesorgt wurde, spricht der Rat nur eine Mahnung aus. [...]" (DRPR 2010)

Nach Ansicht des DRPR wurde dabei gegen folgende Kodizes und Richtlinien der Kommunikationsbranche verstoßen: Code de Lisbonne, Artikel 3, 4 und 15 und DRPR-Richtlinie zur Kontaktpflege im politischen Raum, Punkt 1 Transparenzgebot, Punkt 2 Redlichkeit. (Vgl. DRPR 2010)

Zur Relevanz von PR-Kodizes

Diskrepanzen zwischen Berufsnormen und -praxis sind aufgrund eines notwendigen Maßes der Verallgemeinerung im Rahmen von Verhaltensrichtlinien und ihres Charakters als Soll-Formulierungen unvermeidbar. Vorhandenen Diskrepanzen aufzuheben wäre daher ein unrealistisches Ziel – nicht jedoch der Versuch, Ist und Soll stärker anzugleichen. Dazu ist es in einem ersten Schritt notwendig, die vorhandenen Diskrepanzen zum Thema innerhalb des Berufsstandes zu machen und eine kontinuierliche Reflexion über die Frage korrekten und wünschenswerten PR-Handelns anzustoßen. An dieser Stelle sind dann insbesondere auch Wissenschaft und Ausbildungsinstitutionen gefragt, die mit Blick auf die Kenntnis der Kodizes und Fähigkeit zur Bewertung moralischen Verhaltens in der PR wesentliche Voraussetzungen schaffen können.

Trotz aller genannten Probleme und Defizite der PR-Ethik erfüllen Berufsnormen grundsätzlich für die PR wichtige Funktionen (vgl. Bentele 2008): Zum einen erfüllen sie für Berufsinhaber eine wichtige Entlastungsfunktion: Denn vorhandene Handlungsrichtlinien, auf die sich Praktiker beziehen können, erleichtern Entscheidungen insbesondere in Konfliktsituationen. Die Funktion von Kodizes ist daher weniger in der Kontrolle der Berufsangehörigen selbst zu sehen, vielmehr bieten Kodizes Hilfestellung in konkreten und ethisch problematischen Entscheidungssituationen und haben vor allem die Funktion, Handlungsspielräume und Autonomie der PR-Akteure zu schaffen bzw. abzusichern. Zum anderen kann die Existenz von Kodizes die Glaubwürdigkeit des Berufsstands und der Berufsinhaber stärken. In diesem Sinne kann die Diskussion um eine PR-Ethik auch als PR für PR angesehen werden. Kodifizierte Handlungsrichtlinien sollen gegenüber der

Öffentlichkeit und den PR-Auftraggebern Verantwortungsbewusstsein, Seriosität und Professionalität der Branche darstellen und einen Beitrag zur Legitimität der PR leisten. Zum Teil ist aber der Eindruck nicht von der Hand zu weisen, dass das Thema „PR-Ethik" „bewußt als Mittel zur Imageverbesserung der PR ‚vor den Kulissen' [eingesetzt wird], wobei ‚hinter den Kulissen' eine spezielle PR-Ethik für unrealisierbar oder unrealistisch gehalten wird" (Bentele 1992: 38).

Weiterführende Literatur zum Thema PR-Ethik

Avenarius, Horst/Günter Bentele (2009): Selbstkontrolle im Berufsfeld Public Relations. Reflexionen und Dokumentation. Wiesbaden

Förg, Brigitte (2004): Moral und Ethik der PR. Grundlagen – theoretische und empirische Analysen – Perspektiven. Wiesbaden

Kapitelzusammenfassung

- PR-Forschung orientiert sich häufig an merkmalstheoretischen Professionalisierungskonzepten und beschreibt darauf aufbauend die Professionalisierung der PR überwiegend als nicht sehr weit vorangeschritten. Es ist jedoch fraglich, ob die Merkmale klassischer Professionen heute noch geeignet sind, Professionalisierungsprozesse zu beschreiben. Zahlreiche Veränderungen (z.B. veränderte Expertenrolle in der Gesellschaft und die zunehmende organisationale Einbindung von Professionen) verdeutlichen, dass die Prämissen merkmalstheoretischer Ansätze heute nur noch bedingt zutreffen.

- Merkmals- und Strategieansätze betrachten Professionalisierungsprozesse als auf den Markt gerichtete berufliche Aufwertungsprozesse. Sie fragen danach, wie Berufe versuchen, weitreichende Kontrolle über die Bedingungen zu erlangen, unter denen sie ihre Dienstleistungen anbieten. Mit Blick auf den Status quo der PR zeigen sich auch aus dieser Perspektive Defizite: So ist es der PR bislang nur begrenzt gelungen, PR-spezifische Problemlösungskompetenzen gegenüber ihren Leistungsabnehmern als unverzichtbar und nicht-substituierbar darzustellen.

▪ Um die PR-Professionalisierung adäquat beschreiben zu können, ist es nötig, sowohl den Eigensinn der PR, als auch die Wechselwirkungen mit Leistungsabnehmern einzubeziehen. Dies erfordert zum einen eine Erweiterung der Perspektive um die Dimension der Arbeitsorganisation, denn PR wird als Auftragskommunikation überwiegend in und für Organisationen erbracht. Zum anderen muss die Rolle der PR im Prozess der Herstellung von Öffentlichkeit berücksichtigt werden.

▪ PR ist ein junges, seit Jahren expandierendes und vielgestaltiges Berufsfeld. Es umfasst zahlreiche unterschiedliche Arbeitsbereiche und Aufgabenfelder und ist in allen gesellschaftlichen Bereichen vertreten. Neben einem klar definierten Kern weist das Berufsfeld unscharfe Grenzen zu benachbarten Berufen auf.

▪ Eine wesentliche Säule der (US-amerikanischen) PR-Berufsfeldforschung stellte viele Jahre die Erforschung der Berufsrollen in der PR dar. Die lange Zeit angenommenen Berufsrollen des PR-Managers und PR-Technikers werden in neueren Studien um eine Hybridrolle, die Elemente aus den beiden anderen miteinander kombiniert, ergänzt.

▪ Die Bedingungen, Implikationen und Folgen wachsender Beschäftigungsraten von Frauen in der PR stellt ein weiteres, häufig untersuchtes Feld dar. Die vorliegenden Befunde verweisen tendenziell auf geschlechtsspezifische Unterschiede z.B. in den Karrierewegen.

Literatur

Avenarius, Horst (2009): Aufgaben, Struktur und Wirken des deutschen PR-Rats. In: Horst Avenarius/Günter Bentele (Hg.): Selbstkontrolle im Berufsfeld Public Relations. Reflexionen und Dokumentation. Wiesbaden: 69-87

Baerns, Barbara (1991): Zur "Feminisierung" der Öffentlichkeitsarbeit. Perspektiven und Konsequenzen eines Wandels. In: Johanna Dorer/Klaus Lojka (Hg.): Öffentlichkeitsarbeit. Theoretische Ansätze, empirische Befunde und Berufspraxis der Public Relations. Wien: 185-192

Becher, Martina (1996): Moral in der PR? Eine empirische Studie zu ethischen Problemen im Berufsfeld Öffentlichkeitsarbeit. (Serie Öffentlichkeitsarbeit, Public Relations und Kommunikationsmanagement Bd. 1). Berlin

Beck, Ulrich/Michael Brater/Hansjürgen Daheim (1980): Soziologie der Arbeit und der Berufe. Grundlagen, Problemfelder, Forschungsergebnisse. Reinbek

Bentele, Günter (1992): Ethik der Public Relations als wissenschaftliche Herausforderung. In: pr-magazin. 23, 5: 37-44

Bentele, Günter (1998): Berufsfeld Public Relations. Berlin

Bentele, Günter (2008): Ethik der Public Relations - Grundlagen und Probleme. In: Günter Bentele/Romy Fröhlich/Peter Szyszka (Hg.): Handbuch der Public Relations. Wissenschaftliche Grundlgen und berufliches Handeln. Mit Lexikon. 2., kor. u. erw. Aufl. Wiesbaden: 565-577

Bentele, Günter/Lars Großkurth/René Seidenglanz (2007): Profession Pressesprecher. Berlin

Bentele, Günter/Lars Großkurth/René Seidenglanz (2009): Profession Pressesprecher 2009. Vermessung eines Berufsstandes. Berlin

Böckelmann, Frank (1991): Pressestellen als journalistisches Tätigkeitsfeld. Eine Untersuchung der Pressearbeit in Unternehmen, Organiationen und Institutionen. In: Johanna Dorer/Klaus Lojka (Hg.): Öffentlichkeitsarbeit. Theoretische Ansätze, empirische Befunde und Berufspraxis der Public Relations. Wien: 170-184

Broom, Glen A./David M. Dozier (1986): Advancement for Public Relations Role Models. In: Public Relations Review. 12, 1: 37-56

Broom, Glen A./George D. Smith (1979): Testing the Practicioner's Impact on Clients. In: Public Relations Review. 5, 3: 47-59

Broom, Glen M. (1982): A Comparison of Sex Roles in Public Relations. In: Public Relations Review. 8, 3: 17-22

CERP (1965): Code d'Athènes

CERP (1978): Code de Lisbonne

Cline, Carolyn G. (1989): Public Relations. The 1 Million Penalty for Being a Women. In: Pamela J. Creedon (Hg.): Women in Mass Communications. Newbury Park: 263-275

Dees, Matthias (1996): Public Relations als Managementaufgabe. Eine Untersuchung des Berufsfeldes 'Öffentlichkeitsarbeit' und seiner zunehmenden Feminisierung. In: Publizistik. Vierteljahreshefte für Kommunikationsforschung. 41, 2: 155-171

Dees, Matthias/Thomas Döbler (1997): Public Relations als Aufgabe für Manager? Rollenverständnis, Professionalisierung, Feminisierung. Eine empirische Untersuchung. Stuttgart

Dewe, Bernd/Wilfried Ferchhoff/Frank-Olaf Radtke (1992): Das "Professionswissen" von Pädagogen. Ein wissenschaftstheoretischer Rekonstruktionsversuch. In: Bernd Dewe/Wilfried Ferchhoff/Frank-Olaf Radtke (Hg.): Erziehen als Profession: zur Logik professionellen Handelns in pädagogischen Feldern. Opladen: 70-91

Dozier, David M. (1988): Breaking Public Relations' Glass Ceiling. In: Public Relations Review. 14, 3: 6-14

Dozier, David M. (1992): The Organizational Roles of Communications and Public Relations Practitioners. In: James E. Grunig (Hg.): Excellence in Public Relations and Communication Management. Hillsdale: 327-355

Dozier, David M./Glen A. Broom (1995): Evalution of the Manager Role in Public Relations Practice. In: Journal of Public Relations Research. 7, 1: 3-26

DPRG (2005): Öffentlichkeitsarbeit/PR-Arbeit. Berufsfeld. Qualifikationsprofil. Zugangswege. Bonn

DPRG (2011): Berufsbild Public Relations/Öffentlichkeitsarbeit. http://www.dprg.de/ statische/itemshowone.php4?id=39. Abgerufen am: 15.03 2011

DRPR (2007): Statuten des Deutschen Rats für Public Relations. http://www.drpr-online.de/statische/itemshowone.php4?id=35. Abgerufen am: 02.03.2011

DRPR (2010): Beschwerdekammer II – Akte FDP (Ruhrbarone) – Ratsbeschluss. http:/ /drpr-online.de/upload/downloads_110upl_file/DRPR_Ruhrbarone%2FDP_Be schluss_100719.pdf. Abgerufen am: 17.09.2010

Finke, Claudia (2010): Verdienstunterschiede zwischen Männern und Frauen 2006. Statistisches Bundesamt. Wiesbaden

Förg, Brigitte (2004): Moral und Ethik der PR. Grundlagen - theoretische und empirische Analysen - Perspektiven. Wiesbaden

Freidson, Eliot (1970): Profession of medicine. A study of the sociology of applied knowledge. New York

Fröhlich, Romy (2008): Public Relations als Beruf: Entwicklung, Ausbildung und Berufsrollen. In: Günter Bentele/Romy Fröhlich/Peter Szyszka (Hg.): Handbuch der Public Relations. Wissenschaftliche Grundlagen und berufliches Handeln. Mit Lexikon. 2., kor. u. erw. Aufl. Wiesbaden: 431-443

Fröhlich, Romy/Christina Holtz-Bacha (1995): Frauen und Medien - eine Synopse der deutschen Forschung. Opladen

Fröhlich, Romy/Sonja B. Peters/Eva-Maria Simmelbauer (2005): Public Relations. Daten und Fakten der geschlechtsspezifischen Berufsfeldforschung. München

Fuchs-Heinritz, Werner/Rüdiger Lautmann/Otthein Rammstedt/Hanns Wienold (2007): Lexikon zur Soziologie. 4., grundl. überarb. Aufl. Opladen

Grunig, James E. (2000): Collectivism, Collaboration, and Societal Corporatism as Core Professional Values in Public Relations. In: Journal of Public Relations Research. 12, 1: 23-48

Grunig, James E./Jon White (1992): The effects of worldview in Public Relations. In: James E. Grunig (Hg.): Excellence in Public Relations and Communcation Management. Hillsdale (NJ): 31-64

Hartmann, Heinz (1972): Arbeit, Beruf, Profession. In: Thomas Luckmann/Walter M. Sprondel (Hg.): Berufssoziologie. Köln: 36-52

Hillmann, Karl-Heinz (1994): Wörterbuch der Soziologie. 4., überarb. u. erg. Aufl. Stuttgart

Hoffmann, Jochen/Ulrike Röttger/Otfried Jarren (2007): Structural Segregation and openess: Balanced Professionalism for Public Relations. In: Studies in Communication Sciences. 7, 1: 125-146

Hutton, James G. (2005): The myth of salary discrimination in public relations. In: Public Relations Review. 31, 1: 73-83

Klatetzki, Thomas (1993): Wissen, was man tut. Professionalität als organisationskulturelles System. Eine ethnographische Interpretation. Bielefeld

Klaus, Elisabeth (1998): Kommunikationswissenschaftliche Geschlechterforschung. Zur Bedeutung der Frauen in den Massenmedien und im Journalismus. Opladen

Leichty, Greg/Jeff Springston (1996): Elaborating Public Relations Roles. In: Journalism and Mass Communication Quarterly. 73, 2: 467-477

Merten, Klaus (1997): PR als Beruf. Anforderungsprofile und Trends für die PR-Ausbildung. In: pr-magazin. 28, 1: 43-50

Pfadenhauer, Michaela (1998): Das Problem zur Lösung. Inszenierung von Professionalität. In: Herbert Willems/Martin Jurga (Hg.): Inszenierungsgesellschaft. Ein einführendes Handbuch. Opladen/Wiesbaden: 291-304

Pfadenhauer, Michaela (2003): Professionalität. Eine wissenssoziologische Rekonstruktion institutionalisierter Kompetenzdarstellungskompetenz. Opladen

Pieczka, Magda/Jacquie L'Etang (2001): Public Relations and the Question of Professionalism. In: Robert L. Heath (Hg.): Handbook of Public Relations. Thousand Oaks: 223-235

Raupp, Juliana (2009): Wie professionell ist die PR-Beratung? Ein Beitrag zu Stand und Perspektiven der Professionalisierungsdebatte in der PR-Forschung. In: Ulrike Röttger/Sarah Zielmann (Hg.): PR-Beratung. Theoretische Konzepte und empirische Befunde. Wiesbaden: 173-185

Reagan, Joey/Ronald Anderson/Janine Summer/Scott Hill (1990): A factor analysis of Broom and Smith's roles scale. In: Journalism Quarterly. 67, 1: 177-183

Röttger, Ulrike (2010): Public Relations - Organisation und Profession. Öffentlichkeitsarbeit als Organisationsfunktion. Eine Berufsfeldstudie. 2., durchges. Aufl. Wiesbaden

Röttger, Ulrike/Jochen Hoffmann/Otfried Jarren (2003): Public Relations in der Schweiz. Eine empirische Studie zum Berufsfeld Öffentlichkeitsarbeit. Konstanz

Signitzer, Benno (1994): Professionalisierungstheoretische Ansätze und Public Relations: Überlegungen zur PR-Berufsforschung. In: Wolfgang Armbrecht/Ulf Zabel (Hg.): Normative Aspekte der Public Relations. Opladen: 265-280

Spatzier, Astrid (2009): Berufsfeld Public Relations - Professionalisierung durch Einbeziehung der Außenperspektive? In: Medien-Journal. 33, 4: 47-60

Szyszka, Peter (1995): Öffentlichkeitsarbeit und Kompetenz: Probleme und Perspektiven künftiger Bildungsarbeit. In: Günter Bentele/Peter Szyszka (Hg.): PR-Ausbildung in Deutschland. Entwicklung, Bestandsaufnahme und Perspektiven. Opladen: 317-342

Szyszka, Peter/Dagmar Schütte/Katharina Urbahn (2009): Public Relations in Deutschland. Eine empirische Studie zum Berufsfeld Öffentlichkeitsarbeit. Konstanz

Toth, Elizabeth L./Larissa A. Grunig (1993): The Missing Story of Women in Public Relations. In: Journal of Public Relations Research. 5, 3: 153-175

Toth, Elizabeth L./Shirley A. Serini/Donald K. Wright/Arthur G. Emig (1998): Trends in Public Relations Roles: 1990-1995. In: Public Relations Review. 24, 2: 145-163

van Ruler, Betteke (2005): Commentary: Professionals are from Venus, scholars are from Mars. In: Public Relations Review. 31, 2: 159-173

Weischenberg, Siegfried (1990): Das „Prinzip Echternach". Zur Einführung in das Thema „Journalismus und Kompetenz. In: Siegfried Weischenberg (Hg.): Journalismus & Kompetenz. Qualifizierung und Rekrutierung für Medienberufe. Opladen: 11-41

Wienand, Edith (2003): Public Relations als Beruf. Kritische Analyse eines aufstrebenden Kommunikationsberufes. Wiesbaden

Wilensky, Harold D. (1972): Jeder Beruf eine Profession? In: Thomas Luckmann /Walter Sprondel (Hg.): Berufssoziologie. Köln: 198-215

Wright, Donald K./Judy van Slyke Turk (2007): Public Relations knwoledge and professionalism: challenges to Educators and Practitioners. In: Elizabeth L. Toth (Hg.): The Future of Excellence in Public Relations and Communication Management. Mahwah NJ: 571-588

Register

Das Register führt zentrale Begriffe der PR-Forschung auf. Im Lehrbuch ständig wiederkehrende Begriffe wie Public Relations, Unternehmenskommunikation, Öffentlichkeitsarbeit und Organisationskommunikation wurden nicht aufgenommen.

Public Relations / Werbung

Marcel Bernet
Social Media in der Medienarbeit
Online PR im Zeitalter von Google,
Facebook & Co.
2010. 198 S. Br. EUR 24,95
ISBN 978-3-531-17296-5

Christian Gruber
Glaubwürdig kommunizieren
Interne und externe Strategien
für Führungskräfte und Pressestellen
2010. 187 S. Br. EUR 24,95
ISBN 978-3-531-17651-2

Juliana Raupp / Stefan Jarolimek /
Friederike Schultz (Hrsg.)
**Handbuch Corporate Social
Responsibility**
Kommunikationswissenschaftliche
Grundlagen und methodische Zugänge.
Mit Lexikonteil
2011. ca. 400 S. Br. ca. EUR 39,95
ISBN 978-3-531-17001-5

Ulrike Röttger
**Public Relations –
Organisation und Profession**
Öffentlichkeitsarbeit als Organisations-
funktion. Eine Berufsfeldstudie
2., durchges. Aufl. 2010. 352 S. (Organisa-
tionskommunikation. Studien zu Public
Relations/Öffentlichkeitsarbeit und Kom-
munikationsmanagement) Br. EUR 39,95
ISBN 978-3-531-33496-7

Matthias Karmasin / Daniela Süssen-
bacher / Nicole Gonser (Hrsg.)
Public Value
Theorie und Praxis im internationalen
Vergleich
2011. ca. 280 S. Br. ca. EUR 29,95
ISBN 978-3-531-17151-7

Gabriele Siegert / Dieter Brecheis
**Werbung in der Medien-
und Informationsgesellschaft**
Eine kommunikationswissenschaftliche
Einführung
2., überarb. Aufl. 2010. 322 S. (Studien-
bücher zur Kommunikations- und
Medienwissenschaft) Br. EUR 24,95
ISBN 978-3-531-16711-4

Jörg Tropp
**Moderne
Marketing-Kommunikation**
System - Prozess - Management
2010. ca. 650 S. Br. ca. EUR 39,95
ISBN 978-3-531-17431-0

Ansgar Zerfaß
**Unternehmensführung
und Öffentlichkeitsarbeit**
Grundlegung einer Theorie der Unternehmenskommunikation und Public Relations
3., akt. Aufl. 2010. IV, 472 S. (Organisationskommunikation. Studien zu Public Rela-
tions/Öffentlichkeitsarbeit und Kommunikationsmanagement) Br. EUR 49,95
ISBN 978-3-531-16877-7

Erhältlich im Buchhandel oder beim Verlag.
Änderungen vorbehalten. Stand: Juli 2010.

www.vs-verlag.de

VS VERLAG

Abraham-Lincoln-Straße 46
65189 Wiesbaden
Tel. 0611. 78 78 - 722
Fax 0611. 78 78 - 400

Journalismus

Christina Holtz-Bacha (Hrsg.)

**Die Massenmedien
im Wahlkampf**

Das Wahljahr 2009
2010. 375 S. Br. EUR 39,95
ISBN 978-3-531-17414-3

Olaf Jandura /
Thorsten Quandt (Hrsg.)

**Methoden der
Journalismusforschung**

2011. ca. 350 S. Br. ca. EUR 29,95
ISBN 978-3-531-16975-0

Josef Kurz / Daniel Müller / Joachim
Pötschke / Horst Pöttker / Martin Gehr

Stilistik für Journalisten

2., erw. u. überarb. Aufl. 2010. 369 S. Br.
EUR 34,95
ISBN 978-3-531-33434-9

Thomas Leif (Hrsg.)

Trainingshandbuch Recherche

Informationsbeschaffung professionell
2., erw. Aufl. 2010. 232 S. Br. EUR 29,95
ISBN 978-3-531-17427-3

Thomas Morawski / Martin Weiss

**Trainingsbuch
Fernsehreportage**

Reporterglück und wie man es macht –
Regeln, Tipps und Tricks. Mit Sonderteil
Kriegs- und Krisenreportage
2. Aufl. 2011. ca. 245 S. Br. ca. EUR 19,95
ISBN 978-3-531-17609-3

Andreas Wrobel-Leipold

**Warum gibt es die Bild-Zeitung
nicht auf Französisch?**

Zu Gegenwart und Geschichte der
tagesaktuellen Medien in Frankreich
2010. 169 S. Br. EUR 19,95
ISBN 978-3-531-17543-0

Erhältlich im Buchhandel oder beim Verlag.
Änderungen vorbehalten. Stand: Juli 2010.

www.vs-verlag.de

VS VERLAG

Abraham-Lincoln-Straße 46
65189 Wiesbaden
Tel. 0611.7878-722
Fax 0611.7878-400